# Verilog 硬體描述語言實務

鄭光欽、周靜娟、黃孝祖、顏培仁、吳明瑞　編著

全華圖書股份有限公司

國家圖書館出版品預行編目資料

Verilog 硬體描述語言實務 / 鄭光欽等編著. -- 三版. -- 新北市 : 全華圖書, 2016.09
面 ; 公分
ISBN 978-986-463-334-0(平裝附光碟片)

1.CST: Verilog(電腦硬體描述語言) 2.CST: 電腦結構

471.52 105016130

# Verilog 硬體描述語言實務

作者 / 鄭光欽、周靜娟、黃孝祖、顏培仁、吳明瑞
發行人 / 陳本源
執行編輯 / 李孟霞
出版者 / 全華圖書股份有限公司
郵政帳號 / 0100836-1 號
圖書編號 / 06170027
三版六刷 / 2024 年 10 月
定價 / 新台幣 350 元
ISBN / 978-986-463-334-0(平裝附光碟片)
全華圖書 / www.chwa.com.tw
全華網路書店 Open Tech / www.opentech.com.tw
若您對書籍內容、排版印刷有任何問題，歡迎來信指導 book@chwa.com.tw

**臺北總公司(北區營業處)**
地址：23671 新北市土城區忠義路 21 號
電話：(02) 2262-5666
傳真：(02) 6637-3695、6637-3696

**南區營業處**
地址：80769 高雄市三民區應安街 12 號
電話：(07) 381-1377
傳真：(07) 862-5562

**中區營業處**
地址：40256 臺中市南區樹義一巷 26 號
電話：(04) 2261-8485
傳真：(04) 3600-9806(高中職)
(04) 3601-8600(大專)

## ·註冊商標及專有名詞之聲明

1. Quartus II是 Altera 公司的商標或註冊商標
2. Integrated Software Environment(ISE)是 Xilinx 公司的商標或註冊商標
3. Inc. Microsoft，Windows，Word 和其他 Microsoft 產品是 Microsoft 公司的商標或註冊商標

除以上註冊商標與產品之外，本書中所提及其他公司之產品與名稱，皆屬於該公司所有

## 相關叢書介紹

書號：06396
書名：數位邏輯原理
編著：林銘波

書號：06149
書名：數位邏輯設計－使用 VHDL (附範例程式光碟)
編著：劉紹漢

書號：06510
書名：乙級數位電子術科解析 (使用 Verilog)
編著：張元庭

書號：06395
書名：FPGA 系統設計實務入門－使用 Verilog HDL:Intel/Altera Quartus 版
編著：林銘波

書號：06425
書名：FPGA 可程式化邏輯設計實習：使用 Verilog HDL 與 Xilinx Vivado(附範例光碟)
編著：宋啓嘉

書號：05567
書名：FPGA/CPLD 數位電路設計入門與實務應用－使用 Quartus II (附系統.範例光碟)
編著：莊慧仁

書號：06241
書名：數位邏輯設計與晶片實務 (Verilog)(附範例程式光碟)
編著：劉紹漢

## 流程圖

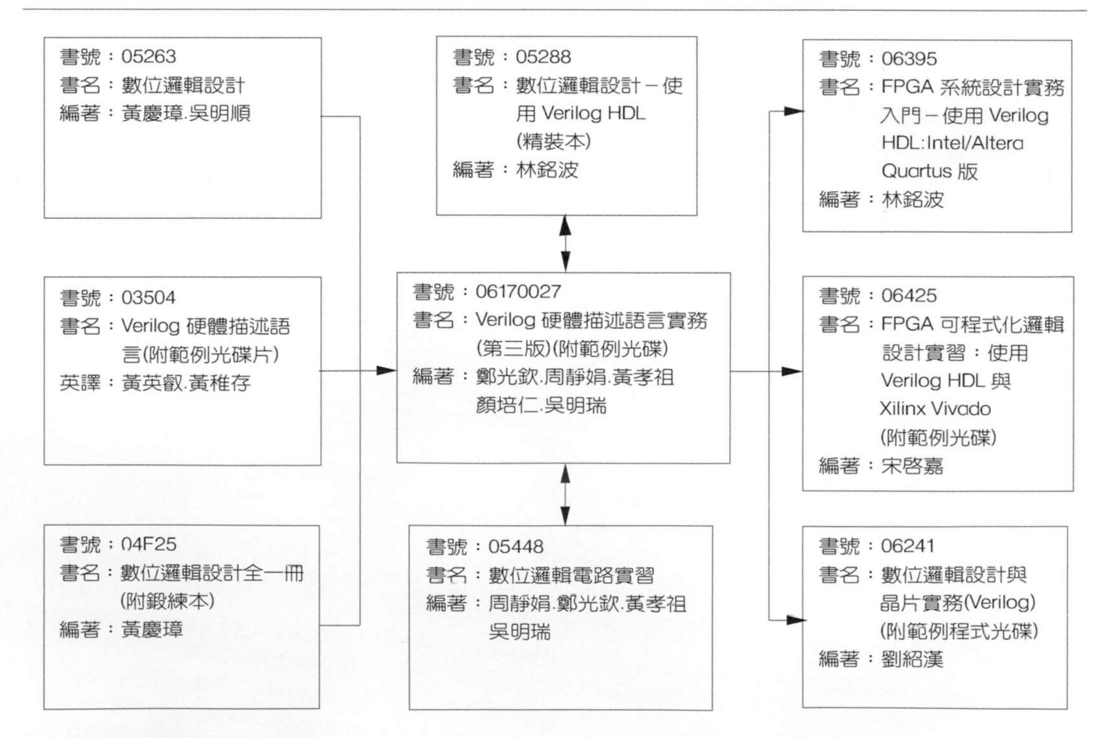

# 作者序

現今超大型積體電路(Very Large Integrated Circuit ：VLSI)的複雜度已經到達單一晶片可以容納數百萬個電晶體的程度，直接引用傳統「數位邏輯設計」與「數位系統設計」教科書上的設計流程已經難以負荷這麼龐大的設計工程。因此，引入硬體描述語言(Hardware Description Language：HDL)的設計方式可是勢在必行的趨勢。

硬體描述語言允許設計工程師以類似於撰寫軟體程式的流程來描述電路的架構與信號資料之間的邏輯關係，再藉由電子設計自動化(Electronic Design Automation：EDA)環境的協助，快速而有效率地完成電路輸入、模擬、合成與驗證工作。

Verilog 是最早發展也是廣爲使用的一種硬體描述語言，並於 1995 與 2001 年訂立了 IEEE 標準。Verilog 的功能完整強大，足以滿足各種 VLSI 應用設計的要求。本書內容涵蓋常用的 Verilog 語法敘述及應用範例，適合私立大學與技職院校學生作爲學習 Verilog 硬體描述語言課程之用。

本書的編輯理念主要以實用電路設計爲主軸，強調從做中學的學習方式，依序透過各電路範例程式的介紹，讀者自然而然就可以理解各語法敘述的使用。必要時，本書會對於同一個電路範例引用數個不同的 Verilog 程式寫法，讀者藉由比較分析，可得旁徵博引、舉一反三的學習效果。各範例章節後面皆附有精選習題，可供學習成果的評量。

最後，在此感謝所有促成我們完成本書的好友們，並感謝明新科技大學電子工程系所提供的研發環境。

鄭光欽　周靜娟　黃孝祖　顏培仁　吳明瑞

謹誌

# 編輯部序

「系統編輯」是我們的編輯方針，我們所提供給您的，絕不只是一本書，而是關於這門學問的所有知識，它們由淺入深，循序漸進。

本書的編輯理念主要以實用電路設計為主軸，強調做中學習的方式，依序透過各電路範例程式的介紹，讀者自然而然就可以理解各語法敘述的使用。本書各個 Verilog 程式主要是在 Xilinx ISE 環境下完成設計與模擬驗證工作，並於附錄中說明如何上網註冊下載新版 Xilinx ISE 版本。此外，本書會對於同一個電路範例引用數個不同的 Verilog 程式寫法，讀者藉由比較分析，可得旁徵博引、舉一反三的學習效果。內容包含有邏輯閘層次、資料流層次、行為層次之敘述，以及組合邏輯、序向邏輯等電路設計的應用範例。Verilog 的功能完整強大，足以滿足各種 VLSI 應用設計的要求。隨書附有範例光碟，內容中含有本書所有應用範例的設計相關檔案。本書內容涵蓋常用的 Verilog 語法敘述及應用範例，適合科大電子、電機、資工系「硬體描述語言」課程使用。

同時，為了使您能有系統且循序漸進研習相關方面的叢書，我們以流程圖方式，列出各有關圖書的閱讀順序，以減少您研習此門學問的摸索時間，並能對這門學問有完整的知識。若您在這方面有任何問題，歡迎來函聯繫，我們將竭誠為您服務。

# 目錄

## 第六章　行為層次之敘述　6-1



## 第七章　組合邏輯電路設計　7-1

## 第八章　序向邏輯電路設計　8-1



## 第九章　模組化與階層化設計　9-1



## 第十章　Verilog 應用範例　10-1

Verilog

Chapter 1

# 數位邏輯電路設計簡介

# 1-1 數位邏輯電路之實現方法

當設計工程師在完成數位邏輯電路方塊圖時，即會面臨到應該選取何種方式來實現其電路的問題。考慮的因素可能有體積大小、成本高低、開發時間長短等等，因此半導體廠商也相對應地提出各種不同的解決方案來滿足客戶的需要。就數位邏輯電路而言，可能之實現方法有如下的幾種：

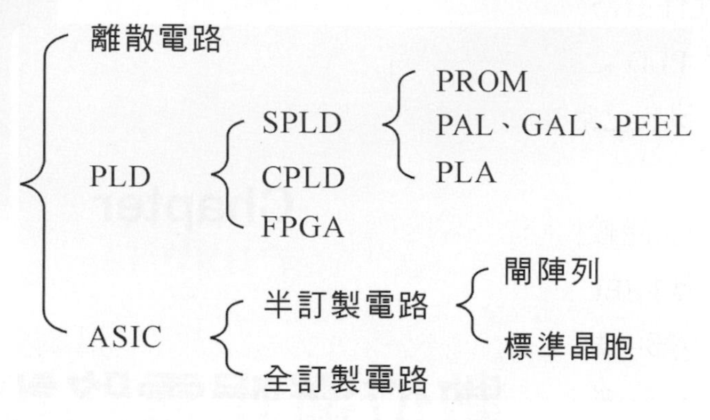


圖 1-1 數位邏輯電路之實現方法

## 一、離散電路

這是最傳統的數位邏輯電路實現方式。**離散電路**(Discrete Circuit)是由一些基本邏輯閘、正反器、編碼解碼器等等現有 SSI/MSI/LSI 元件組合構成的數位電路系統，具有元件單價便宜、種類多、元件取得容易之優點。譬如我們所熟知的 TTL 74 系列或是 CMOS 的 4000/4500 系列 IC 就是這類離散電路中常用的子電路元件。

由於這些 IC 元件受到既有功能的限制，使得設計出來的數位電路產品往往使用過多的 IC 數目，不但直接影響到生產成本，也衍生出一些諸如穩定性不佳、接線龐雜、檢修麻煩、不易更改電路、需庫存管理和設計彈性低等問題，再再都困擾著設計工程師。更何況以目前電子應用產品要求高精密度、高複雜度而且輕薄短小的情況而言，使用現有 IC 元件組裝的離散電路設計方式根本上已經完全不可行了。目前，這樣的設計方式僅存於公司研發部門與學校實驗室內。

爲了解決上述問題，現今數位電路產品的設計走向使用**可程式邏輯元件**(Programmable Logic Device：PLD)或是開發**專門用途積體電路**(Application Specific Integrated Circuit：ASIC)。

## 二、可程式邏輯元件(PLD)

**可程式邏輯元件**(Programmable Logic Device：PLD)內部已經建立好一些邏輯閘、正反器和記憶體等等電路基本元件，使用者可以自行規劃出所需要的運作功能，因而得到使用較少的 PLD IC 就可取代多顆傳統數位 IC 的好處。一般而言，依目前 PLD 功能強弱可分別取代數十顆乃至數萬顆 SSI/MSI 邏輯元件。因為規劃 PLD 的軟體容易取得，並且 PLD 元件價格尚屬合理，又可以直接由設計者施工(不需假手半導體公司)等優點，因而使得 PLD 之應用愈來愈廣泛。它提供了設計者在 ASIC 和傳統數位 IC 外的另一種選擇，現在已常見於各種數位電路應用中，也常做為送晶圓廠前的產品雛型(Prototype)之用。

早期的 PLD 的功能較為陽春，接腳少(20 或 24 腳)而且容量低，大概有 PROM、PAL、PLA、GAL 與 PEEL 這幾類，我們可將之稱為 SPLD(Simple PLD)或是簡單型的 PLD。SPLD 元件內部主要是由及閘陣列(AND Array)、或閘陣列(OR Array)以及一些巨集晶胞(Macro Cell)所構成。

隨著積體電路技術的進步，現有 PLD 的功能已非昔日可比，大概又可簡單地區分為 CPLD(Complex PLD)與 FPGA(Field Programmable Gate Array)二大類。主要供應商有 Altera、Xilinx、Lattice 等等。

一個 **CPLD** 元件是由許多邏輯陣列方塊(LAB：Logic Array Block)與可程式通道所組合而成，基本上每個邏輯陣列方塊的功能大概等同於一個 SPLD 元件。所以我們也可以簡單的說一個 CPLD 是由許多 SPLD 所組合而成的元件，因此它就被稱為“複雜的 PLD”。CPLD 元件內部繞線為連續式，所以各信號線上的延遲時間比較固定。

至於 **FPGA** 元件內部是由許多可程式邏輯方塊(CLB：Configurable Logic Block)與通道方塊所組成，這些邏輯方塊的功能比 SPLD 與 CPLD 內的巨集晶胞還要弱一點，但是數量很多，使用者透過通道方塊的拉線連接各個邏輯方塊，形成整個設計電路。基本上，我們可以簡單地把 FPGA 看成是可程式化的閘陣列。由於 FPGA 元件的信號走線採用分段處理方式，所以各信號線上的延遲時間比較不固定。

## 三、專門用途積體電路(ASIC)

**專門用途積體電路**(Application Specific Integrated Circuit：ASIC)係將應用電路儘量做於一顆或多顆 IC 包裝內。雖然 ASIC 的電路效能與電晶體密度較 PLD 要好一些，但是需要由晶片設計公司開發，再由晶圓廠製造，最後經封裝測試才能產出 IC 成品，因此整體製作成本較高而產出時間也較長。不過，由於單次批量產出的 IC 數目很多，平均製造單價就會大幅下降，因此 ASIC 特別適用於大量生產或是產品外形特別要求輕薄短小之場合。

依其設計流程的不同，ASIC 又可區分為**半訂製電路**(Semi-Custom Circuits)與**全訂製電路**(Fully-Custom Circuits)。因為半訂製電路都是由半製造好的晶片 IC 起步設計，所以需要進行的光罩製程數目較少，與全訂製電路完全由無到有的方式有所區別。半訂製電路又有閘陣列(Gate Array)及標準晶胞電路(Standard Cell)二種方式。

**閘陣列**是由積體電路廠商預先將一些基本的電路元件做成晶胞(Cell)的形式，然後以陣列的方式排列在一個晶片上。使用者可依需求規劃出個別晶胞間的連接狀況，然後再透過數層連線光罩的製程完成 IC 作品。此種 IC 製作方式在開發時程上較後續介紹的標準晶胞電路或全訂製設計為短，成本則較高，因為未應用到的晶胞將會浪費掉。目前使用閘陣列的設計方式已經走入歷史。

**標準晶胞電路**的設計流程首先得由晶圓廠公司取得一些已有固定邏輯功能之標準晶胞(Standard Cell)元件庫，然後由使用者依需求將合適的晶胞電路組合在一起，再透過積體電路公司依光罩製程完成 IC 作品。因為後續的光罩製程數目較多，所以所花費的開發時程會較閘陣列要多一些；但是，因為有經過挑選標準晶胞的過程，所以晶片單位密度要比閘陣列方式高很多，單位成本比較低些，而且電路特性也好很多。目前使用標準晶胞電路是 IC 設計的主流方式。

使用**全訂製電路**的設計方式得將整個應用電路完全由基層電路開始進行設計，然後在晶片上完成所有的光罩流程製作成一顆 IC。由於人工介入的程度較高，所以具有最佳的電路設計及電路特性，晶圓面積也可以得到最佳的壓縮與利用；但是開發的時間最長，而且人力成本極高。除非是大量製作、設計時程不太緊湊而且又是高單價的場合，否則不太合算的。

由於現今積體電路設計的複雜度與日俱增，而各家積體電路廠商的激烈競爭造成上市時程(Time to Market)又相對變短，所以無論是 PLD、半訂製電路與全訂製電路都必須引進大量的**設計自動化**(Electronic Design Automation：EDA)工具協助設計。PLD 供應廠商如 Altera 或 Xilinx 等等都有提供與其產品配套之 EDA 環境，另外如 Synopsys 或 Cadence 等等公司的 EDA 工具程式則主要針對半訂製與全訂製的電路設計環境。

表 1-1 列出離散電路、PLD、標準晶胞及全訂製電路等設計方式的各項特性狀況比較。讀者可以從中選出最合宜的設計方式。就一般使用者而言，標準晶胞電路及全訂製電路的方法較適用於大量且功能確定之產品。而在開發測試階段或產量不多的情形下，離散電路與可程式邏輯元件方法則爲較合適的選擇。

表 1-1　各項特性狀況比較

| 設計方式 | 離散電路 | PLD | 標準晶胞 | 全訂製 |
|---|---|---|---|---|
| 單位成本 | 最高 | 高 | 可 | 最低 |
| 電路速度 | 不良 | 佳 | 優 | 最優 |
| 電路密度 | 低 | 佳 | 優 | 最優 |
| 發展時間 | 尚可 | 短 | 長 | 最長 |
| 生產時間 | 尚可 | 短 | 長 | 最長 |
| 更改彈性 | 尚可 | 佳 | 不良 | 最不良 |
| 使用方便性 | 尚可 | 佳 | 可 | 可 |
| 發展工具的支持 | 不良 | 佳 | 佳 | 佳 |

## 1-2 數位電路設計流程

一般而言，要完成一個數位電路設計作品，大概要經過以下這六個階段：

1. **設計輸入**(Design Entry)。
2. **設計編譯**(Design Compilation)。
3. **功能模擬**(Functional Simulation)，或是稱爲預先模擬(Pre-Simulation)、行爲模擬(Behavior Simulation)。
4. **電路佈局或平面規劃**(IC Layout、PCB Layout 或 FloorPlan)。
5. **實際模擬**(Physical Simulation)，或是稱爲佈局後模擬(Post-Simulation)、時序模擬(Timing Simulation)。
6. **實體驗證**(Verification)。

## 1-2-1 設計輸入

**設計輸入**最主要的工作就是將整個設計作品的規格適當地轉換成電腦資料的形式。

由於早期的數位電路較為簡單，而且使用敘述來描述電路特性的電路合成工具並未成熟，所以在設計輸入方面都是先設計完成作品內所有的電路圖，然後再一張一張將電路圖內所有邏輯閘、正反器等級的元件以圖形介面在電腦螢幕上繪製出來，這就是所謂**電路圖輸入**(Schematic Entry)的方式。不過如果使用這種方式來設計近代的超大型積體電路，因為使用的電晶體數目多達數百萬個(約數十萬個邏輯閘)，如果要一一使用電路圖方式來輸入，可想而知，既曠日廢時又十分容易出錯。

所以近來數位電路的設計趨勢開始轉向使用**硬體描述語言**(HDL：Hardware Description Language)來進行設計輸入的工作。硬體描述語言的設計方式乃是以程式敘述來描述電路結構或特性，編譯環境就依據設計工程師所撰寫的硬體描述以及對應的硬體資料庫，自動合成具有對應功能的電路，必要時還可對電路進行電路複雜度、功率損耗與時序的最佳化處理。這是革命性的變革，因為如此一來設計工程師就可以大幅度縮短設計的時程，並且大大地增加了電路的可靠度。此外，使用硬體描述語言可以降低 IC 設計工程師的進入門檻，有效舒緩人力短缺的問題。再者，硬體描述語言的設計方式可以與製程技術脫鉤，一份設計程式可以輕易地遊走於不同的製程世代之間。目前最常用於 IC 設計的硬體描述語言有 Verilog、VHDL 與其延伸語言等等。

除了可以用來描述電路的架構與特性之外，硬體描述語言也可以用來建立電子電路的模擬與測試模型，這就是所謂**測試平台**(Test Bench)。

## 1-2-2 設計編譯

**設計編譯**最主要的工作是就是將建立好的設計輸入資料進行合法性的檢查，然後針對使用元件的特性轉換成合適的電腦資料格式，以提供後續流程使用。

為了取得最新的設計資料，當設計輸入資料變更時或是在設計流程中改變了某些參數或接腳定義時，一定得重新進行編譯操作一次。

## 1-2-3 功能模擬

**功能模擬**最主要的工作是就是將已轉換成電腦資料的電路，依據自行建立以及既有資料庫所提供的邏輯模型，由輸入信號資料推演出對應的輸出信號資料，最後再以文字或圖形方式提供給設計工程師進行驗證目前設計電路中是否正確運作。

目前的模擬階段，通常不會引入電路與連線的時間延遲，所以輸出信號的切換時間與輸入信號一致，有助於進行邏輯正確性的比對工作。一般而言，如果是組合邏輯電路，至少得驗證電路是否符合眞値表(Truth Table)的定義；如果是序向邏輯電路，至少得驗證電路是否符合狀態表(State Table)的定義。

驗證的結果，如果有不合乎定義之情形，就必須回到前面設計輸入的階段，找出錯誤的來源並加以更正與調整，然後再一次進行邏輯模擬，務必使得最後的模擬結果完全合於設計要求，才可以轉入後續電路佈局或平面規劃流程。

## 1-2-4 電路佈局或平面規劃

所謂**電路佈局**最主要的工作是就是將已確認邏輯正確的電路，再經由 EDA 程式轉換成 IC、PLD 或印刷電路板(PCB)的佈局圖。

IC 設計的佈局圖最後會轉爲對應的光罩(mask)以供晶圓廠按層施工製造出最後的 IC 成品。佈局圖的優劣往往會大幅影響成品的單位成本與效能。雖然這一階段也有許多電腦輔助軟體工具的協助，但是因爲這實在是一個十分專門的領域，往往是經驗的價値不亞於電腦提供的功能，所以在設計公司中都會有一個獨立的部門專門處理這一件工作。

至於在 PLD 的設計領域方面，由於 PLD 元件內部的佈線工作都是由 EDA 程式依照設計的要求自動來完成，所以在目前設計流程中我們應該進行的是所謂平面規劃工作。所謂平面規劃最主要的工作就是適當地規劃 PLD 元件上各輸出入信號的腳位，此時我們往往必須仔細地參考並核對該 PLD IC 各接腳的功能限制是否完全合乎要求才行。

若是使用離散元件的設計，這時就會轉入 PCB 設計流程。同樣地 PCB 設計的優劣也會大幅影響最後成品的單位成本與效能，須大幅仰賴 EDA 工具與工程師經驗的協助。

## 1-2-5 實際模擬

**實際模擬**最主要的工作就是從已完成佈局、平面規劃或 PCB 工作之電路，淬取出一些電路特性參數(譬如路徑延遲時間與元件延遲時間等等)，然後加入到模擬模型中，再進行一次邏輯模擬。如此一來，就可以確保佈局後的電路仍然可以在規格之內正常運作。

## 1-2-6 實體驗證

目前大部分 IC 設計的流程中都會先在實驗室內轉入一次 PLD 的**實體驗證**階段。主要工作是將設計資料傳送到 PLD 內部，將它規劃成我們所設計的應用電路，然後接板形成產品雛型(Prototype)用以先期驗證所有的規格功能是否合乎要求。如果結果不如預期，就必須回頭修改電路直至達到要求，才可以送晶圓廠進行後續製造流程。PLD 的實體驗證操作往往和該元件所採用的製程技術有關，如果是 Fuse、EPROM、EEPROM 製程技術必須使用燒錄器進行燒錄操作，如果是 SRAM、FLASH 製程技術就可以使用下載操作將資料傳送到 PLD 元件內的記憶體中。

眞實 IC 流程在經過設計、製造、測試、封裝的步驟後，設計工程師會拿到實體 IC 成品，此時再接板測試，看看其功能是否一如設計要求。

Verilog

Chapter 2

# Verilog 簡介

## 2-1 什麼是 Verilog

在**設計輸入**(Design Entry)階段，設計工程師必須把他們的理念轉換成電腦可以理解的形式，繪製電路圖是最傳統的設計輸入方式。但是隨著電路複雜度逐步上升，電路圖輸入方式既曠日費時，容易出錯而且人工負荷十分龐大，所以後來設計輸入就轉向爲使用**硬體描述語言**(Hardware Description Language：HDL)的方式。HDL 程式檔案是標準的 ASCII 檔案，可以使用任何文書編輯程式來撰寫，然後透過編譯的方式轉換爲電腦內部資料。由於編譯過程可以包含最佳化功能與除錯功能，所以使用 HDL 中的高階語法往往不只可以大幅縮減設計輸入的時間，也可以增強最後成品的效能。大部分的 HDL 編譯環境都整合了各式合用的軟體工具，避免設計師四處切換工具程式的困擾。

我們口語中所常提及的電腦語言，指的是如 C、BASIC 等等這類最後編譯出可執行程式(副檔名爲.exe)的語言，在此我們要強調它們是所謂的軟體語言。由於使用 HDL 所合成出的最後作品是整個電路系統的架構、網路表、規劃資料與其相關檔案(而非可執行程式)，所以特別稱之爲硬體語言。

常用於 IC 設計的 HDL 主要有兩種：Verilog 與 VHDL。儘管全世界以及美國使用 VHDL 的設計工程師最多，但是由於經驗的傳承，在台灣使用 Verilog 的設計工程師還是佔大多數。新進工程師往往無權決定使用哪一種 HDL 進行設計，而必須遷就工作公司現有環境的限制。不過幾乎目前所有 HDL 開發環境都會同時支援這二種硬體描述語言。

**Verilog 硬體描述語言**的發展歷史早於 VHDL。約在 1984 年，Gateway Design Automation 公司就開始發展 Verilog。後來 1990 年左右，Cadence Design Systems 公司購併了 Gateway Design Automation 並擁有 Verilog 智慧財產權。然後爲了因應 VHDL 帶來的強烈競爭，Cadence 公司也以開放標準的路線來對抗，並於 1995 年左右提交到 IEEE 成爲 IEEE 1364-1995 標準，這就是 Verilog-95 標準。2001 年左右，Verilog 擴展版本成爲 IEEE 1364-2001 標準，簡稱 Verilog 2001 標準。

由於具有標準化的特性，所以 Verilog 電路設計具有良好的可攜性(Portable)，可以在不同的設計系統上進行編譯，也能套用於各式各樣不同的電路元件或佈局技術。Verilog 的整體語法風格接近 C 語言，所以熟悉 C 語言的工程師對於 Verilog 程式設計的學習門檻並不高。Verilog 程式檔案的附檔名一般設爲 .v。

## 2-2 Verilog 程式設計流程

以下我們用一個簡單的設計流程圖(如圖 2-1 所示)來說明使用 Verilog 程式做出一個產品所必需要經過的一些步驟。

### 一、決定 Verilog 發展環境

由圖 2-1 的 Verilog 設計流程中，我們看到第一個步驟是決定發展環境。這是因爲各家 EDA 公司提供的 Verilog 設計環境在操作上均不相同，此時還必須考慮與實際合成的硬體元件庫或 PLD 元件的搭配是否合宜。

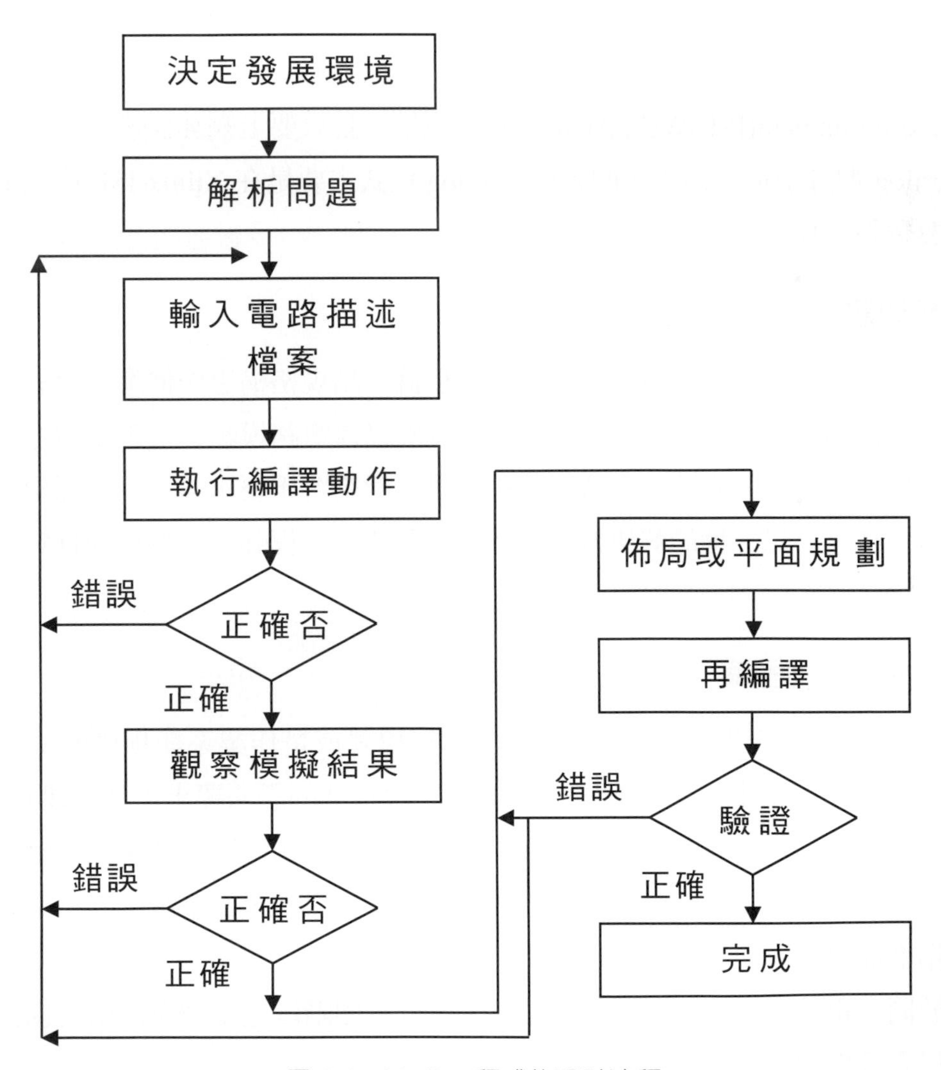


圖 2-1　Verilog 程式的設計流程

若只是學習 Verilog 語言而不以進行實體合成爲目標，最常見的考慮就是手邊有什麼 Verilog 發展環境就用什麼，這必須遷就研發單位或學校的現有資源而定。市面上各家 Verilog 發展環境功能都十分齊全，甚至有些 Verilog 發展環境還可以免費或授權取得，它們應該都可以符合大部分設計應用的場合才對。不過，若是眞有選擇的權利，可以考慮以下幾項要素：

1. 硬體需求(硬碟容量？網路授權？記憶體需求？)
2. 功能是否完整？價格是否便宜？是否容易取得？
3. 是否可適用於將選取的硬體元件庫或 PLD 元件？等等問題。

Altera 公司的 Quartus II Web Edition 設計環境以及 Xilinx 公司的 Integrated Software Environment(ISE)WebPACK 設計環境是二套只要上網註冊後即可容易免費取得的 Verilog 編譯環境。而本書的各個 Verilog 程式主要是在 Xilinx ISE 環境下完成設計與模擬驗證工作。

### 二、解析問題

決定好發展環境之後，設計工程師就該根據產品規格構思如何進行設計，譬如說我們得考慮採用何種硬體描述語言、如何切割與描述電路模組、判斷是組合邏輯電路還是序向邏輯電路、考慮時序與合成的電路是否能夠合乎要求等等。大部份場合下，這些考慮往往有不只一種的解決方案，此時就要透過工程師的經驗與 EDA 工具的協助加以取捨了。

### 三、輸入電路描述檔案

現在可以開始使用發展環境內的文字編輯程式或是作業系統提供的文字編輯器(如 Windows 的記事本)，依照硬體語言以及編譯程式的語法要求，進行建立 Verilog 電路描述檔案的動作。請注意不要使用像 MS Word 這一類排版程式來編輯硬體描述語言程式檔案，因爲程式碼檔案需要是標準的 ASCII 文字檔，而排版後的檔案會參雜許多排版指令而導致無法進行後續的編譯動作。

由於同一電路可以有數種不同的敘述，所以這個階段還要考慮使用何種敘述是最合適、最有效率的方式。

### 四、執行編譯動作

原始的 Verilog 程式檔案是一個文字檔案，是供人類進行編輯與閱覽的檔案，必須經過編譯動作才能為電腦所理解。編譯操作可進行語法檢查，辨識出不能被電腦理解的語法及敘述，並提供錯誤或警告訊息供設計者訂正之用。在進行 Verilog 編譯動作後，往往會產生許多衍生檔案，分別供後續佈局、燒錄、下載、模擬操作之用。

### 五、觀察模擬結果

大部分的 Verilog 發展環境都提供了針對設計電路進行軟體模擬的功能，如果設計工程師善加利用，就可以在我們眞正接觸到佈局或硬體電路層次之前，及早找出大多數的邏輯錯誤，並加以解決。若是在實驗室的 PLD 設計流程中，有時會因為有實體模組套件可直接進行實體驗證而跳過了這個模擬過程。

電路模擬需要設計工程師先編輯好模擬波形或文字檔案，然後才開始進行模擬操作。模擬環境會將輸入信號與對應的輸出信號以文字或圖形方式顯示出來供設計工程師進行比對。在佈局或平面規劃前的模擬階段，電路的時序、功率消耗與佔有資源都暫時採預估的方式處理。

### 六、佈局或平面規劃後再編譯與驗證

佈局或平面規劃後必須再編譯一次來加入時序、功率消耗與佔有資源相關資料，此時的模擬驗證當然會更準確，更具有眞實性。如果在佈局或平面規劃後電路變得無法通過最後的驗證，就必須回頭修改佈局或平面規劃資料，運氣不佳或當初沒有留下足夠電路可調整範圍甚至可能得回到設計輸入的步驟修改程式檔案。

## 2-3 Verilog 程式基本架構

電腦語言必然會有針對程式寫作的規範，包含有整體結構、語法、關鍵字、識別字與敘述等等。以下我們簡單介紹 **Verilog 程式的基本架構**。

既然是基本架構指的當然就是每個 Verilog 程式大致上都具備有這些程式項目。後續有幾個小章節來一一介紹這些程式項目。

```
// 模組宣告
module  模組名稱 (輸入輸出信號條列);
// 輸出入埠宣告
  input       輸入埠 1，輸入埠 2，輸入埠 3…;
  output      輸出埠 1，輸出埠 2，輸出埠 3…;
  inout       雙向埠 1，雙向埠 2，雙向埠 3…;
// 資料類型宣告
  wire        連接線 1，連接線 2，連接線 3…;
  reg         暫存器資料 1，資料 2，資料 3…;
              ………………..
// 描述模組內部電路的敘述
      ………………..
      電路敘述 1;
      電路敘述 2;
      ………………..
endmodule
```

以下是一個描述二輸入及閘(and gate)的 Verilog 程式內容，我們可以從中印證 Verilog 基本結構。

```
// Ch02 and_gate.v
// 二輸入及閘 (閘層描述)
module and_gate (A, B, O);
input   A, B;     // A, B   一位元輸入
output O;         // O      一位元輸出

and (O, A, B);

endmodule
```

A, B → and → O

## 2-3-1 註解

如同其他的電腦語言一般，**註解**(Comment)的存在是為了增加程式的可讀性，提醒自己與其他閱讀者一些該注意的重點與事項。程式設計師應該養成隨時隨地多多少少加上註解的好習慣。

由於 Verilog 語言是根基於 C 語言而發展出來的硬體描述語言，所以相關語法都蠻類似的，就譬如現在介紹的註解方式。Verilog 使用 // 來為某一行敘述進行註解

標記；也就是說，所有在 // 符號右邊的文字都不會經過 Verilog 編譯程式的處理，純粹是給人看的，所以輸入中文訊息應該也不會有問題的。若是跨過多行的註解可使用 /* ... */ 方式，在 /* 符號之後到 */ 符號之前的文字都不會經過編譯處理。

## 2-3-2 分號；

Verilog 語言與 C 語言一樣都具有**自由格式**的程式寫作風格。所謂自由格式就是在程式語法中並不特別限制文字輸入的位置，而是以特定的符號(主要是分號；)與語法結構來區分各個敘述。因此，一個敘述可以打成多行文字或是一行文字內可能會有多個敘述。自由格式可以使設計工程師依自己的喜好與公司的規定在符合語法要求的限制下形成自我獨特的程式寫作風格。

自由格式很方便設計者進行程式的**縮排**。所謂縮排就是在程式文字的某些特定位置故意加上換行、定位或空格來使某些程式碼具有切齊、內縮或凸顯的效果。使用縮排可以使程式更具有可讀性，也會使程式更容易除錯，是個寫電腦程式的好習慣。

## 2-3-3 關鍵字與識別字

所謂的**關鍵字**(Key Word)指的就是在 Verilog 編譯程式中已經有特定意義的一串字母，譬如 module、input、output 等等。與 C 語言一樣，所有 Verilog 關鍵字都必須使用小寫字母。Verilog 定義的關鍵字如表 2-1 所示。

另外，還有一些**系統任務關鍵字**，它們以$**關鍵字名稱**的形式呈現。所謂系統任務指的是對於編譯程式所下的指令，用以進行經常性的工作，也可能是控制模擬過程、顯示模擬資料或訊息。這部份的資料詳見**第 11-3 節**的內容。

所謂**識別字**(Identifier)就是在 Verilog 程式中使用者自行定義的一個字串，用來識別電路中某一個元件或是信號，當然不同的元件或是信號就一定要對應到不同的識別字。有關連性的元件或是信號常以附加流水序號方式來命名，如 A_1、A_2 這般。識別字絕對不能與關鍵字相同，否則執行 Verilog 編譯操作時一定會產生語法錯誤(Syntax Error)。

表 2-1　Verilog 的關鍵字

| | | | | |
|---|---|---|---|---|
| and | always | assign | begin | buf |
| bufif0 | bufif1 | case | casex | casez |
| cmos | deassign | default | defparam | disable |
| edge | else | end | endcase | endfunction |
| endprimitive | endmodule | endspecify | endtable | endtask |
| event | for | force | forever | fork |
| function | highz0 | highz1 | if | ifnone |
| initial | inout | input | integer | join |
| large | macromodule | medium | module | nand |
| negedge | nmos | nor | not | notif0 |
| notif1 | output | or | parameter | pmos |
| posedge | primitive | pulldown | pullup | pull0 |
| pull1 | rcmos | real | realtime | reg |
| release | repeat | rnmos | rpmos | rtran |
| rtranif0 | rtranif1 | scalared | small | specify |
| specparam | strong0 | strong1 | supply0 | supply1 |
| table | task | time | tran | tranif0 |
| tranif1 | tri | triand | trior | trireg |
| tri0 | tri1 | vectored | wait | wand |
| weak0 | weak1 | while | wire | wor |
| xnor | xor | | | |

識別字命名法則大致有下列幾項：

1. 可由一般英文字母、數字、底線字母‘_’與錢號字母‘$’所組成。
2. 第一個字母必須為英文字母(特別注意：不可以是數字)。
3. 不能使用連續 2 個底線符號。
4. 不可使用 Verilog 語言中的關鍵字。

在 Verilog 語言中，對於英文字母是有**大小寫的區分**，所以 ABC 與 abc 指的不是同一個識別字。雖然理論上語法檢查應該可以查出這樣的錯誤，但是某些情況下卻也有可能沒有任何警告或錯誤訊息回應，這時候的除錯工作就很傷腦筋了。在本書的範圍內，我們將關鍵字以小寫方式呈現(這是語法規定)，而識別字則以第一個字母大寫的方式呈現。

## 2-3-4　module 宣告

本書將 module 這個關鍵字譯為**模組**。它的基本宣告語法如下：

```
module   模組名稱 (輸入輸出信號條列)；
  ..........
endmodule
```

所謂模組就是一塊具有特定功能的電路區塊。**模組名稱**就是設計工程師為該電路命名的識別字，通常具有簡單描述電路功能的重責大任，儘量避免無意義的命名，免得自己或他人難以一眼了解該電路的執行目的，譬如前述的及閘電路模組名稱命名為 and_gate 就很不錯。通常模組名稱與該檔案的名稱(副檔名 .v)是一致的，這樣在 Windows 作業系統下就可以由檔案名稱知道內部電路模組具備的功能，易於辨識與管理。模組宣告部分最後以 endmodule 關鍵字收尾。

在模組名稱後面跟著**輸入與輸出信號條列**，定義了本電路模組與外界溝通的輸入輸出信號名稱，而且必須與後續輸出入埠的宣告名稱一致才行。各信號間以逗號隔開，順序無所謂。

請特別注意一下，模組宣告的語法中 module **行尾記得打上；分號**，否則編譯時會有錯誤訊息產生，這是一個初學者常犯的語法錯誤。

一件最後的電路成品可能只需要一個模組，不過也可能需要數個模組通力合作，這時就需要階層式電路的設計技巧了，詳情請見**第 9-2 節**的介紹內容。這數個模組可以直接通通放在同一個 Verilog 檔案內( .v 檔)，宣告的先後順序也是任意的，但是我們的建議是為了專案管理方便最好每一個 .v 檔內都只放置一個 module 宣告，然後再透過模組例證或是`include 編譯指令將它們整合起來。

## 2-3-5　輸出入埠宣告

在 module 宣告後，就得宣告**輸出入埠**了。所謂輸出入埠就是本模組內部電路與外界電路連接的介面，它們應該與 module 宣告中的輸入輸出信號條列內容一致，只是現在必須明確區分出何者為輸入接腳何者又為輸出接腳罷了。

可定義的輸出入埠有以下這三種：input(輸入埠)、output(輸出埠)、inout(雙向埠)。設為 input 模式的輸出入埠是為輸入接腳，表示這個訊號必須由模組外的其他電路來驅動。設為 output 模式的輸出入埠是為輸出接腳，表示這個訊號將由模組內的電路來產生，並用以驅動模組外的其他電路，這類輸出接腳不允許被回授再拉入到這個模組之內。設為 inout 模式的輸出入埠是為可輸出入式接腳，不只允許信號可以輸入輸出雙向流通，而且也允許信號回授再拉入這個模組之內。inout 模式的輸出入埠，通常應用在具有匯流排特質的電路結構上。

圖 2-2 是對應前述 and_gate.v 電路模組輸出入埠定義的示意圖。

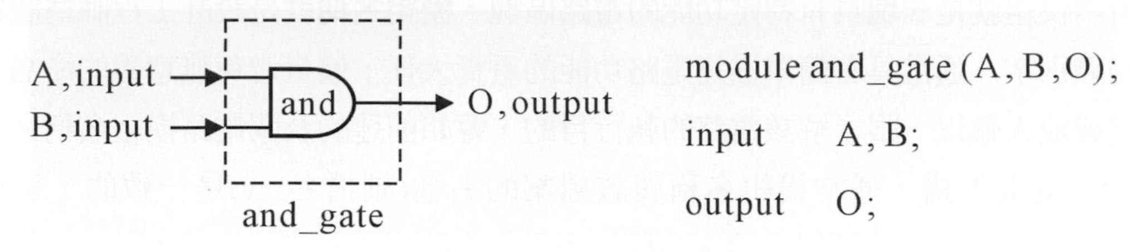


圖 2-2　輸出入埠示意圖

## 2-3-6 資料類型宣告

**資料類型**宣告主要用以定義硬體電路輸出入埠或傳遞信號的邏輯準位類型、連線特性、數字或參數宣告等等，詳見**第三章**的介紹。較常見的有 wire 和 reg 分別用以宣告連接線資料和暫存器資料。若無需要，這一部份可能省略。

## 2-3-7 模組內部電路敘述

Verilog 程式中最重要、最佔篇幅、最花心力的部份就是模組內部電路敘述，這部分程式內容描述了本電路模組應該具備的電路架構與功能。

Verilog 提供了四個不同層次的語法來描述電路，由低階至高階分別是：**開關層次**(Switch Level)、**邏輯閘層次**(Gate Level)、**資料流層次**(Dataflow Level)和**行為層次**(Behavior Level)。設計工程師可以在模組檔案內隨意混用這四個層次的語法。一般而言，越高階層次的語法可以在一句敘述內描述更多的邏輯電路。

由於目前積體電路的發展日新月異，複雜度不斷提高，往往動輒數百萬個電晶體、數十萬個邏輯閘的規模，一行敘述只能描述一個電晶體工作狀態的開關層次敘述很明顯地根本不敷使用，基本上沒有工程師在使用了。而一行敘述只能描述一個邏輯閘工作狀態的邏輯閘層次描述也只適合用來設計一些規模不太大的電路。由於資料流層次和行爲層次可以在較少量的敘述中描述一個大規模的電路設計因而成爲最普遍使用的語法，它們又被合稱爲**暫存器轉換層次**(Register Transfer Level：**RTL**)。

邏輯閘層次敘述詳見**第四章**的說明，資料流層次敘述詳見**第五章**的說明，而行爲層次敘述詳見**第六章**的說明。

暫存器轉換層次 RTL (Register Transfer Level)
- 行為層次 (Behavior Level)
- 資料流層次(Dataflow Level)

邏輯閘層次(Gate Level)
開關層次 (Switch Level)

圖 2-3　四種不同層次的語法

## 2-4 模擬與測試平台

一件電子作品的生產流程必需要經過設計、驗證、製造、包裝、品管等等步驟。以設計工程師而言，一定要掌握設計和初步驗證這二個步驟毫無錯誤，才能將電路設計往下移至印刷電路板設計或是製造部門來做更進一步的處理。

早期的初步驗證方法多是將設計完成的電路圖接成麵包板、萬用板或 PC 板，然後使用電源供應器、信號產生器、示波器、電表等電子儀器來加以驗證。這種作法有幾個很麻煩的缺點。首先，接電路板的過程是既耗時、費力又損失材料的工作；況且在接板完成後的驗證結果如果有錯誤，這時就得先花費相當的時間釐清是設計有誤亦或是接板有誤。於是電子工程師常常必需爲了解決一些和設計理念無關的困擾而大傷腦筋。尤其現今積體電路發展一日千里，一件作品動輒數百萬個電晶體，傳統接板驗證的方式已經完全不可行了。

近來電腦的發展已至如此神速的地步，以致於只要有合適而精確的電路模型，電腦便可爲我們依據已知的電路理論執行大量的計算，而**模擬**(Simulate)出近乎眞實的電路結果。這種經由軟體驗證的作法，可以克服前面所述的這些缺點，更因爲這種方式可以事先排除大部份設計階段所造成的失誤，使得工程師們可以更直接地將精力集中在設計最佳化方面，進而提昇整體電路的效能。使用軟體方式驗證電路的做法還可以使整體設計的時程(Time to Market)大幅縮短，企業主也得以搶得先機，獲致豐厚利潤。

**測試平台**(Test Bench)就是爲了模擬測試與驗證 Verilog 電路而特別建立的環境。設計工程師藉由合適的 Verilog 敘述來產生需要的模擬測試信號(Stimulus)與時序

(Timing)資料送入待測電路(DUT：Design Under Test)中，然後由回饋的輸出結果與預期結果加以比對判斷待測電路的設計是否正確無誤，如圖 2-4 所示。

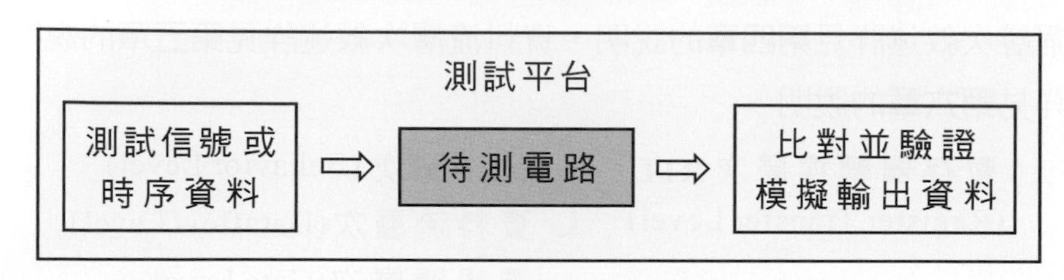


圖 2-4　測試平台與模擬

常見的 Verilog 編譯環境都提供了內建或外掛的模擬驗證功能，所以設計工程師事先準備好合宜的測試平台檔案，就可以在編譯環境內以波形或文字檔案形式觀察到待測電路所產生的輸出資料了。一般而言，用於測試平台內的 Verilog 敘述通常無法合成(Synthesis)真正的實體電路，只能用於在模擬環境中產生、讀取與顯示虛擬的信號資料。有些編譯指令或是系統任務(以 $ 開頭命名)可以協助建立測試平台的功能，詳見**第十一章**的介紹內容。

由於最終的測試平台程式是一個純文字檔案，所以可以使用一般文書編輯程式撰寫，不過有些 Verilog 編譯環境會提供由波形時序圖自動轉換成測試平台程式的功能，使用上更方便。以下是一些簡單的測試平台敘述，可以為待測電路產生一個週期為 10 個時間單位的時脈信號：

```
reg  Clk ;                  // 宣告 Clk 為暫存器資料
initial                     // initial 區塊，設定某些信號資料的初值
  Clk  =0 ;                 // Clk 初值，為邏輯‘0’
always                      // always 區塊，永遠不會停止
  #5  Clk  =  ～Clk ;       // 每 5 時間單位將 Clk 信號反相
```

## 2-4-1　測試平台程式範例

以下介紹前述 and_gate.v 設計的測試平台範例程式 T.tfw。由於只有二個一位元輸入信號 A 與 B，所以輸入信號組合只有 $2^2=4$ 種狀況(“00”、“01”、“10”與“11”)，設計工程師只要在測試平台程式產生這四種信號組合就算完整驗證了。

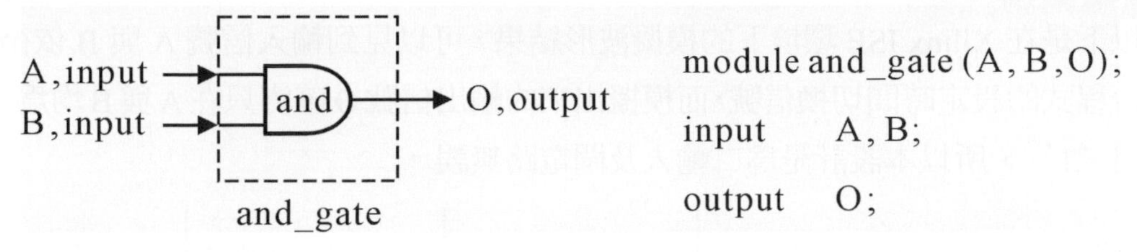


圖 2-5

```
// Ch02 T.tfw
// 二輸入及閘（測試平台程式）

// 時間單位 1ns, 時間精確度 1 ps
`timescale 1ns/1ps
// 模擬模組宣告
module T;
reg A = 1'b0;            // A 暫存器資料初值為‘0’
reg B = 1'b0;            // B 暫存器資料初值為‘0’
wire O;

// 建立 and_gate 的模組例證
and_gate UUT (.A(A),.B(B),.O(O));

// initial 程序結構區塊，產生 A、B 輸入信號波形
initial
begin
  #100;                  // 100ns
    B = 1'b1;            // AB = “01”
  #100;                  // 200ns
    A = 1'b1;            // AB = “10”
    B = 1'b0;
  #100;                  // 300ns
    B = 1'b1;            // AB = “11”
  end
initial
begin
  #400                   // 模擬終止時間  400 ns
    $stop;
end
endmodule
```

以下是在 Xilinx ISE 環境下的模擬波形結果，可以見到輸入信號 A 與 B 依循著測試平台程式的設定時間切換信號，而模擬出來的輸出信號 O 確實只在 A 與 B 均為‘1’時才為‘1’，所以本設計是為二輸入及閘電路無誤。

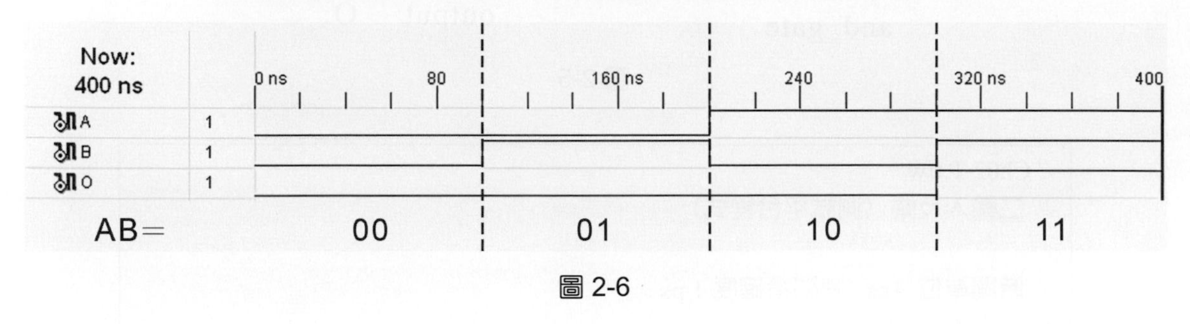


圖 2-6

限於篇幅，本書內容不會對每一個 Verilog 範例設計都列出其對應的測試平台程式，讀者可從隨書光碟片各章節內容中找到它們。

Verilog

Chapter 3

# Verilog 資料類型

## 3-1 邏輯準位與信號強度

**邏輯準位**的定義是爲了明確決定出目前信號所代表的電氣意義。在 Verilog 定義的邏輯準位有以下這一些：

| | |
|---|---|
| 0 | 邏輯 0 態或條件判斷式中的‘假’ |
| 1 | 邏輯 1 態或條件判斷式中的‘眞’ |
| x 或 X | 浮接，邏輯值未定 (Floating) |
| z 或 Z | 邏輯高阻抗 (High Impedance) |

當邏輯準位‘1’與邏輯準位‘0’的二個信號搭接在一起時，就必須透過**準位強度**來判斷最後信號的邏輯準位，如表 3-1 所示。其中，large、medium 與 small 這三種強度只存在於 trireg 三態暫存器資料中。

表 3-1　準位強度

| 準位強度 | 型態 | 程度 |
|---|---|---|
| supply | 驅動(driving) | 最強 |
| strong | 驅動 | ↑ |
| pull | 驅動 | |
| large | 儲存(storage) | |
| weak | 驅動 | |
| medium | 儲存 | |
| small | 儲存 | |
| highz | 高阻抗 | 最弱 |

當搭接的二個‘1’與‘0’信號其準位強度相同時，最後的邏輯準位是未定狀態‘x’。若二個準位強度不同的‘1’與‘0’信號搭接在一起時，以準位強度高者取得最後的邏輯準位。譬如 strong‘1’搭接到 weak‘0’，最後信號的邏輯準位就是‘1’。

## 3-2 連接線資料

連接線是用來連接 Verilog 模組內各元件間的信號，它們沒有記憶能力，所以必須有明確的驅動信號。主要有 wire、wand、wor 三種，它們只能搭配 assign 敘述使用。

宣告為 wire 的**連接線資料**只是用來單純將某一元件的輸出連接到另一元件的輸入，內定值是‘z’。直接將兩個 wire 信號皆在一起是不被允許的，不過使用 wand 或 wor 就可以了，它們分別遵循 Wire-And 和 Wire-Or 的規範，其眞值表定義如表 3-2：

表 3-2　眞值表定義

| wand | 0 | 1 | x | z |
|---|---|---|---|---|
| 0 | 0 | 0 | 0 | 0 |
| 1 | 0 | 1 | x | 1 |
| x | 0 | x | x | x |
| z | 0 | 1 | x | z |

| wor | 0 | 1 | x | z |
|---|---|---|---|---|
| 0 | 0 | 1 | x | 0 |
| 1 | 1 | 1 | 1 | 1 |
| x | x | 1 | x | x |
| z | 0 | 1 | x | z |

以下是一個使用 wire、wand 和 wor 信號的範例。輸出信號 C 為 ／A · B 的邏輯組合，輸出信號 D 為 A 與 B 經過 Wire-And 的結果，而輸出信號 E 為 A 與 B 經過 Wire-Or 的結果。

```
// Ch03 wire_and_or.v
// 連接線 (wire, wired-and, wired-or)

module wire_and_or (A, B, C, D, E);
Input   A,B;
output  C,D,E;
wire    An;      // 宣告中繼信號 An 為 wire 資料
wand    D;       // 宣告輸出埠 D 為 wand 資料
wor     E;       // 宣告輸出埠 E 為 wor 資料

// wire
assign An = ~A;
assign C   = An & B;      // C = /A · B

// wired-and
assign D = A;
assign D = B;

// wired-or
assign E = A;
assign E = B;

endmodule
```

二個一位元輸入信號 A 與 B 共可產生四種二進制邏輯組合。由以下模擬波形可見輸出信號 C 爲／A · B 的邏輯組合(只有 A 爲‘0’且 B 爲‘1’時，C 才爲‘1’)，輸出信號 D 爲 A 與 B 經過 Wire-And 的結果(只有 A 爲‘1’且 B 爲‘1’時，C 才爲‘1’)，而輸出信號 E 爲 A 與 B 經過 Wire-Or 的結果(A 或 B 任一個爲‘1’時，C 就爲‘1’)。

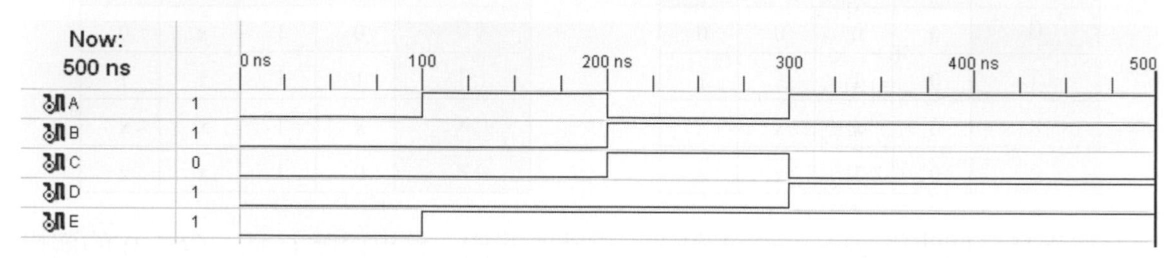


圖 3-1

## 3-3 暫存器資料

使用 reg 關鍵字就可以宣告**暫存器資料**，暫存器資料常搭配行爲層次的 always 敘述使用。暫存器資料內容可以隨著敘述的描述內容而改變，而且它具有記憶性功能，可以持續保持住電路中的邏輯準位。

## 3-4 向量資料與多進制表示

實體電路中的匯流排(Bus)就是一組有關聯性的信號，在 Verilog 中常常宣告爲**向量資料**(Vector)。輸出入埠、連接線資料與暫存器資料都可以宣告成合意位元長度的向量資料，向量長度由〔起始值：結束值〕方式來定義，請參考以下宣告範例。習慣上，如同實體匯流排一般，向量資料常由高位元至低位元定義，結束值爲 0，譬如八位元向量就常被宣告爲〔7：0〕。若未定義向量長度，則其長度就被設爲 1 位元。

```
output  [0:3]  A;     // 四位元輸出埠 A，向量索引由 0 遞加至 3
                      // 即 A[0], A[1], A[2], A[3]
reg     [7:0]  B;     // 八位元暫存器資料 B，向量索引由 7 遞減至 0
                      // 即 B[7], B[6], B[5], B[4], B[3], B[2], B[1], B[0]
```

隨著位元數的增加，二進制描述就變得有些冗長，這時可以採用多進制描述(八進制、十進制、十六進制)。Verilog 的多位元資料描述格式如下：

---

＜位元長度＞ '＜進制表示＞ ＜數值資料＞

位元長度：以十進制數字表示該筆資料的總位元長度。若是未設定，則視爲 32 位元。若是冠上負號'-'，則視爲 2's 二補數資料。

進制表示：分別以 'b、 'o、 'd 或 'h 表示這是二進制、八進制、十進制或十六進制的資料。若未設定，則視爲十進制。

數值資料：在定義的多進制下該數值的表示式。可混用'x'和'z'邏輯準位。可使用底線字元'_'來分隔較長的數字描述，增加可讀性。

---

以下是一些多位元資料的使用範例：

```
A = 4'b1010;          // A 被填入四位元二進制資料 1010，相當於
                      //  八進制的 4'o12、十進制的 4'd10 或十六進制的 4'ha
A = 12;               // A 被填入三十二位元十進制資料 12，相當於
                      //  二進制的'b1100、八進制的'o14 或十六進制的'hc
A = -4'h5;            // A 被填入四位元十六進制資料 5 的二補數，相當於
                      //  二進制的 4'b1011、八進制的 4'o13 或十進制的 4'd11
A = 4'b10x0;          // A 被填入四位元二進制資料，右第二位元爲未知
A = 4'bz10;           // A 被填入四位元二進制資料，左二個位元爲高阻抗
B = 8'b1011_1100;     //  可使用'_'增加可讀性
```

向量資料可以整體或部分存取或變更，如以下範例所示，假設 C 爲八位元〔7：0〕輸出埠。

```
C = 8'h5a;            // C 被填入八位元十六進制資料 5a，整體存取
C [2:0] = 3'b101;     // C 的右三個位元被填入二進制資料 101，部份存取
```

由於一旦宣告了向量資料，電路合成時就會保留對應的硬體電路，若是它們永遠不會被使用到就會形成不必要的浪費。譬如，假設 tmp 的數值最多不會超過 7，那麼使用三位元暫存器資料就足以儲存 tmp 了，如下所示：

```
reg 〔2：0〕 tmp；
```

此時，多於三位元的宣告就會形成浪費。

## 3-5 數字資料

在 Verilog 中定義的**數字資料**有整數(integer)、實數(real)和時間數字(time)。所謂整數就是沒有小數部份的數字，可以是正數或負數，一般長度定義為 32 位元，實際計算時以 2's 補數方式處理。在 Verilog 設計實務上，整數常用來搭配迴圈計數值使用。

以下是整數宣告與使用範例：

```
integer  i;              // 宣告 i 為一個整數資料
for  (i = 0;   i <= 7;   i  =  i + 1);
                         // i 由 0 起跳，每次加一，直到等於 7 時停止
```

所謂實數就是具有小數部份的數字，可以使用數字或科學記號表示。實數轉為整數時，會以四捨五入的方式處理。考量到合成時的困難度，實數在 Verilog 設計實務上不太使用到。以下是實數的宣告與使用範例：

```
real   j;                // 宣告 j 為一個實數資料
j = 1.23;                // j 的數值設為 1.23
```

時間數字是為了進行模擬時而做的時間設定。以 time 關鍵字來宣告時間數字，一般是 64 位元的 reg 變數。使用系統任務 $time 可以取得目前的模擬時間。以下是時間數字的宣告與使用範例：

```
time   k;                // 宣告 k 為一個時間資料
k = $time;               // 取得目前的模擬時間存入 k
```

## 3-6 陣列與記憶體資料

**陣列資料**(Array)是多個一位元或多位元資料元素所構成的集合，元素個數宣告在資料名稱之後，可宣告的資料類型為暫存器 reg、整數 integer 與時間 time。陣列資料各元素的內容可以透過陣列指標加以存取。Verilog-1995 標準只允許一維陣列，而 Verilog-2001 標準允許多維陣列的存在。宣告與使用範例如下所示。

```
reg   A   [7:0];                    // A 為一個擁有 8 個一位元暫存器資料的陣列
A [3]                               // A 陣列中陣列指標為 3 的元素
integer   [7:0]   B   [3:0];        // B 為一個擁有 4 個八位元整數資料的陣列
```

若陣列宣告對象為多個整合的暫存器 reg 資料，就形成了**記憶體資料**(Memory)，常常用以描述 ROM、RAM 及暫存器檔案(Register File)。記憶體資料中的每一個元素往往就等同於一個位元組(1 Byte＝8 Bits)、一個字組(1 Word＝16 Bits)或一個長字組(1 Long Word＝32 Bits)，如以下範例所示。

```
reg   [15:0]   C   [1023:0];        // C 記憶體陣列擁有 1024 個十六位元資料
C [100]                             // C 陣列中指標為 100 的十六位元資料
```

## 3-7 參數

使用關鍵字 parameter 可以定義**參數**。參數是常數，不可改變，也不可輸入信號。在編譯 Verilog 程式時，參數將會被定義好的常數值取代掉。參數通常應用在整體性設定位元長度或是某種操作的次數時，設計工程師只需要變更 parameter 設定值，Verilog 程式就可以順利適用於新的位元長度或是操作次數了。

```
parameter   Bits=8, Shift_r=3;   //  參數 Bits 設為 8, 參數 Shift_r 設為 3
input    [Bits-1:0] A;           // A 為八位元輸入埠 [7：0]
output   [Bits-1:0] B;           // B 為八位元輸出埠 [7：0]
assign   B=A >> Shift_r;         // A 右移三位後送至 B
```

Verilog

Chapter 4

# 邏輯閘層次之敘述

Verilog 提供了四個不同層次的語法來描述數位邏輯電路，其中**邏輯閘層次**(Gate Level)就是藉由敘述來定義各個邏輯閘及其連接狀況，等同於文字版的電路圖。基本上，每一行邏輯閘層次的敘述可用來描述一個邏輯閘的工作狀態。的確，以目前 VLSI 的設計規模而言的確不可能全部電路都使用邏輯閘層次敘述來設計，但是小的電路模組或是已有現成電路圖的設計仍很適合採用這樣的設計方式。

以下我們先介紹 Verilog 邏輯閘層次可用的基本邏輯閘及其使用敘述，然後搭配範例將這些基本邏輯閘組合成較大的電路模組。

# 4-1 基本邏輯閘

## 4-1-1 及、反及、或、反或、互斥或和互斥反或閘

首先，我們把二輸入**及閘** and、**反及閘** nand、**或閘** or、**反或閘** nor、**互斥或閘** xor 和**互斥反或閘** xnor 的電路符號與真值表列在下面。Verilog 程式內可用的基本邏輯閘可以接受多於二個以上輸入信號。

圖 4-1　基本邏輯電路符號

表 4-1　基本邏輯閘真值表

| I1 | I0 | O_and | O_nand | O_or | O_nor | O_xor | O_xnor |
|---|---|---|---|---|---|---|---|
| 0 | 0 | 0 | 1 | 0 | 1 | 0 | 1 |
| 0 | 1 | 0 | 1 | 1 | 0 | 1 | 0 |
| 1 | 0 | 0 | 1 | 1 | 0 | 1 | 0 |
| 1 | 1 | 1 | 0 | 1 | 0 | 0 | 1 |

在 Verilog 程式中呼叫並建立邏輯閘連線的方式如下所示：

閘名稱　元件編號 (輸出連線，輸入連線 1，輸入連線 2，…)

閘 名 稱：列出 and、nand、or、nor、xor 或 xnor 邏輯閘名稱。

元件編號：每一個邏輯閘都應有一個獨一無二的元件編號，一般是邏輯閘名稱附加一個流水編號。可以不給定，交由 Verilog 編譯器處理。

輸出連線：這六個邏輯閘只能有一個輸出連線。

輸入連線：邏輯閘的各個輸入連線條列於此，以逗號隔開。

下面是一些使用範例。

```
and (O_and, I1, I0);               // 二輸入及閘，輸出 O_and，輸入 I1 和 I0
nand N1 (O_nand, I2, I1, I0);      // 三輸入反及閘，元件編號 N1
or (O_or, A1, A0);                 // 二輸入或閘，輸出 O_or，輸入 A1 和 A0
nor Nor5 (O_nor, A2, A1, A0);      // 三輸入反或閘，元件編號 Nor5
xor X9 (O_xor, B1, B0);            // 二輸入互斥或閘，元件編號 X9
xnor (O_xnor, B3, B2, B1, B0);     // 四輸入互斥反或閘
```

在 Verilog 語言中，敘述可以簡單分成**順序性敘述**和**同時性敘述**這二大類。我們常常使用到的 C、BASIC 等等電腦軟體語言各敘述間必定會按照程式安排的先後順序來執行運作，這就是所謂**順序性敘述**的觀念。先執行的順序性敘述產生的結果將會影響到後續敘述的執行結果。順序性敘述主要用來描述序向邏輯電路。在 Verilog 程式中，這一類敘述只能在 always 區塊敘述內中使用，詳見**第六章**的說明。

而所謂**同時性敘述**指的是各個敘述間不具有先後順序的關係，每一個敘述都在同一時間點上執行。這是一般電腦軟體語言所沒有的觀念，但是在硬體的領域卻符合現實狀況。邏輯閘層次的敘述通通都是同時性敘述；也就是說，上述範例各行敘述之間並沒有先後順序關係，完全同時進行，如此才會符合邏輯閘在硬體特性上的運作規則。

## 4-1-2　緩衝閘與反閘

**緩衝閘** buf 和**反閘** not 都是一個輸入但是允許多個輸出的邏輯閘。緩衝閘 buf 各輸出信號與輸入信號的邏輯準位相同(0 → 0，1 → 1)，雖然沒有邏輯轉態的意義，但在實務上我們卻必須依靠它們來做信號準位轉換或是推動大負載的動作。反閘 not 會將輸入信號反相處理後(1 → 0，0 → 1)再送到各輸出連線。

加上三態控制信號 C 之後，緩衝閘和反閘會延伸出 bufif1、bufif0、notif1 和 notif0 這四個**三態邏輯閘**，此時在輸入連線名稱須列出三態控制連線的名稱。緩衝閘、反閘與三態邏輯閘的電路符號與眞值表列在下面，然後是幾個使用範例。

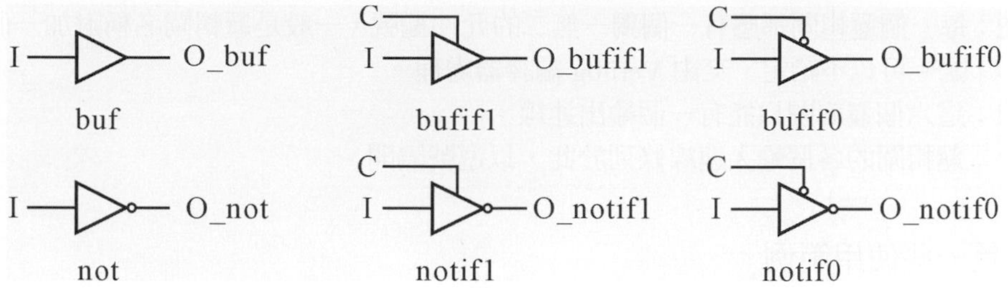

圖 4-2

表 4-2

| I | O_buf | O_not |
|---|---|---|
| 0 | 0 | 1 |
| 1 | 1 | 0 |

表 4-3

| C | I | O_bufif1 | O_bufif0 | O_notif1 | O_notif0 |
|---|---|---|---|---|---|
| 0 | 0 | z | 0 | z | 1 |
| 0 | 1 | z | 1 | z | 0 |
| 1 | 0 | 0 | z | 1 | z |
| 1 | 1 | 1 | z | 0 | z |

```
buf (O1, O2, I);              // 二輸出緩衝閘，輸出 O1 和 O2，輸入 I
not N1 (O1, X);               // 一輸出反閘，輸出 O1，輸入 I，元件編號 N1
bufif1 (O1, O2, O3, I, C);    // 三輸出三態高緩衝閘，三態控制連線 C
bufif0 (O1, O2, I, X);        // 二輸出三態低緩衝閘，三態控制連線 X
notif1 N2 (O1, I, Y);         // 一輸出三態高反閘，元件編號 N2，三態控制連線 Y
notif0 (O1, O2, I, Z);        // 二輸出三態低反閘，三態控制連線 Z
```

## 4-2 實例說明

以下範例介紹如何使用基本邏輯閘構成大電路模組。4-2-1 節爲一位元全加器之範例，而 4-2-2 節爲使用三態緩衝閘構成的 4 對 1 多工器之範例。

### 4-2-1 一位元全加器

A 和 B 爲一位元加數與被加數輸入信號，Ci(Carry in)爲前一級過來的進位輸入信號。Co(Carry out)爲本級運算後產生的一位元進位信號，一般會送至後一級的進位輸入；S(Sum)爲本級運算後產生的一位元加法和信號。依照一般數位電路設計流程，我們將眞值表進行卡諾圖化簡得到最簡布林代數式後繪出電路圖，如圖 4-3 所示：

| A | B | Ci | Co | S |
|---|---|---|---|---|
| 0 | 0 | 0 | 0 | 0 |
| 0 | 0 | 1 | 0 | 1 |
| 0 | 1 | 0 | 0 | 1 |
| 0 | 1 | 1 | 1 | 0 |
| 1 | 0 | 0 | 0 | 1 |
| 1 | 0 | 1 | 1 | 0 |
| 1 | 1 | 0 | 1 | 0 |
| 1 | 1 | 1 | 1 | 1 |

| AB / Ci | 00 | 01 | 11 | 10 |
|---|---|---|---|---|
| 0 | 00 | 01 | 10 | 01 |
| 1 | 01 | 10 | 11 | 10 |

卡諾圖化簡

Co＝A · B＋A · Ci＋B · Ci

S＝A⊕B⊕Ci

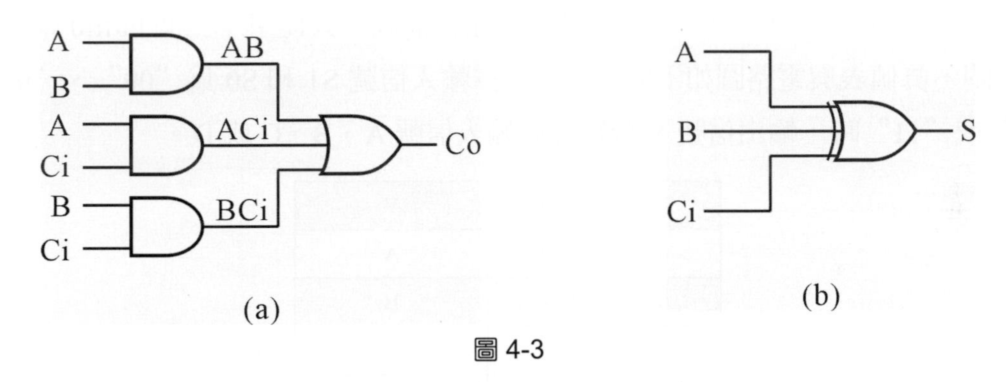


圖 4-3

```
// Ch04 full_adder1.v
// 一位元全加法器 (閘層描述)

module full_add1 (A, B, Ci, Co, S);
input   A, B, Ci;          // A, B, Ci 一位元輸入
output Co, S;              // S 和, Co 進位

and (AB, A, B);
and (ACi, A, Ci);
and (BCi, B, Ci);
or  (Co, AB, ACi, BCi);
xor (S, A, B, Ci);

endmodule
```

三個一位元輸入信號 A、B 與 Ci 共可產生八種二進制邏輯組合，由以下模擬波形可見這些邏輯組合產生的輸出信號 Co 與 S 完全符合全加器眞值表的定義。

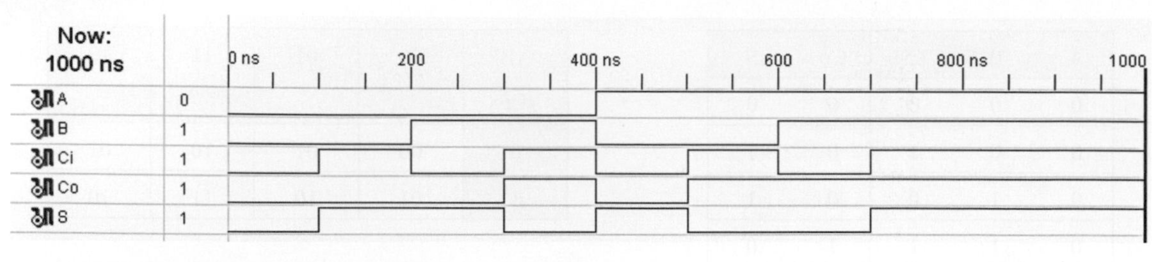


圖 4-4

## 4-2-2 4 對 1 多工器

多工器有很多可行的電路設計，本範例 4 對 1 多工器採用三態緩衝閘的設計方式，基本上是使用三組二層的 2 對 1 多工器組合而成，共使用了三個 bufif0 閘和三個 bufif1 閘，真值表與電路圖如下所示。當選擇輸入信號 S1 和 S0 為“00”、“01”、“10”或“11”時，輸出信號 Y 分別等於輸入信號 A、B、C 或 D。

| S1 | S0 | Y |
|---|---|---|
| 0 | 0 | A |
| 0 | 1 | B |
| 1 | 0 | C |
| 1 | 1 | D |

圖 4-5

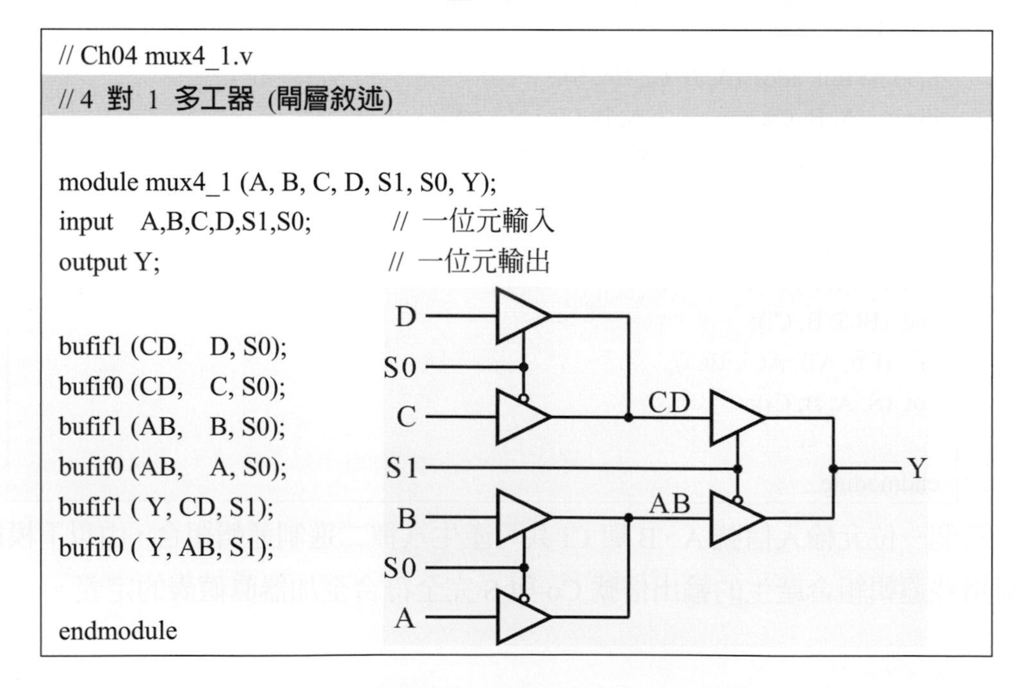

```
// Ch04 mux4_1.v
// 4 對 1 多工器 (閘層敘述)

module mux4_1 (A, B, C, D, S1, S0, Y);
input    A,B,C,D,S1,S0;          // 一位元輸入
output Y;                        // 一位元輸出

bufif1 (CD,    D, S0);
bufif0 (CD,    C, S0);
bufif1 (AB,    B, S0);
bufif0 (AB,    A, S0);
bufif1 ( Y, CD, S1);
bufif0 ( Y, AB, S1);

endmodule
```

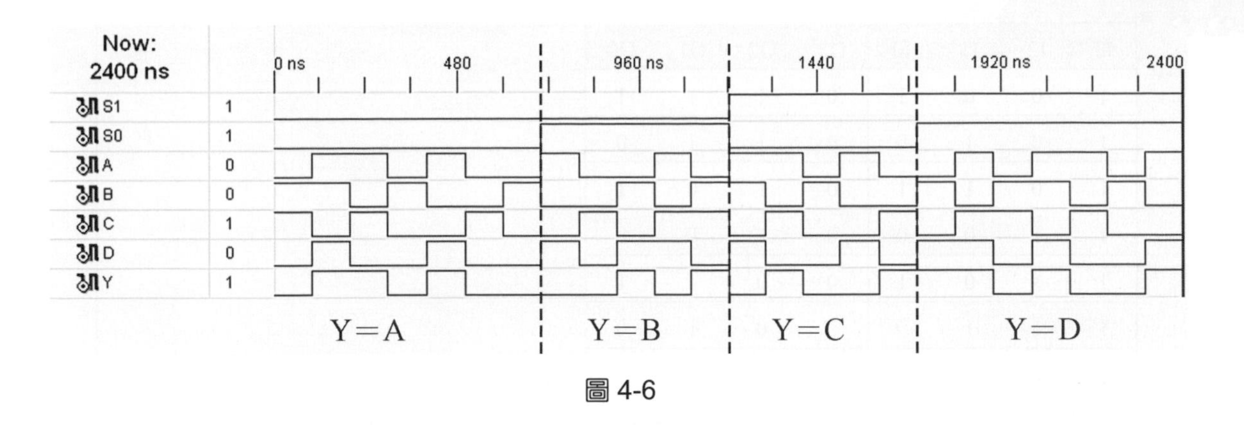


圖 4-6

## 練習題

1. 完成以下 2 對 1 多工器電路的設計並模擬驗證(如圖 4-7)。當選擇輸入信號 S 爲‘0’時，輸出信號 Y 爲輸入信號 A；當 S 爲‘1’時，輸出信號 Y 等同於 B。

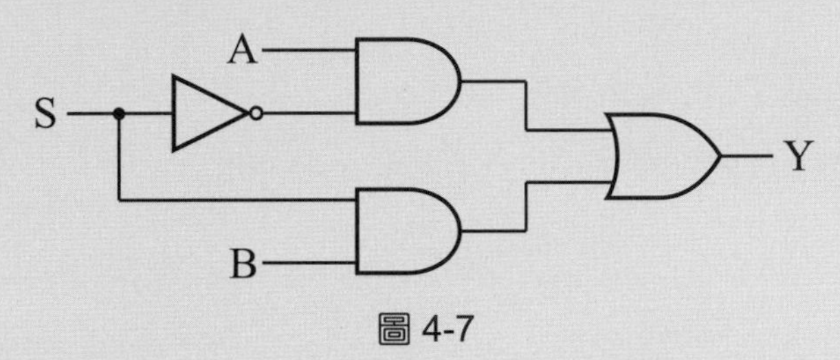


圖 4-7

2. 完成以下四位元 2’s 補數產生器電路的設計並模擬驗證，其眞值表與對應電路如圖 4-8 所示。

| I3 | I2 | I1 | I0 | O3 | O2 | O1 | O0 |
|---|---|---|---|---|---|---|---|
| 0 | 0 | 0 | 0 | 0 | 0 | 0 | 0 |
| 0 | 0 | 0 | 1 | 1 | 1 | 1 | 1 |
| 0 | 0 | 1 | 0 | 1 | 1 | 1 | 0 |
| 0 | 0 | 1 | 1 | 1 | 1 | 0 | 1 |
| 0 | 1 | 0 | 0 | 1 | 1 | 0 | 0 |
| 0 | 1 | 0 | 1 | 1 | 0 | 1 | 1 |
| 0 | 1 | 1 | 0 | 1 | 0 | 1 | 0 |
| 0 | 1 | 1 | 1 | 1 | 0 | 0 | 1 |
| 1 | 0 | 0 | 0 | 1 | 0 | 0 | 0 |

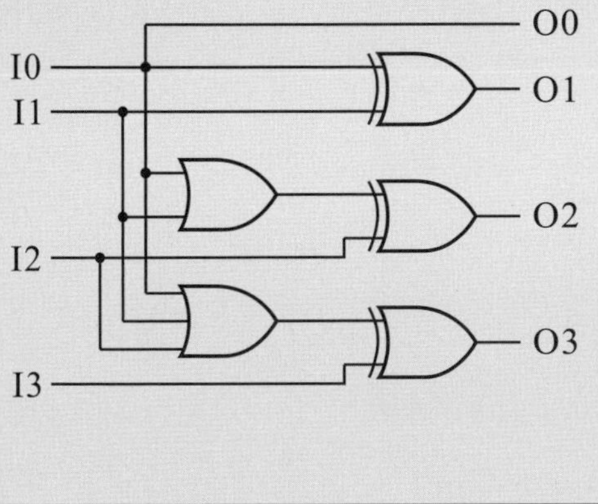

I0 I1 I2 I3 O0 O1 O2 O3

圖 4-8

| I3 | I2 | I1 | I0 | O3 | O2 | O1 | O0 |
|---|---|---|---|---|---|---|---|
| 1 | 0 | 0 | 1 | 0 | 1 | 1 | 1 |
| 1 | 0 | 1 | 0 | 0 | 1 | 1 | 0 |
| 1 | 0 | 1 | 1 | 0 | 1 | 0 | 1 |
| 1 | 1 | 0 | 0 | 0 | 1 | 0 | 0 |
| 1 | 1 | 0 | 1 | 0 | 0 | 1 | 1 |
| 1 | 1 | 1 | 0 | 0 | 0 | 1 | 0 |
| 1 | 1 | 1 | 1 | 0 | 0 | 0 | 1 |

圖 4-8(續)

Verilog

Chapter 5

# 資料流層次之敘述

Verilog 四個語法層次中的**資料流層次**(Dataflow Level)提供設計工程師能夠以信號資料流動的方式來描述電路。乍看之下，資料流層次中的敘述頗有布林代數式的內涵，所以一行敘述就可以描述數個邏輯閘彼此間的運作狀況，又無須真的繪出電路圖後才能開始編撰 Verilog 程式，程式編撰效率上要高過邏輯閘層次敘述數倍，故而廣受工程師們的喜愛。資料流層次與**第六章**介紹的行爲層次合稱**暫存器轉換層次**(Register Transfer Level：RTL)，是大型 Verilog 程式中常會使用到的高階語法層次。

資料流層次中最主要的敘述是 **assign 連續指定**(Continuous Assignment)，搭配 Verilog 支援的各式**運算子**(Operator)，可以達成所有組合邏輯電路設計所需要的運算式。事實上，本章學習重點就在於瞭解各種運算子的使用時機與描述方法。以下我們首先介紹 assign 連續指定敘述，然後搭配範例簡單介紹各式運算子的基本使用方法。

## 5-1 assign 連續指定

**assign 連續指定**適用於輸出入埠、wire、wand、wor 或 tri 等等信號的運算，但不適用於 reg 信號。其基本語法如下所示：

**assign** 輸出信號＝輸入信號與運算子的組合運算式；

注意，在多位元電路的場合，若是輸出信號位元數多於運算式結果的位元數，運算式位元數將自動擴充至與輸出信號位元數相同；反之，若輸出信號位元數少於運算式位元數，多出來的運算式高位元部份將被截掉消失。

assign 敘述只能合成組合邏輯電路(不含有記憶性電路)，它無法合成序向邏輯電路(含有記憶性電路)。因此，諸如 assign a＝a＋b；這類敘述是不合法的，因爲信號 a 同時出現在等號左右兩邊，而這樣就隱含了需要記憶性電路去紀錄 a 的數值。

## 5-2 運算子

所謂**運算子**就是電路中欲針對運算元進行某種操作的示意符號，Verilog 編譯程式據此合成出對應的實體電路。Verilog 標準支援的運算子如表 5-1 所示。不過請注意，大部分 Verilog 編譯程式無法合成除法／、取餘數%、狀況等於＝＝＝、狀況不等 !＝＝這類的電路，所以請儘量避免使用這些運算子。

表 5-1　Verilog 的運算子

<table>
<tr><th>運算子名稱</th><th>符號</th><th>說明</th></tr>
<tr><td>算術</td><td>+ , - , *, **<br>/ , %</td><td>加、減、乘、乘冪<br>除、取餘數(未必可合成)</td></tr>
<tr><td>位元邏輯</td><td>~ , & , |<br>^ , ~^ 或 ^~</td><td>反、及、或<br>互斥或、互斥反或</td></tr>
<tr><td>精簡邏輯</td><td>& , ~& , | , ~|<br>^ , ~^或 ^~</td><td>及、反及、或、反或<br>互斥或、互斥反或</td></tr>
<tr><td>比較</td><td>> , >=<br>< , <=<br>= = , !=<br>= = =, != =</td><td>大於、大於等於<br>小於、小於等於<br>相等、不等<br>狀況等於、狀況不等(未必可合成)</td></tr>
<tr><td>邏輯</td><td>! , && , ||</td><td>邏輯反、邏輯及、邏輯或</td></tr>
<tr><td>移位</td><td><< , >></td><td>左移、右移</td></tr>
<tr><td>條件</td><td>? :</td><td>判斷並由兩個運算元中挑出一個</td></tr>
<tr><td>連接</td><td>{}</td><td>依序結合各運算元</td></tr>
</table>

只需要一個運算元的運算子稱爲一元運算子，如位元反 ~ 運算子與精簡邏輯運算子。同理，需要二個或三個運算元的運算子稱爲二元或三元運算子。三元運算子只有條件運算子一種。至於連接運算子則可以接受任何數目的運算元。

只有一些運算子可以執行實數(real)運算，請見表 5-2 所示。

表 5-2　可適用於實數運算的運算子

<table>
<tr><th>運算子名稱</th><th>符號</th><th>說明</th></tr>
<tr><td>算術</td><td>+ , - , *, /</td><td>加、減、乘、除(未必可合成)</td></tr>
<tr><td>比較</td><td>> , >= , < , <=<br>= = , !=</td><td>大於、大於等於、小於、小於等於<br>相等、不等</td></tr>
<tr><td>邏輯</td><td>! , && , ||</td><td>邏輯反、邏輯及、邏輯或</td></tr>
<tr><td>條件</td><td>? :</td><td>判斷並由兩個運算元中挑出一個</td></tr>
</table>

複雜的運算可能含有多個運算子的組合，此時就會有優先權的問題存在，也就是誰先執行誰後執行的順序關係，請見表 5-3 所示。

表 5-3 Verilog 的運算子優先權關係

<table>
<tr><th>運算子符號</th><th>優先權</th></tr>
<tr><td>+(正), -(負), ~(位元反), !(邏輯反)</td><td>最高優先權</td></tr>
<tr><td>* , / , %</td><td></td></tr>
<tr><td>+(加), -(減)</td><td></td></tr>
<tr><td><< , >></td><td></td></tr>
<tr><td>> , >= , < , <=</td><td></td></tr>
<tr><td>= = , !=, = = =, != =</td><td></td></tr>
<tr><td>&</td><td></td></tr>
<tr><td>^, ~^ 或 ^~</td><td></td></tr>
<tr><td>|</td><td></td></tr>
<tr><td>&&</td><td></td></tr>
<tr><td>||</td><td></td></tr>
<tr><td>? :</td><td></td></tr>
</table>

我們不建議去記憶這個優先權關係，只要在懷疑的時候多用小括號 ( ) 去區隔就可以解決所有優先權問題了。注意，此時只能使用小括號，必要時請使用多重小括號，千萬不可使用中括號 [ ] 與大括號 { }，因爲中括號與大括號在 Verilog 內另有用途。

## 5-2-1 算術運算子

**加、減、乘、乘冪運算子**(＋、－、∗、∗∗)爲二元運算子，運算結果爲二個運算元進行 2's 二補數算術加、減、乘、乘冪後的答案。

只要輸出信號的設定位元數足夠，加法運算會自動處理進位輸出。二補數 n 位元數字加 n 位元數字的結果需要 n+1 位元來儲存。若是輸出信號位元數不足，超出位元的部分會被截掉消失，稱之爲溢位(Overflow)，當然此時的運算結果就不正確了。

同理，減法運算也會自動處理借位問題，二補數 n 位元數字減 n 位元數字的結果也需要 n+1 位元來儲存；若輸出信號位元數不足，也會有溢位問題。以乘法運算而言，二補數 n 位元數字乘以 n 位元數字共需要 2n 位元來儲存結果，當然也必須注意其溢位問題。乘冪運算是 Verilog-2001 標準才定義的運算子，大部份編譯程式都有支援，使用時當然必須先預留好運算結果所需要的位元數以免產生溢位問題，A ** B 相當於 $A^B$。

至於除法與取餘數(／與%)運算子，雖然 Verilog 標準有加以定義，但是因爲大部分編譯程式無法合成它們，以至於失去了實際應用的意義，我們不建議使用。

下面是一些加、減、乘、乘冪運算子的使用範例。

```
assign  P ＝A＋B＋Ci；         // 將 A、B 與 Ci 相加之後送至 P
assign  Q ＝A－B；             // 將 A 減去 B 之後送至 Q
assign  R ＝P * Q；            // 將 P 與 Q 相乘之後送至 R
assign  S ＝A ** B；           // 將 A 的 B 次方送至 S，相當於 A^B
```

## 5-2-2　位元邏輯運算子

**位元邏輯運算子**都是二元運算子(除了反邏輯運算)，運算結果爲二個運算元對應各位元進行邏輯運算(反 ~、及&、或 |、互斥或 ^、互斥反或 ~^)後的答案。

我們以表 5-4 爲例說明其運作情況。

表 5-4

|  | 反 | 及 | 或 | 互斥或 | 互斥反或 |
|---|---|---|---|---|---|
| A:0101 | ~A | A&B | A \| B | A ^ B | A ~ ^ B 或 A ^ ~ B |
| B:1100 | 1010 | 0100 | 1101 | 1001 | 0110 |

下面是一些位元邏輯運算子的使用範例。

```
assign  P ＝~A；               // 將 A 作位元反(not)操作之後送至 P
assign  Q ＝A & B；            // 位元及(and)
assign  R ＝A | B；            // 位元或(or)
assign  S ＝(A & ~B) | C；     // 相當於布林代數式 S＝AB'＋C
assign  T ＝~ ( A & B)；       // 位元反及(nand)
assign  U ＝~ ( A | B)；       // 位元反或(nor)
assign  V ＝A ^ B；            // 位元互斥或(xor)
assign  W ＝A ~^ B；           // 位元互斥反或(xnor)
```

## 5-2-3 精簡邏輯運算子

**精簡邏輯運算子**爲一元運算子，運算結果爲這個運算元所有位元彼此間進行邏輯運算(及&、反及 ~&、或 |、反或 ~|、互斥或 ^、互斥反或 ~^)後得到的一位元布林値(眞：1，假：0)。

精簡邏輯運算子互斥或 ^ 常被用來產生偶同位(Even Parity)位元，而精簡邏輯運算子互斥反或 ~^ 常被用來產生奇同位(Odd Parity)位元。

我們以表 5-5 爲例說明其運作結果(A 爲四位元向量資料)。

表 5-5

| | 及 | 反及 | 或 | 反或 | 互斥或 | 互斥反或 |
|---|---|---|---|---|---|---|
| A | &A | ~&A | \|A | ~\|A | ^A | ~^A 或 ^~A |
| 0000 | 0 | 1 | 0 | 1 | 0 | 1 |
| 0100 | 0 | 1 | 1 | 0 | 1 | 0 |
| 1010 | 0 | 1 | 1 | 0 | 0 | 1 |
| 1101 | 0 | 1 | 1 | 0 | 1 | 0 |
| 1111 | 1 | 0 | 1 | 0 | 0 | 1 |

## 5-2-4 比較運算子

**比較運算子**都是二元運算子，運算結果爲二個運算元按照運算子的要求進行比較運算(大於＞、大於等於＞＝、小於＜、小於等於＜＝、相等＝＝、不等！＝、狀況等於＝＝＝、狀況不等！＝＝)後得出的布林値(眞：1，假：0)。若運算元中出現未知‘x’或高阻抗‘z’狀態時，則＝＝與！＝的比較結果爲未知‘x’，但＝＝＝與！＝＝的比較結果則仍可判斷爲眞與假(注意，＝＝＝與！＝＝未必可進行電路合成)。

我們以表 5-6 爲例說明其運作結果。

表 5-6

| | | 大於 | 大於等於 | 小於 | 小於等於 | 相等 | 不等 |
|---|---|---|---|---|---|---|---|
| A | B | A>B | A>=B | A<B | A<=B | A==B | A!=B |
| 000 | 000 | 假 | 眞 | 假 | 眞 | 眞 | 假 |
| 001 | 100 | 假 | 假 | 眞 | 眞 | 假 | 眞 |
| 100 | 100 | 假 | 眞 | 假 | 眞 | 眞 | 假 |
| 101 | 001 | 眞 | 眞 | 假 | 假 | 假 | 眞 |
| 111 | 111 | 假 | 眞 | 假 | 眞 | 眞 | 假 |

## 5-2-5　邏輯運算子

**邏輯運算子**將一個或二個布林運算元進行邏輯運算(邏輯反!、邏輯及&&、邏輯或 || )後得出布林值結果(眞：1，假：0)。這些運算子通常搭配比較運算子使用。我們以表 5-7 爲例說明其運作結果。

表 5-7

<table>
<tr><th>A</th><th>B</th><th>邏輯反!A</th><th>邏輯及 A&&B</th><th>邏輯或 A || B</th></tr>
<tr><td>真</td><td>真</td><td>假</td><td>眞</td><td>眞</td></tr>
<tr><td>真</td><td>假</td><td>假</td><td>假</td><td>眞</td></tr>
<tr><td>假</td><td>真</td><td>眞</td><td>假</td><td>眞</td></tr>
<tr><td>假</td><td>假</td><td>眞</td><td>假</td><td>假</td></tr>
</table>

## 5-2-6　移位運算子

**移位運算子**是二元運算子，第一個運算元會依第二個數字運算元的要求左移 << 或右移 >> 若干位元後輸出結果。移位後的空缺位元會補零處理。其實，左移 n 位元就相當於乘 $2^n$ 的操作，譬如左移一位元相當於乘 2 的操作，左移二位元就相當於乘 4 的操作。同樣地，右移 n 位元就相當於除 $2^n$ 的操作(餘數無條件捨去)，譬如右移一位元就相當於除 2 的操作，右移二位元就相當於除 4 的操作。

我們以表 5-8 範例說明其運作結果。

表 5-8

| 二進制值 | 十進制值 |
|---|---|
| 00001 | 1 |
| 00010 | 2 |
| 00100 | 4 |
| 01000 | 8 |
| 10000 | 16 |

右移 >>（↑）　左移 <<（↓）

```
assign   P=A << 1;            // 將 A 左移一位之後送至 P(相當於乘 2)
assign   Q=B >> 2;            // 將 B 右移二位之後送至 Q(相當於除 4)
```

## 5-2-7 條件運算子

**條件運算子**是三元運算子，其基本語法如：

**輸出信號＝條件判斷式？條件成立時的輸出值：條件不成立時輸出值；**

第一個運算元是一個條件判斷式，當條件成立時，第二個運算元(？之後)就是輸出結果；而條件不成立時，則輸出第三個運算元(：之後)。電路合成時，條件運算子等同於 2 對 1 多工器，它會依條件要求，選擇二個輸入信號中的一個做爲輸出結果。必要時，可以複合數個條件運算子形成一個多選一的電路結構。

以下是幾個條件運算子的使用範例：

```
assign  P=(A >=B) ? A : B;       // 若 A >= B，將 A 送至 P；若 A < B，將 B 送至 P
                                 // 本例相當於取 A、B 二個輸入中較大者輸出
assign  Q=(A >=0) ? A : -A;      // 取 A 的絕對值輸出到 Q
assign  R=(A >=B) ? ((A >=C) ? A : C) : ((B >=C) ? B : C);
                                 // 相當於取 A、B、C 三個輸入中最大者送至 R
```

由於條件運算子使用了？：這樣的符號表示，導致它的可讀性變差，對它用法不熟悉的程式閱讀者往往會不知所云，尤其複合多個條件運算子之後更是顯得撲朔迷離。我們建議多使用**第 6-3 節**介紹的 if 敘述來進行判斷的操作，因爲它比較接近英文用法，容易給人有較直觀的理解。

## 5-2-8 連接運算子

**連接運算子** { } 是多元運算子，可以整合任意多個運算元，各運算元之間以逗號‘，’隔開。連接運算子常用以調整或重排一個向量資料，運算結果就是由各運算元依照安排順序重組而成。可在連接運算子前面加上一個十進制數值表示重複次數，譬如 2 {3’b011} 就相當於 {3’b011，3’b011} ＝6’b011011。

前一小節的移位運算一定會將移走後的空缺補零，若要進行**循環移位**運算(移出的位元由另一端補回)，可以使用連接運算子來完成。

我們以下面範例說明連接運算子的使用方式。

```
assign   P={ A[1:0], B, A[3:2] };       // P 向量內容爲 A[1], A[0], B, A[3], A[2]
assign   Q={ 2{3'b101}};                // Q 向量內容爲 6'b101101
assign   R={ A[1], 2{2'b01}};           // R 向量內容爲 A[1], 4'b0101
assign   S={ A[0], A[3:1] };            // S 內容爲 A[0], A[3], A[2], A[1]，循環右移
assign   T={ A[2:0], A[3] };            // T 內容爲 A[2], A[1], A[0], A[3]，循環左移
```

## 5-3 綜合範例

以下範例將進行 Verilog 資料流層敘述的綜合練習。**範例一**示範向量資料的存取，**範例二**示範幾個運算子的使用方式。

### 5-3-1 向量資料的存取

本範例將對 Verilog 資料流層次的向量資料進行綜合練習。輸入信號有 A(四位元)和 B(五位元)，輸出信號有 W(三位元)、X(五位元)、Y(三位元)與 Z(五位元)。電路功能描述如下：

a、四位元 A 放入三位元 W 內。(A〔3〕將被截掉)

b、四位元 A 放入五位元 X 內。(X〔4〕將被補零)

c、截取 B 的第三到第一位元(就是 B〔3：1〕)放入三位元 Y。

d、依序截取 A〔2：0〕以及 B 的〔3：2〕，重組後放入五位元 Z。

Verilog 程式碼如下所示：

```
// Ch05 vector.v
// 向量資料之存取 (資料流層敘述)
module vector (A, B, W, X, Y, Z);
input     [3:0] A;              // A 四位元輸入
input     [4:0] B;              // B 五位元輸入
output    [2:0] W;              // W 三位元輸出
output    [4:0] X;              // X 五位元輸出
output    [2:0] Y;              // Y 三位元輸出
output    [4:0] Z;              // Z 五位元輸出

assign W = A;                   // A[3] 被略去
```

```
assign X = A;                    // X[4]  補 0
assign Y = B[3:1];               // 部分存取 Y2   Y1   Y0
                                 //          B3   B2   B1
assign Z = {A[2:0],B[3:2]};      // 重組      Z4   Z3   Z2   Z1   Z0
                                 //           A2   A1   A0   B3   B2

endmodule
```

一個四位元輸入信號 A 和一個五位元輸入信號 B 共可產生 512 種二進制邏輯組合，由於總數過多，因此設計工程師往往只能採用亂數抽樣的方式進行模擬，然後必要時再補上一些特別關心的輸入樣本。由於要對 A、B 進行位元比對，因此使用二進制表示方式會更方便恰當，如以下模擬波形圖所示。經過比對，我們可以發現 W、X、Y 與 Z 的確符合設計要求。

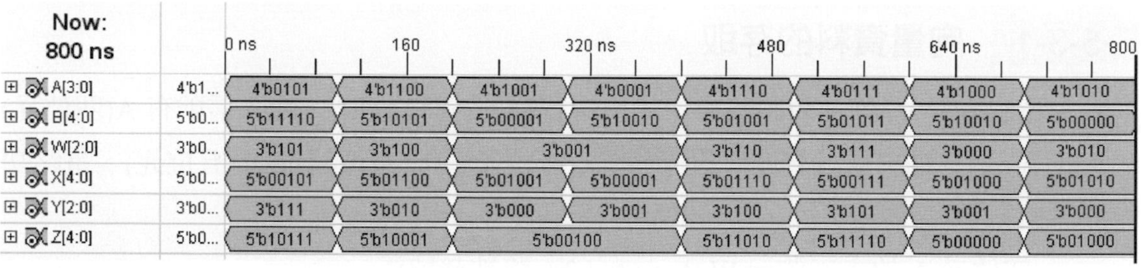

圖 5-1

## 5-3-2 運算子之使用

本範例將對 Verilog 資料流層次的運算子操作進行綜合練習。輸入信號有 A(四位元)、B(四位元)和 Ci(一位元)，輸出信號有 Co(一位元)、S(四位元)、X(四位元)、Y(四位元)與 Z(四位元)。電路功能描述如下：

a、A、B 和 Ci 執行全加法，輸出送至 Co 與 S

b、A 循環左移 1 位元送至輸出 X

c、B 和四位元二進制資料 1010 作互斥反或運算後送至輸出 Y

d、輸出 Z = A’ · B

Verilog 程式碼如下所示：

```
// Ch05 op.v
// 運算子之使用 (資料流層敘述)

module op (A, B, Ci, Co, S, X, Y, Z);
input   [3:0] A, B;              // A, B 四位元輸入
input   Ci;                      // Ci 一位元輸入
output Co;                       // Co 一位元輸出
output [3:0] S, X, Y, Z;         // S, X, Y, Z 四位元輸出

assign {Co, S} = A + B + Ci;     // 全加法
assign X = {A[2:0], A[3]};       // A 循環左移 1 位元
assign Y = B ~^ 4'b1010;         // B 和四位元資料 1010 作互斥反或
assign Z = (~A) & B;             // A'B

endmodule
```

A＋B＋Ci 的總和放入｛Co，S｝內，S 為四位元數值，故而 Co＝‘1’時其實就代表十進制的 16 了。譬如第二組模擬樣本：A＋B＋Ci＝12＋10＋1＝23＝16＋7，所以 Co＝‘1’且 S＝7。針對加法器電路，全 0 相加(0＋0＋0)與全 1 相加(15＋15＋1)這二個測試樣本是一定要進行模擬的，我們分別把它們放在最左邊與最右邊的測試樣本。

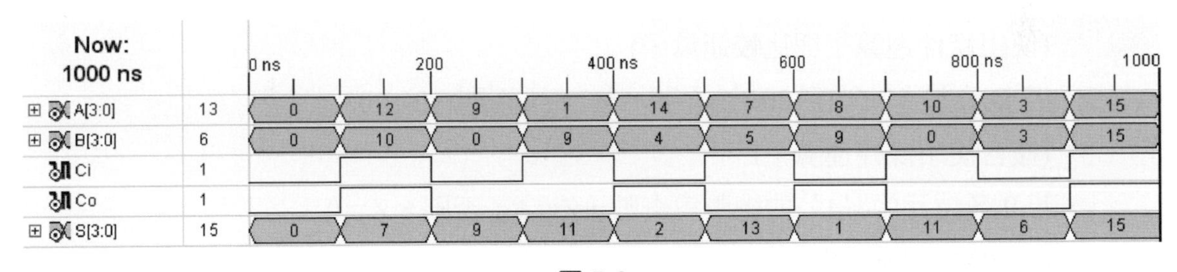


圖 5-2

要得到輸出信號 X、Y 與 Z，必須對 A、B 進行位元運算，此時使用二進制表示方式會更方便恰當，如以下模擬波形圖所示。經過比對，我們可以發現 X、Y 與 Z 的確符合設計要求。

| Now: 1000 ns | | 0 ns | | 200 | | 400 ns | | 600 | | 800 ns | 1000 |
|---|---|---|---|---|---|---|---|---|---|---|---|
| A[3:0] | 4'b1... | 4'b0000 | 4'b1100 | 4'b1001 | 4'b0001 | 4'b1110 | 4'b0111 | 4'b1000 | 4'b1010 | 4'b0011 | 4'b1111 |
| B[3:0] | 4'b0... | 4'b0000 | 4'b1010 | 4'b0000 | 4'b1001 | 4'b0100 | 4'b0101 | 4'b1001 | 4'b0000 | 4'b0011 | 4'b1111 |
| X[3:0] | 4'b1... | 4'b0000 | 4'b1001 | 4'b0011 | 4'b0010 | 4'b1101 | 4'b1110 | 4'b0001 | 4'b0101 | 4'b0110 | 4'b1111 |
| Y[3:0] | 4'b1... | 4'b0101 | 4'b1111 | 4'b0101 | 4'b1100 | 4'b0001 | 4'b0000 | 4'b1100 | 4'b0101 | 4'b0110 | 4'b1010 |
| Z[3:0] | 4'b0... | 4'b0000 | 4'b0010 | 4'b0000 | 4'b1000 | 4'b0000 | | 4'b0001 | 4'b0000 | | |

圖 5-3

## 練習題

1. 完成以下電路設計並模擬驗證。輸入信號有 P(五位元)和 Q(五位元)，輸出信號有 R(七位元)、S(四位元)、T(六位元)、U(五位元)、V(五位元)、W(六位元)、X(五位元)、Y(一位元)與 Z(一位元)。電路功能描述如下：

   a、R＝P 乘以 3

   b、S＝Q 除以 2(使用右移移位運算子 >>)

   c、T＝四位元學號個位數＋P

   d、U＝P 和 Q 作反及運算

   e、V＝P 循環右移二位(使用連接運算子)

   f、W＝P 和 Q 結合成十位元向量資料的中間六個位元
   (使用連接運算子)

   g、X＝若 P 大於 10，取 P；若 P 小於等於 10，取 Q
   (使用條件運算子與比較運算子)

   h、若 Q 介於 10(含)到 20(含)之間，Y＝1；否則，Y＝0
   (複合使用條件運算子)

   i、若 P 各位元中‘1’的總數爲奇數，Z＝1；否則，Z＝0
   (使用精簡邏輯運算子)

Verilog

Chapter 6

# 行為層次之敘述

Verilog 四個語法層次中的**行為層次**(Behavior Level)提供設計工程師以判斷與迴圈等標準高階程式設計的方式來描述電路。由於具有高度抽象化的特性，設計工程師無須眞的關注到每一個信號、每一個資料流的細節，因此在程式編撰上具有很高的效率，甚至高於資料流層次，所以廣受工程師們的喜愛。此外，不同於資料流層次敘述只能描述組合邏輯電路(Combinational Logic Circuit：全部由邏輯閘組合而成的電路)，行爲層次敘述不只可以描述組合邏輯電路，還可以描述含有記憶性電路的序向邏輯電路(Sequential Logic Circuit)。行爲層次與資料流層次合稱**暫存器轉換層次**(Register Transfer Level：RTL)，是大型 Verilog 程式中常會使用到的語法層次。

## 6-1 always 程序結構區塊

本章所介紹的所有行爲層次敘述都必須要在 **always 程序結構區塊**之內描述才算合法。程序結構區塊是一種介於同時性質與順序性質之間的敘述。每個完整的程序結構區塊具有同時性，與其他同時性敘述一起運作；但是，在程序結構區塊內部使用的敘述卻具有執行先後的順序關係。always 區塊的內容敘述會依事件觸發條件持續被執行，直接對應到實體的組合邏輯電路或是序向邏輯電路，常被用來描述電路模組內的子電路；也就是說，一個 module 模組內可以有數個 always 區塊。

always 區塊的語法格式如下所示：

```
always@  (事件 1   or   事件 2   or   事件 3 ......)
  begin
    行爲層次描述 1；
    行爲層次描述 2；
      ……
  end
```

always 區塊由事件觸發而啓動執行，事件就像是一個警鈴，而 always 區塊就是一個 24 小時服勤務的警衛，依照警鈴的提示進行既定的工作(就是 always 區塊內的敘述)。

事件就是一個輸入信號或是時脈信號改變了狀態(0→1 或 1→0)。多個事件必須使用關鍵字 or 隔開，這些事件中任何一個符合了觸發條件，就會執行 always 區塊的行爲層次描述。以下我們使用一些範例來說明 always 區塊常見的事件類型。

```
always@ (A   or   B)          // A 或 B 任一個事件信號上下緣皆會觸發
always@ (Clk)                 // Clk 時脈信號觸發(上下緣皆可)
always@ (posedge Clk)         // Clk 時脈上緣觸發
always@ (negedge Clk)         // Clk 時脈下緣觸發
always@ (posedge Clk or negedge Clr)
                              // Clk 時脈上緣觸發或 Clr 非同步控制信號下緣觸發
```

使用關鍵字 negedge 或 posedge 觸發事件的 always 區塊最終會合成序向邏輯電路，不含 negedge 或 posedge 觸發事件的 always 區塊則依敘述狀況可能被合成爲組合邏輯電路或序向邏輯電路。

原則上，always 區塊內只允許一個行爲層次敘述存在。若是 always 區塊內眞的只動用到一個行爲層次敘述，此時 begin…end 關鍵字就可以取消；但是若存在多個行爲層次敘述，就必須以 begin…end 關鍵字將它們通通含括起來才行。

沒有在事件條列中的事件是無法驅動 always 區塊的，這一點在進行組合邏輯電路設計時必須特別注意。譬如以下範例中，因爲 B 並未在事件條列中定義，因此 B 信號的改變就不能驅動 always 區塊內的加法器電路了，當然這就變成一個不太合理的電路設計了。

```
always@ (A)                 //  未將輸入信號 B 列上
  C = A + B;                // B 信號的改變不能驅動加法執行
```

設計序向邏輯電路時，各記憶性電路的初值必須透過控制輸入信號的驅動進行設定。常見的控制信號有重置(Reset)、清除(Clear)、預置(Preset)或是載入(Load)。這些控制信號可以是非同步或同步方式，明訂在 always 敘述事件序列中就是非同步控制信號，未在事件序列中定義就會形成同步控制信號。詳見**第 8-3-1 節**的介紹內容。

## 6-2 阻隔性與非阻隔性指定敘述

在 Verilog 中 always 區塊內使用的指定敘述共有兩類，分別爲**阻隔性指定敘述**(Blocking Assignment)及**非阻隔性指定敘述**(Non-blocking Assignment)。

**阻隔性指定敘述**的語法如下：

```
輸出信號 = 輸入信號的邏輯或算術組合；
```

等號右邊的輸入信號經過邏輯或算術運算後將結果依位元順序傳入等號左邊的輸出信號。若是輸出信號位元數高於運算結果的位元數，多出的高位元會被補零；但若是運算結果的最高位元爲‘x’或‘z’，則輸出信號多出的高位元會被補‘x’或‘z’。若是輸出信號位元數低於運算結果的位元數，多出的運算結果高位元部份會被截去。

阻隔性指定敘述之間具有**順序性**(Sequential)關係；也就是說，各敘述間具有先來後到的關係，因此先執行的敘述所產生的結果將會影響到後續敘述的執行結果。信號的改變值將立即更新，而且更新後的信號值，可以立即被後續的阻隔性指定敘述直接使用。我們將在後面的範例中見到其效果。阻隔性指定敘述合成的電路可以是序向邏輯電路或是組合邏輯電路。

**非阻隔性指定敘述**的語法如下：

```
輸出信號 <= 輸入信號的邏輯或算術組合；
```

同理，<=右邊的輸入信號經過邏輯或算術運算後將結果依位元順序傳入<=左邊的輸出信號。非阻隔性指定敘述彼此間是屬於同時性(Concurrent)的關係；也就是說，這些敘述將在同一時間點上並行地進行工作，不會因爲敘述的前後而有所差異。待所有 always 區塊內非阻隔性指定敘述皆執行過後才會一起更新信號數值，因此更新後的信號值不能立即被後續的阻隔性指定敘述直接使用，必須等待下一個時脈週期才可取用。很明顯地，非阻隔性指定敘述合成的電路必定含有記憶性電路，也就是序向邏輯電路。

以下是一個比較阻隔性與非阻隔性指定敘述的範例，一位元 D 輸入信號分別使用阻隔性與非阻隔性指定敘述依序送至四位元輸出信號 X 與 Y 內。

```
// Ch06 block.v
// 阻隔性與非阻隔性敘述之使用（行為敘述）

module block (D, Clk, X, Y);
input    D,   Clk;              // D, Clk  一位元輸入
output   [3:0] X, Y;            // X, Y  四位元輸出
reg      [3:0] X, Y;            //  宣告  X, Y  為暫存器資料

always@ (posedge Clk)           //  時脈上緣觸發
  begin
// 阻隔性敘述
     X[0]   = D;
     X[1]   = X[0];
     X[2]   = X[1];
     X[3]   = X[2];
// 非阻隔性敘述
     Y[0] <= D;
     Y[1] <= Y[0];
     Y[2] <= Y[1];
     Y[3] <= Y[2];
  end

endmodule
```

以下是阻隔性與非阻隔性指定敘述範例的模擬波形圖。我們可以見到由於**阻隔性指定敘述**中更新後的信號值可以立即被後續的阻隔性指定敘述直接使用，所以 D 的輸入值會擴散到輸出信號 X 的所有四個位元。至於**非阻隔性指定敘述**中更新後的信號值不可以立即被後續的敘述直接使用，只能在下一時脈週期時再取用，所以 D 的輸入值會由輸出信號 Y 的低位元處以移位的方式傳到高位元處，合成的電路基本上就是一個四位元移位暫存器。

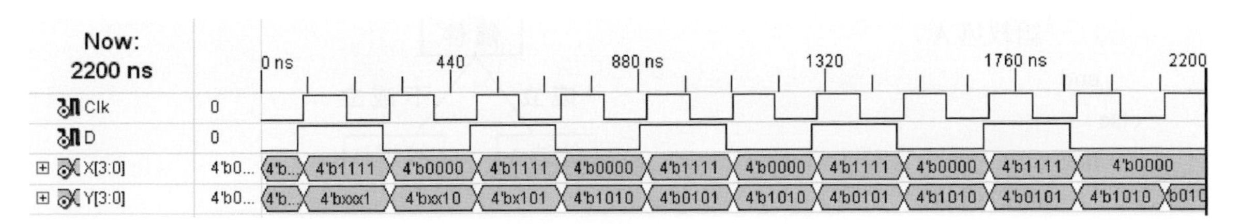


圖 6-1

## 6-3 if－else 敘述

**if－else 敘述**是使用於 always 區塊中具有**條件判斷功能**的順序性敘述，其使用語法大概有以下三種格式。注意，無論檯面上有多少文字行數，一個完整格式的 if－else 敘述在 Verilog 的認知就僅僅只能算一個敘述。

以下是 if **敘述格式一**。

```
If  (條件判斷式)
  begin
    一組敘述 A；
  end
```

if 敘述**格式一**在條件判斷式成立時執行敘述 A，若是條件不成立，則直接結束本 if 敘述繼續執行後續的敘述。由於不含有關鍵字 else，隱含在條件判斷式不成立時各信號維持現有的邏輯狀況，所以合成出來的電路必定含有記憶性元件(正反器或閂鎖器)，也就是**序向邏輯電路**。基本上，此處指的一組敘述 A 若是只有一個行爲層次敘述，begin…end 關鍵字就可以取消掉；但若是眞有多個敘述，則必須以 begin…end 將它們通通含括起來才行。

條件判斷式最終產生的是一個布林值(1：眞或成立、0：假或不成立)，因此以下範例 1 與 2 是等義的，而範例 3 與 4 是等義的。

1、if (Clr == 1)　　// Clr 爲邏輯‘1’時，條件成立

2、if (Clr)　　// 與上面敘述等義

3、if (Clr == 0)　　// Clr 爲邏輯‘0’時，條件成立

4、if (！Clr)　　// 與上面敘述等義

以下是 if **敘述格式二**。

```
if  (條件判斷式)
  begin
    一組敘述 A；
  end
else
  begin
    一組敘述 B；
  end
```

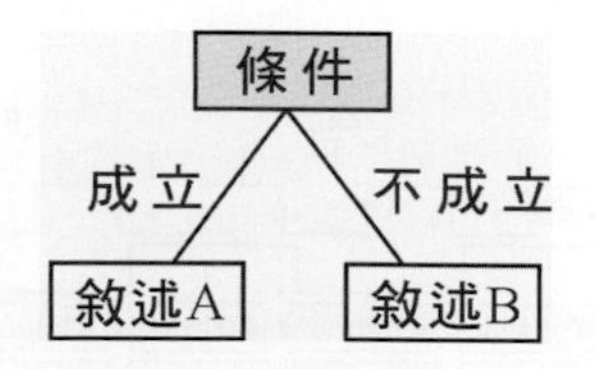

if 敘述**格式二**當條件判斷式成立時執行敘述 A；當不成立時就執行敘述 B。同樣地，如果敘述區只有一個行爲層次敘述，begin…end 關鍵字就可以取消。因爲含有 else 關鍵字而構成雙出口的 if 敘述，所以會合成**組合邏輯電路**，電路中不含有記憶性元件。基本上，這種二選一的語法結構，常常會對應到一個 2 對 1 多工器之類的實體電路。

以下是 if **敘述格式三**。

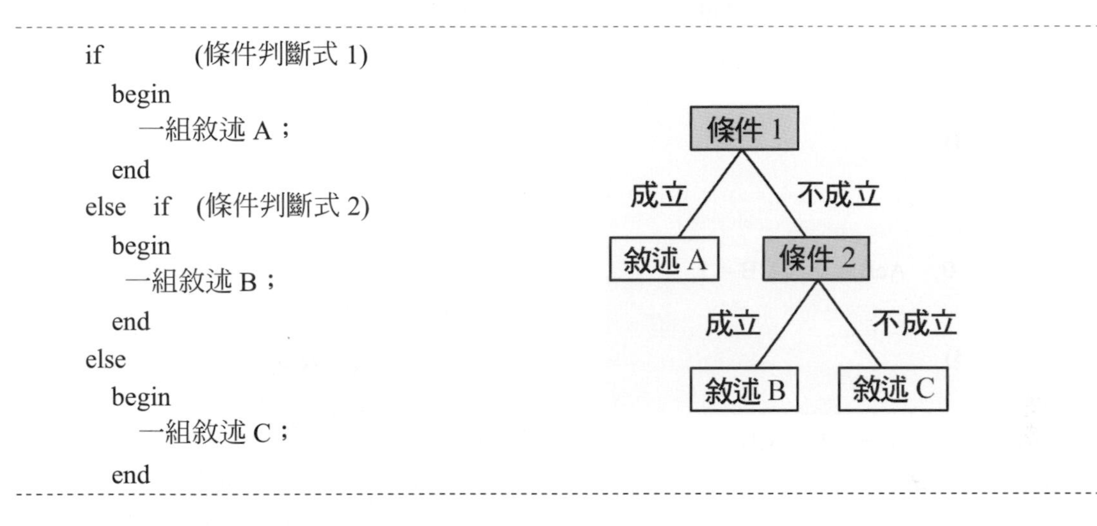

```
if         (條件判斷式 1)
   begin
      一組敘述 A；
   end
else   if  (條件判斷式 2)
   begin
     一組敘述 B；
   end
else
   begin
      一組敘述 C；
   end
```



if 敘述**格式三**形式，因爲含有 if 與 else 關鍵字構成完整的 if 敘述，所以合成的電路是**組合邏輯電路**的形式，電路中不含有記憶性元件。當條件判斷式 1 成立時，就執行敘述 A；當條件判斷式 1 不成立，但條件判斷式 2 成立時，就執行敘述 B；當條件判斷式 1、2 都不成立時，就執行敘述 C。很明顯地，這樣的語法結構具有優先權的觀念：條件判斷式 1 具有最高優先權，條件判斷式 2 次之。

由於條件判斷漸趨複雜，此時爲了可讀性與易除錯性的需要，建議好好使用程式**縮排**技巧，把一些關鍵字對齊處理。

if 敘述適合用來撰寫查表的程式。我們在**第七章**的內容中有很多使用 if 敘述直接以查表方式完成設計的範例，這樣的設計方法免除了設計師必須手工進行卡諾圖化簡並轉換布林代數式的麻煩。

如格式三這類多重結構的 if－else 敘述又稱爲**巢狀**(Nested)**結構**，請參考以下的簡單示範程式。本範例描述一個比較器電路：當 A＞B 時，輸出信號 AgB 爲邏輯‘1’態，其他輸出信號爲邏輯‘0’態；當 A＝B 時，只有輸出信號 AeB 爲邏輯‘1’態；當 A＜B 時，只有輸出信號 AlB 爲邏輯‘1’態。這是一個組合邏輯電路，在 always 區塊的輸入條列內必須完整列出輸入信號 A 與 B，然後以巢狀 if 敘述與合適的判斷條件決定由三個出口中的哪一個出口走出這個 if 敘述。

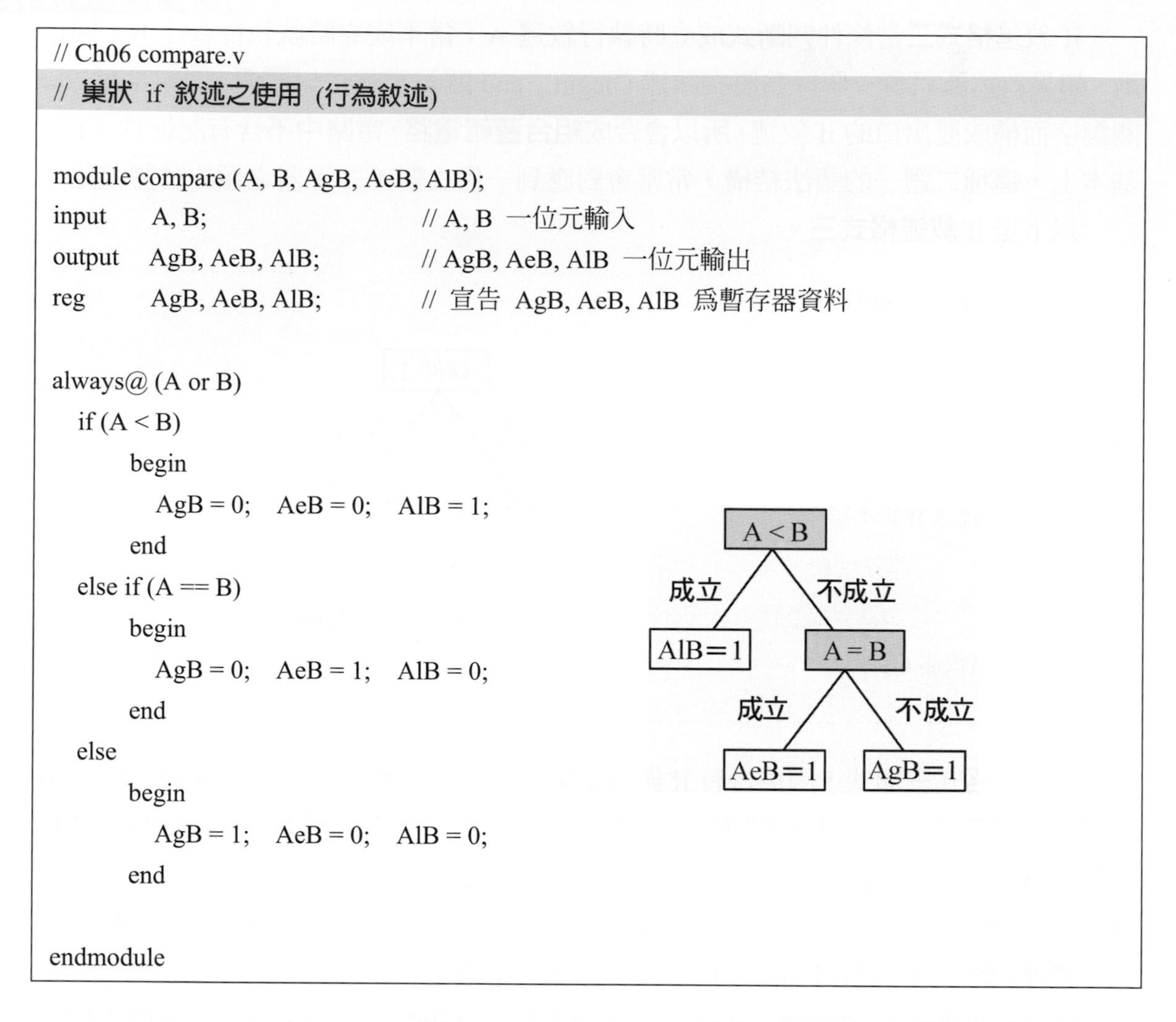

```
// Ch06 compare.v
// 巢狀 if 敘述之使用 (行為敘述)

module compare (A, B, AgB, AeB, AlB);
input     A, B;                    // A, B  一位元輸入
output    AgB, AeB, AlB;           // AgB, AeB, AlB  一位元輸出
reg       AgB, AeB, AlB;           // 宣告  AgB, AeB, AlB  爲暫存器資料

always@ (A or B)
  if (A < B)
       begin
          AgB = 0;   AeB = 0;   AlB = 1;
       end
  else if (A == B)
       begin
          AgB = 0;   AeB = 1;   AlB = 0;
       end
  else
       begin
          AgB = 1;   AeB = 0;   AlB = 0;
       end

endmodule
```



二個一位元輸入信號 A 與 B 共可產生四種二進制邏輯組合，我們將進行完整驗證。可由模擬波形見到，當 A、B 爲“00”或“11”時，只有輸出信號 AeB 爲‘1’；當 A、B 爲“01”時，只有輸出信號 AlB 爲‘1’；當 A、B 爲“10”時，只有輸出信號 AgB 爲‘1’。

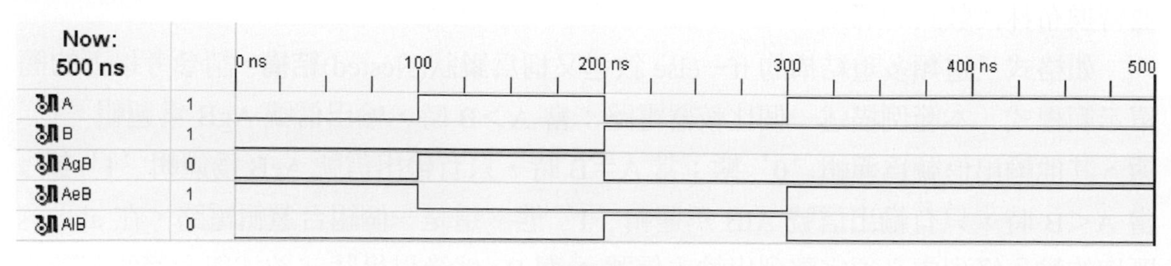



圖 6-2

## 練習題

1. 給定三個四位元輸入信號 A、B 與 C，請取出最大值送至 X 輸出。
2. 給定三個四位元輸入信號 A、B 與 C，請取出最小值送至 Y 輸出。
3. 給定三個四位元輸入信號 A、B 與 C，請取出中間值送至 Z 輸出。

# 6-4　case、casez 與 casex 敘述

## 6-4-1　case 敘述

多個出口的判斷結構可以由上述的巢狀 if－else 敘述來完成，事實上就是使用多個 if 敘述分層組合成一個階層式多出口的判斷結構。其實，若是這些出口都已有指標可供對應，那麼使用以下介紹的 **case 敘述**直接呼應多出口判斷結構的程式寫法應該會更清爽些。

case 敘述的使用語法大致如下所示。

```
case (指標名稱)
  指標值 1  ：  begin        一組敘述 A； end
  指標值 2  ：  begin        一組敘述 B； end
  指標值 3  ：  begin        一組敘述 C； end
       ……
  default   ：  begin        一組敘述 Z； end
endcase
```

首先，在關鍵字 case 後定義指標名稱，然後藉由指標名稱的數值(指標值 1、指標值 2、指標值 3…)作爲判斷條件，程式流程直接轉換到對應的出口，執行對應的敘述(敘述 A、敘述 B、敘述 C…)後結束這個 case 敘述，再繼續執行關鍵字 endcase 後的敘述。若是指標值未被明訂(不在指標值 1、指標值 2、指標值 3…之列)，那麼關鍵字 default(預設值)後的敘述(敘述 Z)就被執行。指標值可以任意混合二進制、八進制、十進制或十六進制表示法，但是每一個位元都必須明確標定邏輯‘0’或邏輯‘1’。基本上，此處指的一組敘述若是只有一個行爲層次描述，begin…end 關鍵字就可以取消掉；但若是有多個敘述，則必須以 begin…end 將它們通通含括起來才行。

無論有多少文字行數，一個完整的 case 敘述(由 case 關鍵字到 endcase 關鍵字為止)在 Verilog 的認知就僅僅只算是一個敘述。

由於 case 敘述格局方方正正，因此常被應用在查眞值表的組合邏輯電路中。若是搭配記憶性電路形成序向邏輯電路，case 敘述可被用來產生諸如有限狀態機器(Finite State Machine)這類的電路。在**第七章**與**第八章**的內容有許多使用 case 敘述的電路範例。

前面**第 6-4 節**介紹的 if 敘述也常用來進行查表操作，但是因為 if 敘述有明確的優先權結構，將比較常成立的條件判斷式優先列出會使程式執行比較有效率；至於 case 敘述則比較沒有優先權的觀念，不相衝突的判斷條件會被一視同仁。此外，if 敘述並不需要出口指標，所以可以應付所有判斷情況，而 case 敘述只適用於有明確出口指標的場合。

以下是一個使用 case 敘述查眞值表方式的半加器範例。A、B 各為一位元輸入信號，Co 為本級進位而 S 為半加器的和。我們使用連接運算子 {} 結合 A 與 B 形成一個二位元的指標數值 {A，B} 進行查表。當 A、B 為“00”時，輸出信號 Co 與 S 都為‘0’，加法總和相當於 0；當 A、B 為“01”或“10”時，Co 為‘0’而 S 為‘1’，加法總和為 1；當 A、B 為“11”時，Co 為‘1’而 S 為‘0’，加法總和為 2。

```
// Ch06 half_adder_case.v
// 一位元半加器 (case 敘述)

module half_add_case (A, B, Co, S);
input    A, B;            // A, B 一位元輸入
output   Co, S;           // Co 進位和 S
reg      Co, S;

// 使用 case 敘述
always@ (A or B)
   case ({A, B})
      2'b00   : begin   Co = 0;   S = 0;   end
      2'b01   : begin   Co = 0;   S = 1;   end
      2'b10   : begin   Co = 0;   S = 1;   end
      default : begin   Co = 1;   S = 0;   end
   endcase

endmodule
```

由於指標值可以使用十進制表示法，輸出信號 Co 與 S 也可以使用連接運算子 { } 結合起來，所以本範例的 case 敘述也可以寫成這樣：

```
case ({A,B})
   0          : {Co, S} = 2'b00;
   1          : {Co, S} = 2'b01;
   2          : {Co, S} = 2'b01;
   default    : {Co, S} = 2'b10;
endcase
```

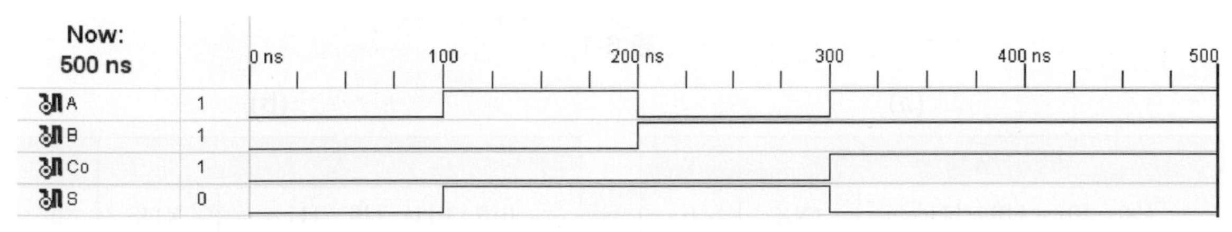


圖 6-3

## 練習題

1. 請設計以下全加器電路。給定三個一位元輸入信號 A、B 與 Ci(前級的進位)，請使用 case 敘述進行加法後送至一位元輸出信號 Co(本級的進位)和一位元輸出信號 S(本級的加法和)。
2. 給定一個三位元指標輸入信號 N(故 N 可為 0～7 的數值)，二個四位元輸入信號 A、B 以及一個四位元輸出信號 X，請使用 case 敘述進行以下多工器電路設計。當 N 為 1 或 3 時，A、B 做位元邏輯及(and)運算後送至 X；當 N 為 2 或 6 時，A、B 做位元邏輯或(or)運算後送至 X；其他 N 值時(default)，X 為四位元 0。

## 6-4-2　casez 與 casex 敘述

**casez 敘述**的使用語法與 case 敘述相同，除了現在的指標值位元可以是邏輯‘0’或邏輯‘1’外，也可以是高阻抗‘z’或任意‘?’。此時‘z’或‘?’將被視為無所謂，不進行比較。

**casex 敘述**的使用語法與 case、casez 敘述相同，現在指標值位元除了可以是‘0’、‘1’、‘z’或‘?’外，也可以是未知‘x’。此時‘z’、‘?’與‘x’將被視爲無所謂，不進行比較。

由於現在各指標值可能產生衝突的現象，因此列在最上面的指標值有最高的**優先權**，而後的指標值其優先權往下遞減。

以下是一個簡單的 casez 與 casex 敘述使用範例及其模擬波形。其輸入輸出情況如表 6-1(a)、(b)所示。

表 6-1

(a)

| A | | Y |
|---|---|---|
| 100、101、110、111 | 1XX | 0 |
| 001、011 | 0X1 | 1 |
| 000 | 000 | 2 |
| 010 | 010 | 3 |

(b)

| A | | Z |
|---|---|---|
| 010、011、110、111 | X1X | 0 |
| 000、001 | 00X | 1 |
| 100、101 | 10X | 2 |

```
// Ch06 casezx.v
// 一位元半加法器 (casez 與 casex 敘述)

module casezx (A, Y, Z);
input     [2:0] A;              // A 三位元輸入
output    [1:0] Y, Z;           // Y 和 Z 二位元輸出
reg       [1:0] Y, Z;           // 宣告 Y 和 Z 爲暫存器資料

always@ (A)
   begin
// 使用 casez 敘述
      casez (A)
         3'b1??    : Y = 0;     // 最高優先權，100、101、110、111
         3'b0z1    : Y = 1;     // 第二優先權，001、011
         3'b000    : Y = 2;     // 第三優先權，000
         default   : Y = 3;     // 最低優先權，010
      endcase
```

```
// 使用 casex 敘述
    casex (A)
      3'bx1x   : Z = 0;          // 最高優先權，010、011、110、111
      3'b00?   : Z = 1;          // 第二優先權，000、001
      default  : Z = 2;          // 最低優先權，100、101
    endcase
  end

endmodule
```

一個三位元輸入信號 A 共可產生八種二進制邏輯組合，我們進行完整驗證。可由模擬波形見到，Y 與 Z 的輸出波型顯示符合設計要求。

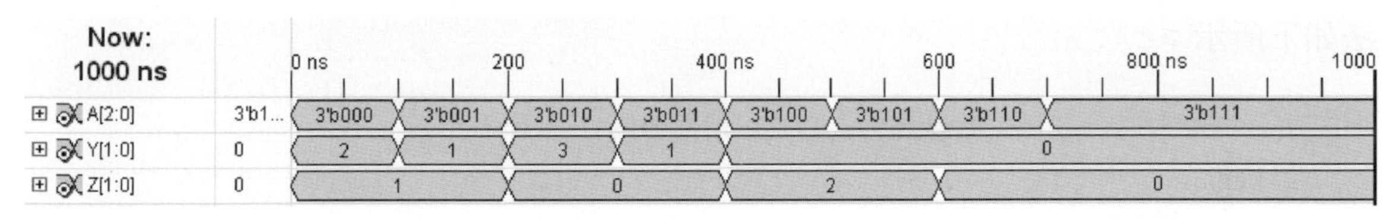


圖 6-4

## 練習題

1. 請使用 casez 或 casex 敘述完成 4 對 2 優先權編碼電路，其真值表如表 6-2 所示。

表 6-2

| D3 | D2 | D1 | D0 | Q1 | Q0 |
|---|---|---|---|---|---|
| 1 | 0 | 0 | 0 | 1 | 1 |
| X | 1 | 0 | 0 | 1 | 0 |
| X | X | 1 | 0 | 0 | 1 |
| X | X | X | 1 | 0 | 0 |

2. 請使用 casez 或 casex 敘述完成以下電路。有一個四位元輸入信號 D，當 D＞＝8(等同於 1XXX)時，二位元輸出信號 Z＝3；當 8＞D＞＝4(等同於 01XX)時，Z＝2；當 4＞D＞＝2(等同於 001X)時，Z＝1；當 2＞D(此時可視爲 default)時，Z＝0。

# 6-5 迴圈敘述

在 Verilog 程式中要描述具有重複性質的電路，可以使用**迴圈 (Loop) 敘述**，共有 for 敘述、while 敘述、forever 敘述與 repeat 敘述這四種敘述可用。不過請注意，大部分 Verilog 編譯環境都支援 for 敘述的電路合成，不過未必支援 while、forever 與 repeat 敘述的電路合成。這四種敘述都可以在模擬操作中使用。所有迴圈敘述都必須放置在 initial(模擬時)或 always 區塊內。

## 6-5-1 for 敘述

**for 敘述**是最常使用的迴圈敘述，主要用以處理已知迴圈次數的場合，其使用語法如下所示：

```
for (迴圈變數＝初值；變數條件判斷式；增減變數)
  begin
    一組敘述；
  end
```

for 敘述的迴圈變數由初值起始，每一次迴圈執行後增減變數量，若是符合變數條件判斷式的要求就繼續執行迴圈內敘述，否則結束本 for 迴圈。迴圈的執行次數就由以上各條件共同決定。注意，C 語言中的＋＋與－－運算子在 Verilog 中不適用，請改用一般的＋與－來處理變異量。基本上，for 敘述後只能跟著一個行爲層次敘述。如果眞的只有一個敘述，此時 begin…end 關鍵字就可以取消掉；但若是有多個敘述，則必須以 begin…end 將它們通通含括起來才行。

以下是幾個 for 敘述的使用範例。

```
for (i ＝0 ； i ＜＝7 ； i ＝ i ＋1)
                //  i 由 0 起跳，每次加一，直到 i ＝7 爲止，共執行 8 次迴圈
for (j ＝7 ； j ＞= 1 ； j ＝ j －1)
                //  j 由 7 起跳，每次減一，直到 j ＝1 爲止，共執行 7 次迴圈
for (k ＝1 ； k ＜7 ； k ＝ k ＋2)
                //  k 由 1 起跳，每次加二，直到 k ＝5 爲止，共執行 3 次迴圈
```

下面是一個使用 for 敘述的設計範例：四位元左移移位暫存器。一位元輸入信號 D 在時脈信號 Clk 上緣觸發時將由 Q1〔0〕與 Q2〔0〕移入，而後持續往高位元移動

(Q〔3〕← Q〔2〕← Q〔1〕← Q〔0〕)。Q1 的設計使用阻隔性指定敘述(=)，移位操作必須由高位元往低位元方向進行，因爲前面敘述的執行結果會影響到後面敘述的執行情況；若是由低位元往高位元方向進行，所有的暫存值都會被 D 覆蓋掉。若是如 Q2 的設計使用非阻隔性指定敘述(＜=)，本次迴圈的敘述都從前次迴圈的結果取值，就無須注意高低位元的順序關係了。

```
// Ch06 shift_reg_for.v
// 四位元移位暫存器 (for 敘述)

module shift_reg_for (Clk, D, Q1, Q2);
input    Clk, D;                    // Clk, D  一位元輸入
output   [3:0] Q1,Q2;               // Q1, Q2  四位元輸出
reg      [3:0] Q1,Q2;               // 宣告爲暫存器資料
integer i;                          // 宣告迴圈變數 i 爲整數資料

// 使用 for 敘述, 阻隔性指定敘述
always@ (posedge Clk)
  begin
    for (i = 3; i > 0; i = i-1)
      Q1[i] = Q1[i-1];              // 往高位元移位
    Q1[0] = D;
  end

// 使用 for 敘述, 非阻隔性指定敘述
always@ (posedge Clk)
  begin
    for (i = 1; i <= 3; i = i+1)
      Q2[i] <= Q2[i-1];             // 往高位元移位
    Q2[0] = D;
  end

endmodule
```

模擬剛開始時，四位元移位暫存器內爲未知‘x’，而後隨著時脈 Clk 上緣觸發，D 的數值會逐步由 Q1 與 Q2 的低位元移至高位元。

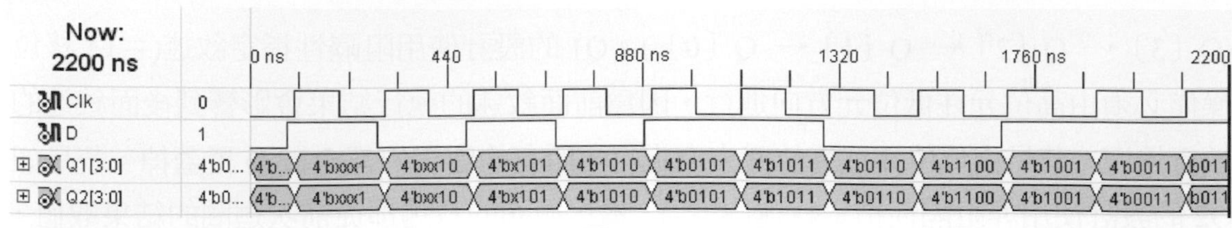


圖 6-5

## 練習題

1. 請在範例程式修改以下二個部份：

   Q1〔i〕＝ Q1〔i－1〕；　　變成　Q1〔i〕<＝ Q1〔i－1〕；

   Q2〔i〕<＝ Q2〔i－1〕；　變成　Q2〔i〕＝ Q2〔i－1〕；

   請觀察模擬波形，你能解釋爲什麼是如此結果嗎？

## 6-5-2 while 敘述

**while 敘述**可以處理已知或未知迴圈次數的場合，其使用語法如下所示。

```
while (條件判斷式)
  begin
    一組敘述；
  end
```

當條件判斷式成立時，就會執行以 begin…end 關鍵字含括起來的行爲層次敘述(迴圈本體敘述)；若條件判斷式不成立，則結束本 while 敘述。若迴圈本體敘述只有一個敘述，此時 begin…end 關鍵字就可以取消掉。由於條件判斷式成立與否常常依賴迴圈本體敘述或是當時的輸入信號來決定，因此迴圈執行次數可能是無法確定的，甚至是無窮迴圈。

以下範例使用 while 敘述執行 32 次迴圈(i＝0～31)。

```
integer  i；                      // 宣告迴圈變數 i 爲整數資料
initial
  begin
    i ＝0；                       // 迴圈變數 i 由 0 起跳
    while (i ＜32)                // 條件判斷式，直到 i 爲 31 時停止
      i ＝i ＋1；                 // 迴圈變異量，每次加一
  end
```

上一章節使用 for 敘述設計的四位元左移移位暫存器，若是改用 while 敘述就如下所示。迴圈變數 i 的初值、變異量與條件判斷都必須由設計工程師仔細控管。由於使用阻隔性指定敘述(=)，移位操作必須由高位元往低位元方向進行，因為前面敘述的執行結果會影響到後面敘述的執行情況。

```
// Ch06 shift_reg_while.v
// 四位元移位暫存器 (while 敘述)

module shift_reg_while (Clk, D, Q);
input   Clk, D;                // Clk, D 一位元輸入
output  [3:0] Q;               // Q 四位元輸出
reg     [3:0] Q;               // 宣告 Q 為暫存器資料
integer i;                     // 宣告迴圈變數 i 為整數資料

// 使用 while 敘述
always@ (posedge Clk)
  begin
    i = 3;                     // 迴圈初值
    while (i > 0)              // 條件判斷式
      begin
        Q[i] = Q[i-1];         // 往高位元移位
        i = i - 1;             // 迴圈變異量
      end
    Q[0] = D;
  end

endmodule
```

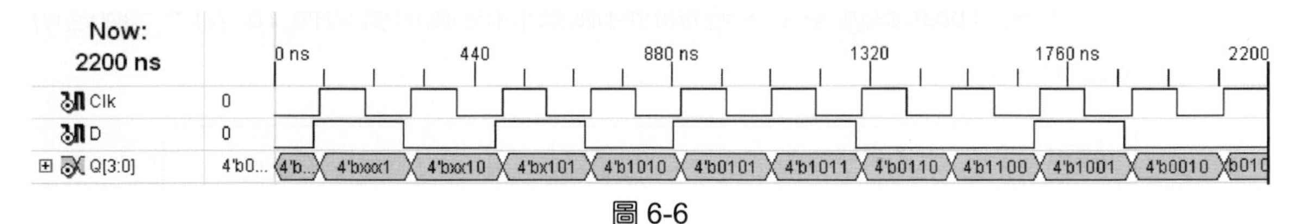


圖 6-6

## 6-5-3　forever 敘述

**forever 敘述**會無條件持續執行迴圈內容敘述，直到遇見 disable 敘述為止，常在模擬操作中用來產生週期性時脈波形，不太用於電路合成的場合。其使用語法如下所示。

```
forever
  begin
    一組敘述；
  end
```

以下範例使用 forever 敘述產生週期性時脈波形，一個週期佔有 10 個時間單位，到 100 時間單位時停止。

```
initial
  begin
    Clk ＝ 0；                  // Clk 信號的初值
    forever
      ＃5  Clk＝～Clk；         // 每 5 個時間單位，將 Clk 信號反相
  end
initial
 ＃100  disable  Clk；          // 100 時間單位時，終止 Clk 信號
```

## 6-5-4 repeat 敘述

**repeat 敘述**用以處理已知迴圈次數的場合，其使用語法如下所示。

```
repeat(迴圈次數)
  begin
    一組敘述；
  end
```

以下範例使用 repeat 敘述產生 8 週期的時脈波形(時脈信號切換 16 次)，一個週期佔有 10 時間單位。

```
initial
  begin
    Clk ＝0；                   // Clk 信號的初值
    repeat (16)                 // 執行以下敘述 16 次
      #5  Clk＝ ～Clk；         // 每 5 個時間單位，將 Clk 信號反相
  end
```

Verilog

Chapter 7

# 組合邏輯電路設計

## 7-1 何謂組合邏輯電路

大體上，數位電路可分為**組合邏輯電路**(Combinational Logic Circuit)和**序向邏輯電路**(Sequential Logic Circuit)兩大類。所謂組合邏輯電路，就是全由邏輯閘所組合而成的電子電路；而所謂序向邏輯電路，就是由記憶性電路以及邏輯閘所組合而成的電子電路，請見圖 7-1 所示。

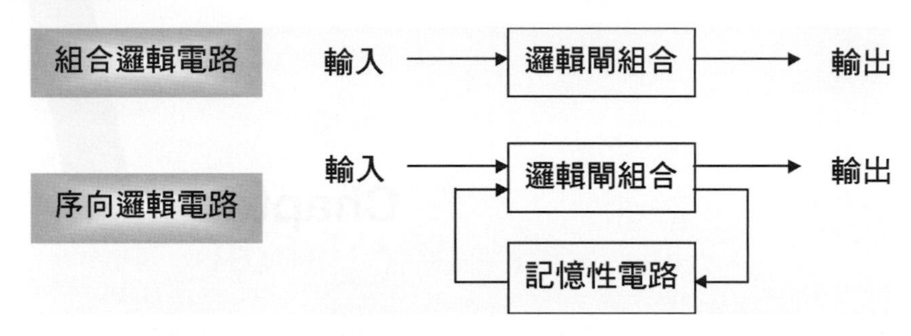


圖 7-1　組合邏輯電路與序向邏輯電路的方塊圖

組合邏輯電路的輸出只和當時輸入信號的邏輯狀態有關；但序向邏輯電路的輸出除了和現在輸入信號狀態有關之外，也和前一次的輸出狀態有關。前面提到的記憶性電路就是可以記錄狀態值的電路，如正反器(Flip Flop)、閂鎖器(Latch)、隨機存取記憶體(RAM)等。

本章將介紹使用 Verilog 設計組合邏輯電路的方法，而序向邏輯電路的部份則留待**第八章**介紹。

## 7-2 一個設計範例(四位元 2 補數產生器)

一般組合邏輯電路設計的標準流程大概如圖 7-2 所示。看來並不太複雜！以下我們用一個四位元 2 補數產生器電路為範例，看看如何使用 Verilog 完成組合邏輯電路的設計。

### 一、分析題目

所謂數值的 2 補數，就是先將輸入數值取 1 補數後再算術加一而成。至於何謂 1 補數，就是將個別位元進行邏輯反相操作(1→0、0→1)得到的結果。

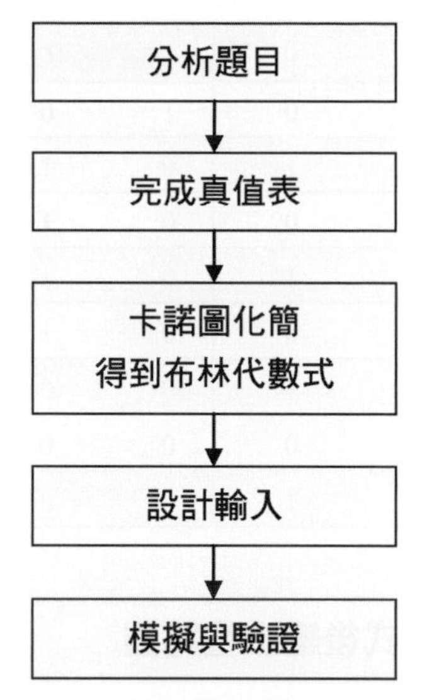


圖 7-2　組合邏輯電路的設計步驟

分析題目可知，由於輸出信號狀態只與目前的輸入信號狀態有關，而與以前的輸入信號與輸出狀態無關，故這是一個組合邏輯電路設計。

## 二、寫出真值表

本四位元 2 補數產生器電路需要一組四位元二進制值輸入信號 I3、I2、I1、I0，Verilog 程式內將以向量資料 I〔3：0〕呈現。輸出也是一組四位元二進制值 O3、O2、O1、O0，Verilog 程式內將以向量資料 O〔3：0〕呈現。由 2 補數的產生原理，我們可以寫出以下四位元 2 補數產生器的眞值表。

表 7-1

| I3 | I2 | I1 | I0 | O3 | O2 | O1 | O0 |
|---|---|---|---|---|---|---|---|
| 0 | 0 | 0 | 0 | 0 | 0 | 0 | 0 |
| 0 | 0 | 0 | 1 | 1 | 1 | 1 | 1 |
| 0 | 0 | 1 | 0 | 1 | 1 | 1 | 0 |
| 0 | 0 | 1 | 1 | 1 | 1 | 0 | 1 |
| 0 | 1 | 0 | 0 | 1 | 1 | 0 | 0 |
| 0 | 1 | 0 | 1 | 1 | 0 | 1 | 1 |
| 0 | 1 | 1 | 0 | 1 | 0 | 1 | 0 |
| 0 | 1 | 1 | 1 | 1 | 0 | 0 | 1 |

| I3 | I2 | I1 | I0 | O3 | O2 | O1 | O0 |
|---|---|---|---|---|---|---|---|
| 1 | 0 | 0 | 0 | 1 | 0 | 0 | 0 |
| 1 | 0 | 0 | 1 | 0 | 1 | 1 | 1 |
| 1 | 0 | 1 | 0 | 0 | 1 | 1 | 0 |
| 1 | 0 | 1 | 1 | 0 | 1 | 0 | 1 |
| 1 | 1 | 0 | 0 | 0 | 1 | 0 | 0 |
| 1 | 1 | 0 | 1 | 0 | 0 | 1 | 1 |
| 1 | 1 | 1 | 0 | 0 | 0 | 1 | 0 |
| 1 | 1 | 1 | 1 | 0 | 0 | 0 | 1 |

## 三、卡諾圖化簡得到布林代數式後繪出電路圖

| I3 I2 / I1 I0 | 00 | 01 | 11 | 10 |
|---|---|---|---|---|
| 0 0 | 0 | 0 | 0 | 0 |
| 0 1 | 1 | 1 | 1 | 1 |
| 1 1 | 1 | 1 | 1 | 1 |
| 1 0 | 0 | 0 | 0 | 0 |

O0＝I0

| I3 I2 / I1 I0 | 00 | 01 | 11 | 10 |
|---|---|---|---|---|
| 0 0 | 0 | 0 | 0 | 0 |
| 0 1 | 1 | 1 | 1 | 1 |
| 1 1 | 0 | 0 | 0 | 0 |
| 1 0 | 1 | 1 | 1 | 1 |

O1＝/I1*I0+I1*/I0

＝I1⊕I0

| I3 I2 / I1 I0 | 00 | 01 | 11 | 10 |
|---|---|---|---|---|
| 0 0 | 0 | 1 | 1 | 0 |
| 0 1 | 1 | 0 | 0 | 1 |
| 1 1 | 1 | 0 | 0 | 1 |
| 1 0 | 1 | 0 | 0 | 1 |

O2＝/I2*I1+/I2*I0+I2*/I1*/I0

＝/I2*(I1+I0)+I2*(/I1*/I0)

＝I2⊕(I1+I0)

| I3 I2 / I1 I0 | 00 | 01 | 11 | 10 |
|---|---|---|---|---|
| 0 0 | 0 | 1 | 0 | 1 |
| 0 1 | 1 | 1 | 0 | 0 |
| 1 1 | 1 | 1 | 0 | 0 |
| 1 0 | 1 | 1 | 0 | 0 |

O3＝/I3*I2+/I3*I1+/I3*I0+I3*/I2*/I1*/I0

＝/I3*(I2+I1+I0)+I3*(/I2*/I1*/I0)

＝I3⊕(I2+I1+I0)

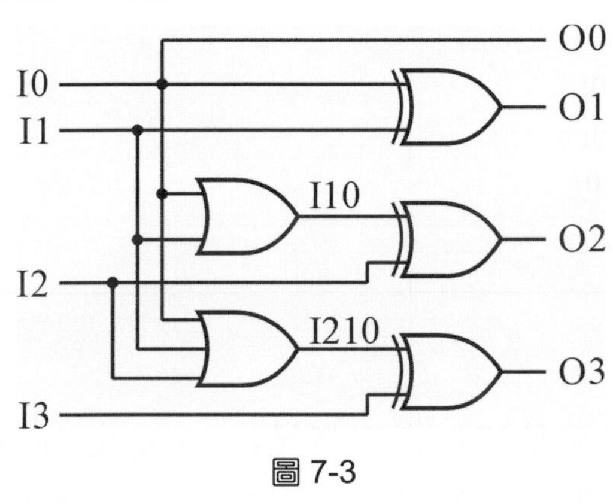


圖 7-3

設計工程師使用卡諾圖手工化簡電路是一件既繁瑣又容易出錯的工作，尤其是目前的 VLSI 電路往往是許多輸入許多輸出的龐大電路，卡諾圖化簡甚至成了不可能的任務。其實所有 Verilog 編譯程式都有化簡布林代數式的能力，所以在實務 Verilog 程式設計上，可以乾脆直接輸入眞值表即可，其餘則由編譯程式代勞，既方便又可靠。

## 四、設計輸入

所謂**設計輸入**(Design Entry)就將設計好的應用電路，以繪製電路圖(Graphic Entry)或是以硬體描述語言程式(譬如 Verilog)的方式建檔，後續再轉換成電腦所可理解並處理的形式。常見的 Verilog 編譯環境都會內建文字編輯程式協助處理硬體描述語言的設計輸入工作。

撰寫 Verilog 程式具有高度彈性化，一個電路設計可能有數種不同的版本。下面 Verilog 程式是四位元 2 補數產生器電路使用邏輯閘層次敘述的版本，其他版本請參考本章**範例二**的介紹。

```
// Ch07 two_com_gate.v
// 2's 補數 (邏輯閘描述)

module two_com_gate (I, O);
```

```
input   [3:0] I;                 // I 四位元輸入
output  [3:0] O;                 // O 四位元輸出
wire    I10, I210;               // 宣告 I10, I210 連接線資料

// 邏輯閘描述
buf  (O[0], I[0]);
xor  (O[1], I[1], I[0]);
or   (I10, I[1], I[0]);
xor  (O[2], I[2], I10);
or   (I210, I[2], I10);
xor  (O[3], I[3], I210);

endmodule
```

## 五、模擬與驗證

現在可以將設計輸入檔案進行編譯操作(Compilation)與功能模擬(Functional Simulation)。一般而言，如果眞值表與化簡過程沒有出錯的話，只要在輸入的模擬波形上照眞值表一一輸入，再和輸出模擬波形比對是否一致就可以確認設計電路是否完全正確無誤了。以下是在 Xilinx ISE 環境下的模擬波形圖。

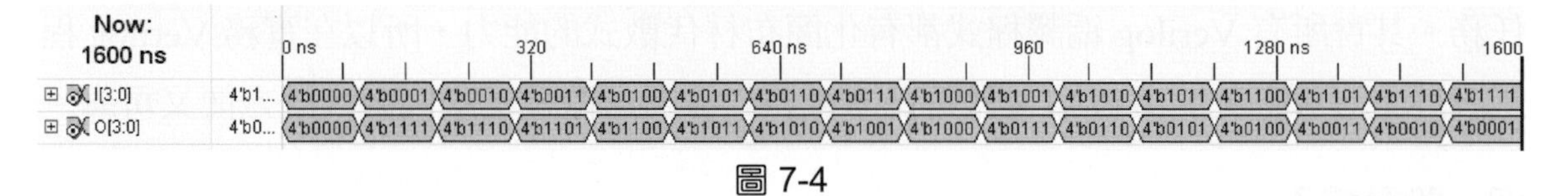


圖 7-4

本模擬對應的測試平台檔案 T.v 如下所示，主要是由 Xilinx ISE 環境下的模擬波形編輯程式轉化得來的。限於篇幅，後續範例的測試平台檔案不再列於書本內容中，讀者可以在隨書光碟片內找到它們。

```
`timescale 1ns/1ps
module T;
    reg [3:0] I = 4'b0000;
    wire [3:0] O;
    two_com_gate UUT ( .I(I), .O(O));
    initial begin
        // -------------   Current Time:   100ns
        #100;
        I = 4'b0001;
        // -------------   Current Time:   200ns
        #100;
```

```
        I = 4'b0010;
        // -------------   Current Time:   300ns
        #100;
        I = 4'b0011;
        // -------------   Current Time:   400ns
        #100;
        I = 4'b0100;
        // -------------   Current Time:   500ns
        #100;
        I = 4'b0101;
        // -------------   Current Time:   600ns
        #100;
        I = 4'b0110;
        // -------------   Current Time:   700ns
        #100;
        I = 4'b0111;
        // -------------   Current Time:   800ns
        #100;
        I = 4'b1000;
        // -------------   Current Time:   900ns
        #100;
        I = 4'b1001;
        // -------------   Current Time:   1000ns
        #100;
        I = 4'b1010;
        // -------------   Current Time:   1100ns
        #100;
        I = 4'b1011;
        // -------------   Current Time:   1200ns
        #100;
        I = 4'b1100;
        // -------------   Current Time:   1300ns
        #100;
        I = 4'b1101;
        // -------------   Current Time:   1400ns
        #100;
        I = 4'b1110;
        // -------------   Current Time:   1500ns
        #100;
        I = 4'b1111;
    end
endmodule
```

# 7-3 程式範例

## 7-3-1 基本邏輯閘(閘層次與資料流層次)

### 一、學習目標與題目說明

以下有一系列使用 Verilog 敘述設計組合邏輯電路的程式範例。不過萬丈高樓平地起，我們還是先從最基本的邏輯閘開始介紹起。

本範例將以閘層次與資料流層次的敘述來示範**基本邏輯閘電路**的設計。內容包括一輸出反閘與二輸入及閘、反及閘、或閘、反或閘、互斥或閘、互斥反或閘。

### 二、Verilog 程式檔案

本範例程式具有標準的 Verilog 架構，我們將對應該邏輯閘的邏輯閘層次敘述與資料流層次 assign 敘述(搭配對應的邏輯運算子)排在一起以方便對照。這些邏輯閘通通共用一位元輸入信號 I1 與 I0，但各有其獨立的輸出信號，分別以其邏輯閘名稱命名，使用閘層次敘述的輸出信號名稱附加 _0 加以標示，而使用 assign 敘述的輸出信號名稱則附加 _1 加以標示。

```
// Ch07 gates.v
// 邏輯閘 (閘層描述與 assign 描述)

module gates(I1, I0, Not_0, Not_1, And_0, And_1, Nand_0, Nand_1,
          Or_0, Or_1, Nor_0, Nor_1, Xor_0, Xor_1, Xnor_0, Xnor_1);
input   I1,I0;
output Not_0, Not_1, And_0, And_1, Nand_0, Nand_1,
          Or_0, Or_1, Nor_0, Nor_1, Xor_0, Xor_1, Xnor_0, Xnor_1;

// 反閘
not (Not_0, I0);
assign Not_1 = ~I0;

// 及閘
and (And_0, I1, I0);
assign And_1 = I1 & I0;
```

```
// 反及閘
nand (Nand_0, I1, I0);
assign Nand_1 = ~(I1 & I0);

// 或閘
or (Or_0, I1, I0);
assign Or_1 = I1 | I0;

// 反或閘
nor (Nor_0, I1, I0);
assign Nor_1 = ~(I1 | I0);

// 互斥或閘
xor (Xor_0, I1, I0);
assign Xor_1 = I1 ^ I0;

// 互斥反或閘
xnor (Xnor_0, I1, I0);
assign Xnor_1 = I1 ~^ I0;

endmodule
```

## 三、模擬驗證

二個一位元輸入信號 I1、I0 共有四種邏輯組合，我們進行完整驗證，對照各邏輯閘的真值表可知程式是正確的。

| Now: 1000 ns | | 0 ns | 100 | 200 ns | 300 | 400 ns | 500 |
|---|---|---|---|---|---|---|---|
| I1 | 0 | | | | | | |
| I0 | 1 | | | | | | |
| Not_0 | 0 | | | | | | |
| Not_1 | 0 | | | | | | |
| And_0 | 0 | | | | | | |
| And_1 | 0 | | | | | | |
| Nand_0 | 1 | | | | | | |
| Nand_1 | 1 | | | | | | |
| Or_0 | 1 | | | | | | |
| Or_1 | 1 | | | | | | |
| Nor_0 | 0 | | | | | | |
| Nor_1 | 0 | | | | | | |
| Xor_0 | 1 | | | | | | |
| Xor_1 | 1 | | | | | | |
| Xnor_0 | 0 | | | | | | |
| Xnor_1 | 0 | | | | | | |

圖 7-5

## 練習題

1. 請完成本設計範例的設計輸入工作，然後完成編譯與模擬驗證其功能是否一如設計的要求。
2. 請完成一份實習報告交予教師批改。報告格式如下：

(1) 題目與說明
簡單描述本實習的學習目的及重點說明
(2) Verilog 程式檔案
(3) 模擬波形圖
(4) 討論
描述操作過程碰到的問題、解決方法以及學習心得

## 7-3-2 四位元 2 補數產生器(資料流與行為層次)

### 一、學習目標與題目說明

所謂 2 補數，就是將各二進制輸入位元做反閘處理後，整體數值再算術加一而成。本章**第 7-2 節**內容介紹了標準的組合邏輯電路設計流程，也使用邏輯閘層次敘述撰寫了一個對應的**四位元 2 補數產生器**程式。本範例將介紹使用**資料流**與**行為層次敘述**撰寫的 Verilog 程式。

以下是四位元 2 補數的眞值表與對應的布林代數式：

| I3 | I2 | I1 | I0 | O3 | O2 | O1 | O0 |
|---|---|---|---|---|---|---|---|
| 0 | 0 | 0 | 0 | 0 | 0 | 0 | 0 |
| 0 | 0 | 0 | 1 | 1 | 1 | 1 | 1 |
| 0 | 0 | 1 | 0 | 1 | 1 | 1 | 0 |
| 0 | 0 | 1 | 1 | 1 | 1 | 0 | 1 |
| 0 | 1 | 0 | 0 | 1 | 1 | 0 | 0 |
| 0 | 1 | 0 | 1 | 1 | 0 | 1 | 1 |
| 0 | 1 | 1 | 0 | 1 | 0 | 1 | 0 |
| 0 | 1 | 1 | 1 | 1 | 0 | 0 | 1 |
| 1 | 0 | 0 | 0 | 1 | 0 | 0 | 0 |

$O0 = I0$

$O1 = I1 \oplus I0$

$O2 = I2 \oplus (I1+I0)$

$O3 = I3 \oplus (I2+I1+I0)$

| I3 | I2 | I1 | I0 | O3 | O2 | O1 | O0 |
|---|---|---|---|---|---|---|---|
| 1 | 0 | 0 | 1 | 0 | 1 | 1 | 1 |
| 1 | 0 | 1 | 0 | 0 | 1 | 1 | 0 |
| 1 | 0 | 1 | 1 | 0 | 1 | 0 | 1 |
| 1 | 1 | 0 | 0 | 0 | 1 | 0 | 0 |
| 1 | 1 | 0 | 1 | 0 | 0 | 1 | 1 |
| 1 | 1 | 1 | 0 | 0 | 0 | 1 | 0 |
| 1 | 1 | 1 | 1 | 0 | 0 | 0 | 1 |

## 二、Verilog 程式檔案(一)，使用 assign 敘述

首先，我們介紹使用**資料流層次 assign 敘述**來描述布林代數式的 Verilog 程式。模擬驗證直接比對真值表與模擬波形資料即可。

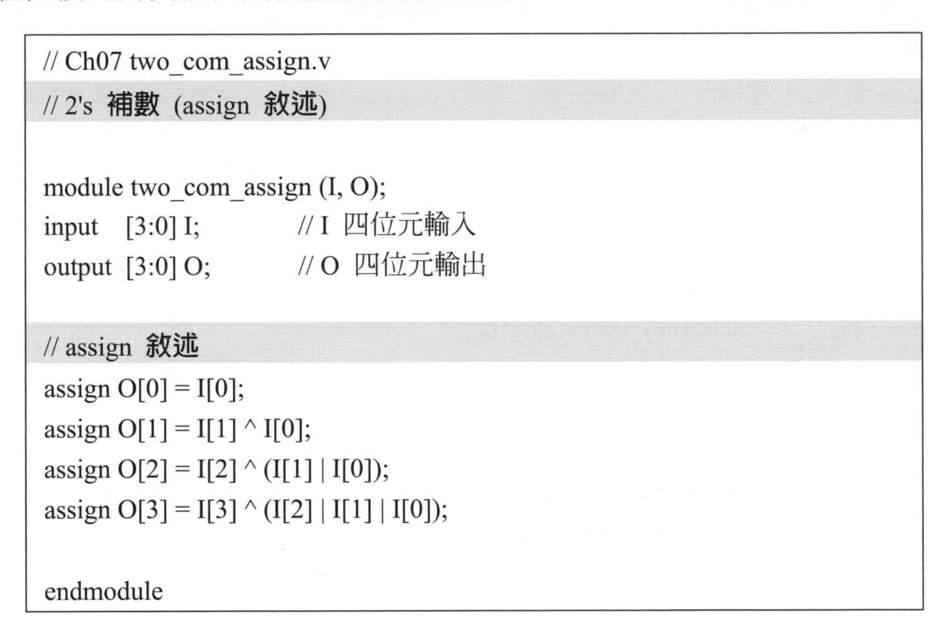

```
// Ch07 two_com_assign.v
// 2's 補數 (assign 敘述)

module two_com_assign (I, O);
input   [3:0] I;          // I 四位元輸入
output  [3:0] O;          // O 四位元輸出

// assign 敘述
assign O[0] = I[0];
assign O[1] = I[1] ^ I[0];
assign O[2] = I[2] ^ (I[1] | I[0]);
assign O[3] = I[3] ^ (I[2] | I[1] | I[0]);

endmodule
```

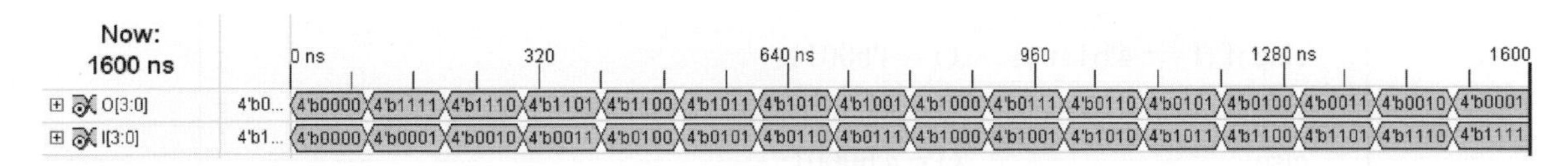


圖 7-6

## 三、Verilog 程式檔案(二)，使用 if 敘述

要取得布林代數式必須先經過卡諾圖化簡，對於大電路而言，這是一件大工程。其實可以乾脆使用**查真值表**的方式來處理，化簡的工作就交給 Verilog 編譯程式處理即可。以下是使用**行為層次 if 敘述**的版本。目前數值採用二進制方式表現，若嫌太過於龐雜，可以改採十六進制方式表現，程式會更清爽一些。

```
// Ch07 two_com_if.v
// 2's 補數 (使用 if 查表)


module two_com_if (I, O);
input   [3:0] I;            // I 四位元輸入
output [3:0] O;             // O 四位元輸出
reg      [3:0] O;           // 宣告 O 爲暫存器資料

// 使用 if 敘述
always@ (I)
   if      (I == 4'b0000)   O = 4'b0000;          // 二進制方式
   else if (I == 4'b0001)   O = 4'b1111;
   else if (I == 4'b0010)   O = 4'b1110;
   else if (I == 4'b0011)   O = 4'b1101;
   else if (I == 4'b0100)   O = 4'b1100;
   else if (I == 4'b0101)   O = 4'b1011;
   else if (I == 4'b0110)   O = 4'b1010;
   else if (I == 4'b0111)   O = 4'b1001;
   else if (I == 4'b1000)   O = 4'b1000;
   else if (I == 4'b1001)   O = 4'b0111;
   else if (I == 4'b1010)   O = 4'b0110;
   else if (I == 4'b1011)   O = 4'b0101;
   else if (I == 4'b1100)   O = 4'b0100;
   else if (I == 4'b1101)   O = 4'b0011;
   else if (I == 4'he)      O = 4'h2;             // 十六進制方式
   else                     O = 4'b0001;

endmodule
```

## 四、Verilog 程式檔案(三)，使用 case 敘述

**查真值表**也可以使用**行為層次 case 敘述**來完成，如下所示。

```
// Ch07 two_com_case.v
// 2's 補數 (使用 case 查表)

module two_com_case (I, O);
input   [3:0] I;                    // I 四位元輸入
output  [3:0] O;                    // O 四位元輸出
reg     [3:0] O;                    // 宣告 O 爲暫存器資料

// 使用 case 敘述
always@ (I)
  case (I)
    4'b0000 :  O = 4'b0000;
    4'b0001 :  O = 4'b1111;
    4'b0010 :  O = 4'b1110;
    4'b0011 :  O = 4'b1101;
    4'b0100 :  O = 4'b1100;
    4'b0101 :  O = 4'b1011;
    4'b0110 :  O = 4'b1010;
    4'b0111 :  O = 4'b1001;
    4'b1000 :  O = 4'b1000;
    4'b1001 :  O = 4'b0111;
    4'b1010 :  O = 4'b0110;
    4'b1011 :  O = 4'b0101;
    4'b1100 :  O = 4'b0100;
    4'b1101 :  O = 4'b0011;
    4'b1110 :  O = 4'b0010;
    default :  O = 4'b0001;
  endcase

endmodule
```

## 練習題

1. 以下是二位元平方值產生器的眞值表，請使用閘層次、資料流層次 assign 敘述、行爲層次 if 敘述與行爲層次 case 敘述完成 Verilog 程式編譯與模擬驗證。

表 7-2

| I1 | I0 | O3 | O2 | O1 | O0 |
|---|---|---|---|---|---|
| 0 | 0 | 0 | 0 | 0 | 0 |
| 0 | 1 | 0 | 0 | 0 | 1 |
| 1 | 0 | 0 | 1 | 0 | 0 |
| 1 | 1 | 1 | 0 | 0 | 1 |

2. 以下是三位元加三碼轉換器的眞值表，請使用資料流層次 assign 敘述、行爲層次 if 敘述與行爲層次 case 敘述完成 Verilog 程式編譯與模擬驗證。

表 7-3

| I2 | I1 | I0 | O2 | O1 | O0 |
|---|---|---|---|---|---|
| 0 | 0 | 0 | 0 | 1 | 1 |
| 0 | 0 | 1 | 1 | 0 | 0 |
| 0 | 1 | 0 | 1 | 0 | 1 |
| 0 | 1 | 1 | 1 | 1 | 0 |
| 1 | 0 | 0 | 1 | 1 | 1 |
| 1 | 0 | 1 | 0 | 0 | 0 |
| 1 | 1 | 0 | 0 | 0 | 1 |
| 1 | 1 | 1 | 0 | 1 | 0 |

3. 以下是四位元格雷(Gray)碼轉換器的眞值表，請使用行爲層次 if 敘述與行爲層次 case 敘述完成 Verilog 程式編譯與模擬驗證。

表 7-4

| I3 | I2 | I1 | I0 | O3 | O2 | O1 | O0 |
|---|---|---|---|---|---|---|---|
| 0 | 0 | 0 | 0 | 0 | 0 | 0 | 0 |
| 0 | 0 | 0 | 1 | 0 | 0 | 0 | 1 |
| 0 | 0 | 1 | 0 | 0 | 0 | 1 | 1 |
| 0 | 0 | 1 | 1 | 0 | 0 | 1 | 0 |
| 0 | 1 | 0 | 0 | 0 | 1 | 1 | 0 |
| 0 | 1 | 0 | 1 | 0 | 1 | 1 | 1 |
| 0 | 1 | 1 | 0 | 0 | 1 | 0 | 1 |
| 0 | 1 | 1 | 1 | 0 | 1 | 0 | 0 |
| 1 | 0 | 0 | 0 | 1 | 1 | 0 | 0 |
| 1 | 0 | 0 | 1 | 1 | 1 | 0 | 1 |
| 1 | 0 | 1 | 0 | 1 | 1 | 1 | 1 |
| 1 | 0 | 1 | 1 | 1 | 1 | 1 | 0 |
| 1 | 1 | 0 | 0 | 1 | 0 | 1 | 0 |
| 1 | 1 | 0 | 1 | 1 | 0 | 1 | 1 |
| 1 | 1 | 1 | 0 | 1 | 0 | 0 | 1 |
| 1 | 1 | 1 | 1 | 1 | 0 | 0 | 0 |

## 7-3-3　四人投票機(查真值表)

### 一、學習目標與題目說明

本範例**四人投票機**的功能主要是每個投票者 I3、I2、I1、I0 由輸入狀態來表示贊成‘1’或反對‘0’，經電路統計後，將總投票結果顯示出來。由於有四個人參與投票，所以結果有三種狀況，分別是 O3＝‘1’表示反對，O2＝‘1’表示平手，O1＝‘1’表示贊成。

依據題意，首先完成眞值表如下：

表 7-5

| I3 | I2 | I1 | I0 | O3(反對) | O2(平手) | O1(贊成) |
|---|---|---|---|---|---|---|
| 0 | 0 | 0 | 0 | 1 | 0 | 0 |
| 0 | 0 | 0 | 1 | 1 | 0 | 0 |
| 0 | 0 | 1 | 0 | 1 | 0 | 0 |
| 0 | 0 | 1 | 1 | 0 | 1 | 0 |
| 0 | 1 | 0 | 0 | 1 | 0 | 0 |
| 0 | 1 | 0 | 1 | 0 | 1 | 0 |
| 0 | 1 | 1 | 0 | 0 | 1 | 0 |
| 0 | 1 | 1 | 1 | 0 | 0 | 1 |
| 1 | 0 | 0 | 0 | 1 | 0 | 0 |
| 1 | 0 | 0 | 1 | 0 | 1 | 0 |
| 1 | 0 | 1 | 0 | 0 | 1 | 0 |
| 1 | 0 | 1 | 1 | 0 | 0 | 1 |
| 1 | 1 | 0 | 0 | 0 | 1 | 0 |
| 1 | 1 | 0 | 1 | 0 | 0 | 1 |
| 1 | 1 | 1 | 0 | 0 | 0 | 1 |
| 1 | 1 | 1 | 1 | 0 | 0 | 1 |

有了眞值表，以下該是由卡諾圖化簡而得布林代數式。不過本例的輸入有四個之多，如果眞要由人工來做化簡的動作，可也算是件不小的工程。而 Verilog 編譯程式提供的 Verilog 編譯程式程式具有自動化簡布林代數式的能力，所以我們就把這件工作留給它去完成，而且日後擴充功能時也比較具有可調整性(請參考本範例之練習題)。以下範例程式檔內就是由眞值表的內容直接寫出 Verilog 程式。

其實編譯程式和電腦本來就是爲了讓人設計電路更方便而發展出來的工具，所以我們這麼做也不算偷懶，反而應該說是物盡其用！

## 二、Verilog 程式檔案(一)，使用 if 敘述

以下程式我們使用**行為層次 if 敘述**以**查真值表**的方式來完成設計。按照題意要求，我們將輸出信號 O 宣告爲向量〔3：1〕。請注意，目前最低位元的向量指標不是 0，而是 1。

```
// Ch07 voter_if1.v
// 四人投票機 (使用 if 查表)

module voter_if1 (I, O);
input   [3:0] I;        // I 四位元輸入
output  [3:1] O;        // O 三位元輸出
reg     [3:1] O;        // 宣告 O 爲暫存器資料

// 使用 if 敘述
always@ (I)
  if      (I == 4'b0000)  O = 3'b100;
  else if (I == 4'b0001)  O = 3'b100;
  else if (I == 4'b0010)  O = 3'b100;
  else if (I == 4'b0011)  O = 3'b010;
  else if (I == 4'b0100)  O = 3'b100;
  else if (I == 4'b0101)  O = 3'b010;
  else if (I == 4'b0110)  O = 3'b010;
  else if (I == 4'b0111)  O = 3'b001;
  else if (I == 4'b1000)  O = 3'b100;
  else if (I == 4'b1001)  O = 3'b010;
  else if (I == 4'b1010)  O = 3'b010;
  else if (I == 4'b1011)  O = 3'b001;
  else if (I == 4'b1100)  O = 3'b010;
  else if (I == 4'b1101)  O = 3'b001;
  else if (I == 4'b1110)  O = 3'b001;
  else                    O = 3'b001;

endmodule
```

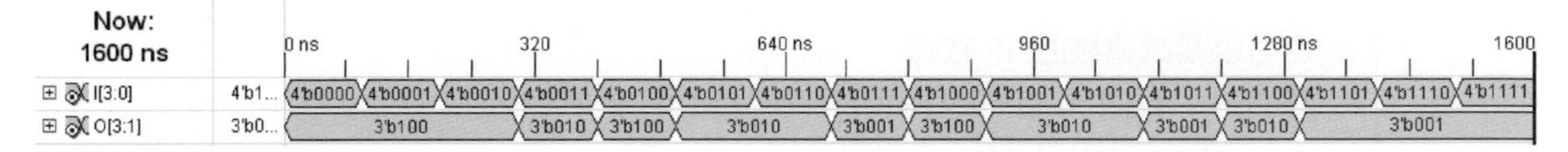


圖 7-7

## 三、Verilog 程式檔案(二)，使用 if 敘述

**行為層次 if 敘述**也可以拆開成以下程式所介紹的方式：每個輸出信號有其個別的 if 敘述。由於會使輸出爲‘1’的輸入組合較少，所以就只需要挑出這些輸入組合的條件作判斷即可。

```
// Ch07 voter_if2.v
// 四人投票機 (使用 if 敘述)

module voter_if2 (I, O);
input   [3:0] I;        // I 四位元輸入
output  [3:1] O;    // O 三位元輸出
reg     [3:1] O;    // 宣告 O 爲暫存器資料

// 使用 if 敘述
always@ (I)
  begin
    if      (I == 4'b0000)   O[3] = 1;
    else if (I == 4'b0001)   O[3] = 1;
    else if (I == 4'b0010)   O[3] = 1;
    else if (I == 4'b0100)   O[3] = 1;
    else if (I == 4'b1000)   O[3] = 1;
    else                     O[3] = 0;

    if      (I == 4'b0011)   O[2] = 1;
    else if (I == 4'b0101)   O[2] = 1;
    else if (I == 4'b0110)   O[2] = 1;
    else if (I == 4'b1001)   O[2] = 1;
    else if (I == 4'b1010)   O[2] = 1;
    else if (I == 4'b1100)   O[2] = 1;
    else                     O[2] = 0;

// 也可以寫成這樣的 if 敘述
    if (I == 4'b1110 || I == 4'b1101 || I == 4'b1011 ||
        I == 4'b0111 || I == 'b1111)
      O[1] = 1;
    else
      O[1] = 0;
  end

endmodule
```

## 四、Verilog 程式檔案(三)，使用 case 敘述

**查表方式**也可以使用**行為層次 case 敘述**來完成，此時 I 可爲索引指標，如下所示。

```
// Ch07 voter_case.v
// 四人投票機 (使用 case 查表)

module voter_case (I, O);
input   [3:0] I;        // I 四位元輸入
output  [3:1] O;        // O 三位元輸出
reg     [3:1] O;        // 宣告 O 爲暫存器資料

// 使用 case 敘述
always@ (I)
   case (I)
      4'b0000 :   O = 3'b100;
      4'b0001 :   O = 3'b100;
      4'b0010 :   O = 3'b100;
      4'b0011 :   O = 3'b010;
      4'b0100 :   O = 3'b100;
      4'b0101 :   O = 3'b010;
      4'b0110 :   O = 3'b010;
      4'b0111 :   O = 3'b001;
      4'b1000 :   O = 3'b100;
      4'b1001 :   O = 3'b010;
      4'b1010 :   O = 3'b010;
      4'b1011 :   O = 3'b001;
      4'b1100 :   O = 3'b010;
      4'b1101 :   O = 3'b001;
      4'b1110 :   O = 3'b001;
      default :   O = 3'b001;
   endcase

endmodule
```

## 練習題

1. 請在四人投票機器上額外加入一個輸入信號 M，這是主席的投票輸入。若四人成員投票已有贊成或反對的結果，M 不列入計票。若四人成員投票爲平手的結果，則再將 M 信號列入計票。本五人投票機不會有平手的結果。
2. 請在四人投票機器上額外加入一個輸入信號 M，這是主席享有的否決輸入。若 M 爲 0 時，則不論其它成員如何投票，結果必是反對。若 M 爲 1 時，投票結果則視其它成員的輸入而定(此時本 M 信號不計入票數之內，所以可能會有平手的情形發生)。

## 7-3-4 加法器

### 一、學習目標與題目說明

**加法器**是極爲常見的數學運算電路。我們將由介紹一位元加法器的設計開始，然後擴充至多位元加法器，最後介紹有號數加法器的設計。由於加法運算會產生進位，所以加法總和的位元數會是最大運算元位元數再加一。

### 二、Verilog 程式檔案(一)，一位元加法器

任何組合邏輯電路都可以寫出其眞值表，當然加法器電路也不例外。一位元加法器的眞值表與對應的布林代數式如下所示。A、B 爲一位元輸入運算元，Ci 爲前一級傳來的進位(Carry)信號。本級加法運算過後的和(Sum)爲一位元輸出信號 S，進位輸出信號爲 Co，通常本級的 Co 會連接到下一級的 Ci 信號上。

| 加 | 法 | 器 | | |
|---|---|---|---|---|
| A | B | Ci | Co | S |
| 0 | 0 | 0 | 0 | 0 |
| 0 | 0 | 1 | 0 | 1 |
| 0 | 1 | 0 | 0 | 1 |
| 0 | 1 | 1 | 1 | 0 |
| 1 | 0 | 0 | 0 | 1 |
| 1 | 0 | 1 | 1 | 0 |
| 1 | 1 | 0 | 1 | 0 |
| 1 | 1 | 1 | 1 | 1 |

$Co = A \cdot B + A \cdot Ci + B \cdot Ci$

$S = A \oplus B \oplus Ci$

我們確實可以根據一位元加法器的電路圖而使用閘層次敘述進行描述，不過本範例首先示範使用 **assign 敘述**描述布林代數式的方式，輸出信號為 Co_0 與 S_0。再來，我們使用 **if 敘述**以**查真值表**方式完成一位元加法器設計，其中我們使用連接運算子{ }來將 A、B 與 Ci 結合成三位元輸入信號，而將 Co_1 與 S_1 結合成二位元輸出信號以方便查表描述。查表方式也可以使用行為層次的 case 敘述來達成。

```
// Ch07 adder1.v
// 一位元全加法器 (assign 敘述與 if 敘述)


module adder1 (S_0, S_1, Co_0, Co_1, A, B, Ci);
input   A, B, Ci;                        // A, B, Ci 一位元輸入
output  S_0, S_1, Co_0, Co_1;            // S 加法和, Co 進位
reg     S_1, Co_1;                       // 宣告為暫存器資料

// 布林代數式描述
assign S_0 = A ^ B ^ Ci;
assign Co_0 = (A & B) | (A & Ci) | (B & Ci);

// 查真值表描述
always@ (A or B or Ci)
   if      ({A,B,Ci} == 3'b000)     {Co_1,S_1} = 2'b00;
   else if ({A,B,Ci} == 3'b001)     {Co_1,S_1} = 2'b01;
   else if ({A,B,Ci} == 3'b010)     {Co_1,S_1} = 2'b01;
   else if ({A,B,Ci} == 3'b011)     {Co_1,S_1} = 2'b10;
   else if ({A,B,Ci} == 3'b100)     {Co_1,S_1} = 2'b01;
   else if ({A,B,Ci} == 3'b101)     {Co_1,S_1} = 2'b10;
   else if ({A,B,Ci} == 3'b110)     {Co_1,S_1} = 2'b10;
   else                             {Co_1,S_1} = 2'b11;


endmodule
```

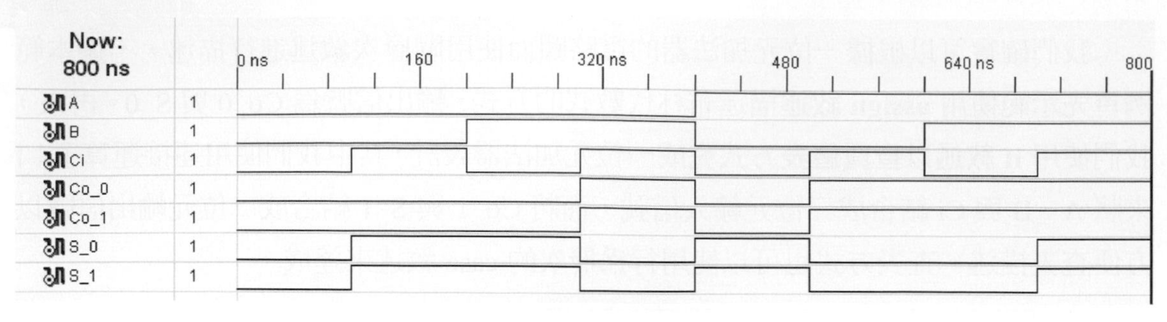


圖 7-8

## 三、Verilog 程式檔案(二)，四位元無號數加減法器

使用布林代數式或是查眞値表的方式來處理加法運算有一個很大的缺陷，那就是擴充性很差。譬如我們要把一位元加法器眞値表擴充為四位元加法器，整個眞値表要重新修改一遍(共有 $2^9$ 種組合：A、B 各四位元加上 Ci 一位元)，當然相對的 Verilog 程式內容也得大大地翻修一番才行。

其實像加法器這麼規律而且常用的基本電路功能，Verilog 當然會提供最方便的描述形式，讓電路設計師能夠將精力集中在更高層次的系統描述上。以下範例程式直接使用**邏輯向量配合加法運算子＋**來描述四位元加法器電路，程式內容是不是變得很清爽而且具有良好的擴充性呢？同樣地，我們使用連接運算子 { } 來將 Co 與 S 結合成五位元輸出信號，Verilog 編譯程式會處理好 A，B 與 Ci 相加後的輸出進位與加法和。目前我們處理的運算元均為**無號數**，也就是正整數，有號數的加法運算請見下一個範例介紹。

```
// Ch07 adder4.v
// 四位元全加法器 (使用加法運算子)

module adder4 (S, Co, A, B, Ci);
input   [3:0] A, B;        // A, B 四位元輸入
input   Ci;                // Ci  一位元輸入
output  Co;                // Co  一位元進位輸出
output  [3:0] S;           // S   四位元加法和輸出

// 使用加法運算子
assign {Co, S} = A + B + Ci;


endmodule
```

模擬驗證上，由於共有 $2^9$ 種輸入組合，程式設計師往往無法進行完整驗證，只能挑一些關心的測試樣本進行抽樣驗證。我們產生 14 組亂數再加上頭尾一組 A、B、Ci 全為‘0’以及一組全為‘1’的測試樣本。注意，當 Co 為‘1’時相當於十進制的 16；也就是說，A＋B＋Ci＝16×Co＋S。譬如第二組模擬樣本所示：8＋12＋1＝21＝16＋5。

Now: 1600 ns　　0 ns　320　640 ns　960　1280 ns　1600

| Signal | Value | Waveform |
|---|---|---|
| A[3:0] | 15 | 0, 8, 10, 6, 15, 10, 0, 9, 4, 5, 9, 0, 3, 15, 6, 15 |
| B[3:0] | 15 | 0, 12, 9, 1, 14, 7, 9, 10, 3, 6, 12, 1, 8, 11, 5, 15 |
| Ci | 1 | |
| Co | 1 | |
| S[3:0] | 15 | 0, 5, 3, 8, 13, 2, 9, 4, 7, 12, 5, 2, 11, 15 |

圖 7-9

## 四、Verilog 程式檔案(三)，有號數加法器

上述程式範例主要是應付無號數加法運算，如果是**有號數**加法運算就得加上一些修改。如果要設計工程師自行處理有號數的正負拓展(Signed Extension)就太繁瑣了，應該好好利用應用 Verilog 2001 標準所提供的 **signed 宣告**及 **$signed()任務**。

使用 signed 宣告的做法很簡單，只要先使用關鍵字 signed 宣告對應的有號數信號，然後就可以直接使用加法運算子＋進行加法運算了。如以下範例程式，四位元有號數輸入信號 A 與 B 相加的結果存放到五位元有號數輸出信號 S1。

至於$signed()任務可以將無號數轉為有號數再進行運算；而對應的$unsigned()任務可以將有號數轉為無號數。如以下範例程式，四位元無號數輸入信號 C 與 D 經 $signed()任務轉換為有號數後相加，結果送到五位元有號數輸出信號 S2。

注意，請勿隨意將無號數與有號數混合在一起進行運算，因為這樣很容易造成難以找出的運算錯誤。

```
// Ch07 adder4_signed.v
// 四位元加法器 (有號數加法)

module adder4_signed (S1, S2, A, B, C, D);
input    signed [3:0] A, B;          // A, B 四位元有號數輸入
input    [3:0] C, D;                 // C, D 四位元無號數輸入
```

```
output signed [4:0] S1, S2;           // S1, S2  五位元有號數加法和輸出

// 有號數加法
assign S1 = A + B;
assign S2 = $signed(C) + $signed(D);

endmodule
```

由模擬波形可見 S1 確實為有號數 A 與 B 的加法和，而 S2 也確實為無號數 C 與 D 轉換成有號數後的加法和。

| Now: 900 ns | | 0 ns | | 180 | | 360 ns | | 540 | 720 ns | 900 |
|---|---|---|---|---|---|---|---|---|---|---|
| A[3:0] | 6 | 5 | -4 | -7 | 1 | -2 | 7 | -7 | -6 | 3 |
| B[3:0] | 5 | 2 | 3 | -6 | 6 | -1 | -6 | 0 | -7 | 4 |
| S1[4:0] | 11 | 7 | -1 | -13 | 7 | -3 | 1 | -7 | -13 | 7 |
| C[3:0] | -2 | 6 | -5 | 0 | 7 | -3 | 5 | 0 | -7 | 1 |
| D[3:0] | -4 | -4 | -6 | 3 | -2 | 6 | 7 | -6 | 0 | 5 |
| S2[4:0] | -6 | 2 | -11 | 3 | 5 | 3 | 12 | -6 | -7 | 6 |

圖 7-10

## 練習題

1. 請設計一個八位元無號數加法器與一個八位元有號數加法器。
2. 既然可以使用運算子描述加法器，是不是可以使用運算子來描述減法器與乘法器呢？答案是肯定的，請參考本章**範例五**的介紹內容。(注意，一般 Verilog 編譯程式不支援除法運算子的電路合成)。

## 7-3-5 無號數與有號數的減法器與乘法器

### 一、學習目標與題目說明

如同加法器一般，**減法器**與**乘法器**也是極為常見的算術運算電路，本範例將介紹四位元無號數與有號數減法器與乘法器的設計。減法器需要借位處理，所以減法總結果(減法差)的位元數會是最大運算元位元數再加一。乘法結果所需的位元數等於二個運算元位元數的總和。

## 二、Verilog 程式檔案(一)，四位元無號數與有號數減法器

處理減法運算最有效率的作法就是引用**減法運算子**並**搭配合適的邏輯向量**。由於借位關係，二個四位元無號數運算元 A、B 相減產生的結果 S1 應該爲五位元，而且因爲可能有小減大的情況發生，所以 S1 有可能是負值，此時 S1 應以二補數表示法視之。

如果是**有號數**減法，同樣好好利用 Verilog 2001 標準所提供的 **signed 宣告**及 **$signed()任務**可以省卻許多麻煩，我們將二個四位元有號數 C、D 相減產生一個五位元有號數 S2。請參考以下程式範例。

```
// Ch07 sub4.v
// 四位元無號數與有號數減法運算

module sub4 (A, B, C, D, S1, S2);
input   [3:0] A, B;                // A, B 四位元無號數輸入
output  [4:0] S1;                  // S1   五位元無號數輸出
input   signed [3:0] C, D;         // C, D 四位元有號數輸入
output  signed [4:0] S2;           // S2   五位元有號數輸出

// 減法運算子
assign S1 = A - B;
assign S2 – C - D;

endmodule
```

| Now: 1000 ns | | 0 ns | | 200 | | 400 ns | | 600 | | 800 ns | | 1000 |
|---|---|---|---|---|---|---|---|---|---|---|---|---|
| A[3:0] | 12 | 5 | 12 | 9 | 1 | 14 | 7 | | 10 | 3 | 6 | |
| B[3:0] | 9 | 2 | 3 | 10 | 6 | 15 | 10 | 0 | 9 | 4 | 5 | |
| S1[4:0] | 1 | 3 | 9 | -1 | -5 | -1 | -3 | 7 | 1 | -1 | 1 | |
| C[3:0] | -1 | 6 | -5 | 7 | 0 | -3 | 5 | 0 | -7 | 1 | -2 | |
| D[3:0] | 5 | -4 | -6 | 3 | -2 | 6 | 7 | -6 | 0 | 5 | -4 | |
| S2[4:0] | 2 | 10 | 1 | 4 | 2 | -9 | -2 | 6 | -7 | -4 | 2 | |

圖 7-11

## 三、Verilog 程式檔案(二)，四位元無號數與有號數乘法器

一個二位元乘法的運算情形如下所示。其中 A1、A0 和 B1、B0 就是待相乘的 2 位元輸入，相乘後會產生 4 位元輸出，分別爲 D3、D2、D1、D0。

| | | | A1 | A0 |
|---|---|---|---|---|
| × | | | B1 | B0 |
| | | | A1B0 | A0B0 |
| + | | A1B1 | A0B1 | |
| | D3 | D2 | D1 | D0 |

故　D0 = A0B0

D1 = A1B0 ⊕ A0B1

D2 = A1B1 ⊕ D1 **級的進位位元**

D3 = D2 **級的進位位元**

注意，此處的位元加法運算其實是邏輯上的互斥或運算⊕。

多位元的乘法的確可以使用上述乘加的方式來完成，不過撰寫 Verilog 程式可不能用這樣的方式，否則實在太累人了，最方便的作法還是類似前述加法器與減法器的作法直接引用**乘法運算子**。以下是四位元無號數與有號數乘法器的 Verilog 程式。二個四位元無號數 A、B 相乘產生一個八位元無號數 S1。二個四位元有號數 C、D 相乘產生一個八位元有號數 S2。有號數乘法使用 Verilog 2001 標準的 signed 宣告。

```
// Ch07 mul4.v
// 四位元無號數與有號數乘法運算

module mul4 (A, B, C, D, S1, S2);
input   [3:0] A, B;              // A, B  四位元無號數輸入
output  [7:0] S1;                // S1    八位元無號數輸出
input   signed [3:0] C, D;       // C, D  四位元有號數輸入
output  signed [7:0] S2;         // S2    八位元有號數輸出

//
assign S1 = A * B;
assign S2 = C * D;

endmodule
```

| Now: 1000 ns | | 0 ns | | 200 | | 400 ns | | 600 | | 800 ns | 1000 |
|---|---|---|---|---|---|---|---|---|---|---|---|
| A[3:0] | 12 | 5 | 12 | 9 | 1 | 14 | 7 | 9 | 10 | 3 | 6 |
| B[3:0] | 6 | 15 | 10 | 0 | 9 | 4 | 5 | 9 | 0 | 3 | 15 |
| S1[7:0] | 90 | 75 | 120 | 0 | 9 | 56 | 35 | 81 | 0 | 9 | 90 |
| C[3:0] | -4 | -1 | 2 | -6 | -1 | 6 | -4 | 1 | 0 | -4 | 5 |
| D[3:0] | -7 | 5 | -7 | -8 | 7 | -1 | 6 | 3 | -5 | 4 | -3 |
| S2[7:0] | -15 | -5 | -14 | 48 | -7 | -6 | -24 | 3 | 0 | -16 | -15 |

圖 7-12

## 練習題

1. 請設計一個五位元無號數與有號數減法器電路。
2. 請設計一個五位元乘以三位元無號數與有號數的乘法器電路。

## 7-3-6　位元移位以及 2 的次方乘法器與除法器

### 一、學習目標與題目說明

使用 << 或 >> 運算子可以將一個運算元進行**位元左移**或**位元右移**的操作，請參考以下表格。

表 7-6

| 左移 << ↓ | D3 | D2 | D1 | D0 | 十進位數值 | 右移 >> ↑ |
|---|---|---|---|---|---|---|
| | 0 | 0 | 0 | 1 | 1 | |
| | 0 | 0 | 1 | 0 | 2 | |
| | 0 | 1 | 0 | 0 | 4 | |
| | 1 | 0 | 0 | 0 | 8 | |

我們可以發現將運算元左移一個位元，相當於乘以 2；左移二個位元，相當於乘以 $2^2=4$；依此類推。而將運算元右移一個位元，相當於除以 2；右移二個位元，相當於除以 $2^2=4$；依此類推。基本上，Verilog 合成的通用型乘法器電路都不會太小，因此如果是**乘以 2 的次方的乘法器**電路應該改用左移運算來處理較合宜。至於除法器電路，常見的 Verilog 編譯程式並不支援，不過如果是**除以 2 的次方的除法器**電路可以使用右移運算來處理。

使用 << 或 >> 運算子操作過後，移出運算元位元的部份會被無條件截掉，而移入的新位元值固定為‘0’。有時候，設計上的需要希望移出的位元值會由另一端移入，如下所示。我們稱之為**循環移位**操作，使用移位運算子會比較麻煩，我們會在後面介紹如何使用連接算子 { } 來完成循環移位。

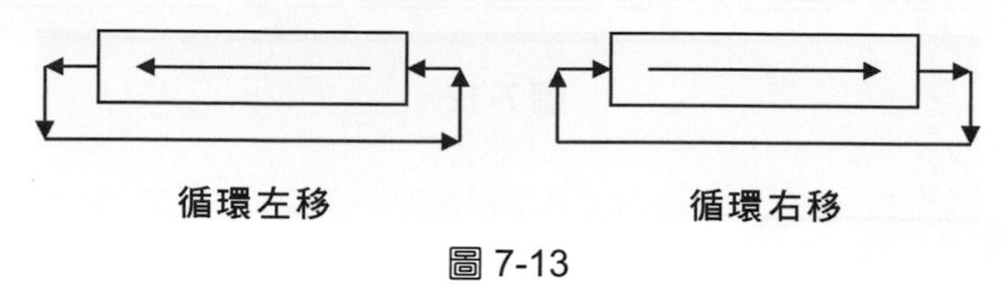


圖 7-13

## 二、Verilog 程式檔案(一)，位元移位

以下是使用**移位運算**子的 Verilog 範例程式。D 是四位元輸入信號，左移一位後由 Y1 輸出，左移二位後由 Y2 輸出，左移三位後由 Y3 輸出，右移一位後由 Z1 輸出，右移二位後由 Z2 輸出，右移三位後由 Z3 輸出。我們使用 parameter 關鍵字將移位的位元數 B1、B2 與 B3 設定為參數資料。

```
// Ch07 shift.v
// 四位元移位運算

module shift (D,Y1,Y2,Y3,Z1,Z2,Z3);
input   [3:0] D;                        // D  四位元輸入
output  [3:0] Y1,Y2,Y3,Z1,Z2,Z3;        // Y, Z  四位元輸出
parameter B1 = 1;                       //  移位一位元
parameter B2 = 2;                       //  移位二位元
parameter B3 = 3;                       //  移位三位元

// 使用移位運算子
assign Y1 = D << B1;                    //  左移一位, 乘 2
assign Y2 = D << B2;                    //  左移二位, 乘 4
assign Y3 = D << B3;                    //  左移三位, 乘 8
assign Z1 = D >> B1;                    //  右移一位, 除 2
assign Z2 = D >> B2;                    //  右移二位, 除 4
assign Z3 = D >> B3;                    //  右移三位, 除 8

endmodule
```

以下是左移操作的模擬結果，確實可以見到位元左移的效果。如果換算成十進制表示也可以見到確實有乘以 2 的次方的效果。不過由於 Y1、Y2 與 Y3 都只有四位元，只能存放 0～15 的數字，因此超過 15 以上的數字部份(高於第四位元)會被截掉。

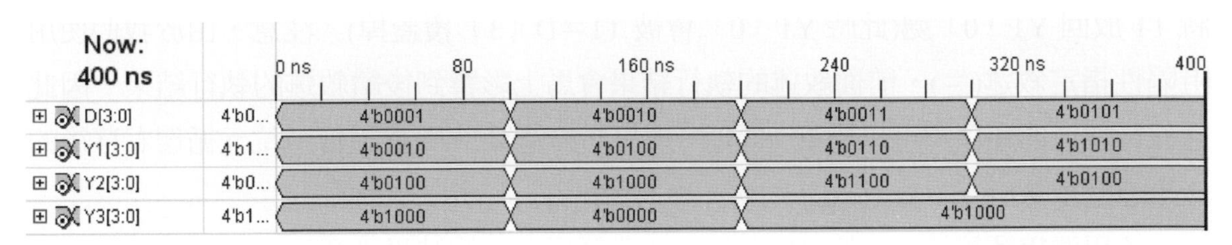


圖 7-14

以下是右移操作的模擬結果，確實可以見到位元右移的效果。如果換算成十進制表示也可以見到確實有除以 2 的次方的效果。不過由於 Z1、Z2 與 Z3 都只有四位元，只能存放 0～15 的數字，因此低於 1 以下的數字部份(低於第一位元)會被截掉。

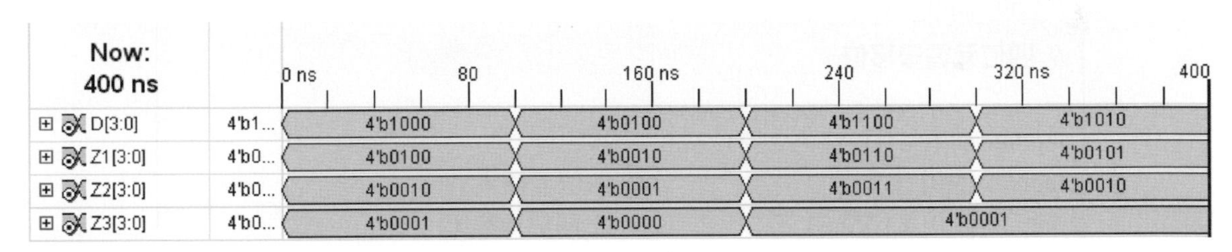


圖 7-15

## 三、Verilog 程式檔案(二)，循環移位

四位元**循環移位**操作如下所示。如果使用移位運算子來操作，必須自行記錄移出的位元值，然後再由另一端放入，如此一步一步的操作程序會導致程式寫法比較麻煩。其實，藉由以下表格我們已經可以知道循環移位的結果，先自行手工擺好各個位元值的位置，然後使用連接運算子 { } 直接設定就可以了，程式看起來會清爽許多。

循環左移 ↓　　循環右移 ↑

| D3 | D2 | D1 | D0 |
|---|---|---|---|
| D2 | D1 | D0 | D3 |
| D1 | D0 | D3 | D2 |
| D0 | D3 | D2 | D1 |
| D3 | D2 | D1 | D0 |

以下 Verilog 程式中，四位元輸入信號 D 經過一位元循環左移後的四位元結果送至輸出信號 Y1。首先，將位元 D〔3〕存入暫存器 T1，然後使用**左移運算子 <<** 將 D 左移一位後送入 Y1(此時 Y1 內容依序爲 D〔2〕、D〔1〕、D〔0〕與‘0’)，最後再將 T1 放回 Y1〔0〕處(此時 Y1〔0〕會被 T1＝D〔3〕覆蓋掉)。注意，由於我們使用阻隔性指定敘述(＝)，前面敘述的執行結果會馬上影響到後續敘述的執行結果，因此這三行敘述的順序不可以變更。同理，使用右移運算子將 D 進行一位元循環右移後的結果會送至 Z1。

使用**連接運算子** { } 將 D 進行一位元循環左移的結果後會送至四位元輸出信號 Y2。由手工安排循環左移一位操作後知道結果依序爲 D〔2〕、D〔1〕、D〔0〕與 D〔3〕，現在直接使用連接運算子把它們放入 Y2 就可以了。同理，使用連接運算子將 D 進行一位元循環右移後的結果會送至 Z2。

```
// Ch07 shift_c.v
// 四位元循環移位

module shift_c (D, Y1, Y2, Z1, Z2);
input   [3:0] D;                  // D 四位元輸入
output  [3:0] Y1,Y2,Z1,Z2;        // Y, Z 四位元輸出
reg     [3:0] Y1,Z1;              // 宣告爲暫存器資料
reg     T1,T2;                    // 宣告爲暫存器資料

// 使用移位運算子
always@ (D)
  begin                           // Y1 循環左移一位, Z1 循環右移一位
    T1 = D[3];                    T2 = D[0];
    Y1 = D << 1;                  Z1 = D >> 1;
    Y1[0] = T1;                   Z1[3] = T2;
  end

// 使用連接運算子
assign Y2 = {D[2:0], D[3]};       // 循環左移一位
assign Z2 = {D[0], D[3:1]};       // 循環右移一位

endmodule
```

| Now: 1000 ns | | 0 ns | | 200 | | 400 ns | | 600 | | 800 ns | | 1000 |
|---|---|---|---|---|---|---|---|---|---|---|---|---|
| D[3:0] | 4'b1... | 4'b0101 | 4'b1100 | 4'b1001 | 4'b0001 | 4'b1110 | 4'b0111 | 4'b1001 | 4'b1010 | 4'b0011 | 4'b0110 | |
| Y1[3:0] | 4'b1... | 4'b1010 | 4'b1001 | 4'b0011 | 4'b0010 | 4'b1101 | 4'b1110 | 4'b0011 | 4'b0101 | 4'b0110 | 4'b1100 | |
| Y2[3:0] | 4'b1... | 4'b1010 | 4'b1001 | 4'b0011 | 4'b0010 | 4'b1101 | 4'b1110 | 4'b0011 | 4'b0101 | 4'b0110 | 4'b1100 | |
| Z1[3:0] | 4'b0... | 4'b1010 | 4'b0110 | 4'b1100 | 4'b1000 | 4'b0111 | 4'b1011 | 4'b1100 | 4'b0101 | 4'b1001 | 4'b0011 | |
| Z2[3:0] | 4'b0... | 4'b1010 | 4'b0110 | 4'b1100 | 4'b1000 | 4'b0111 | 4'b1011 | 4'b1100 | 4'b0101 | 4'b1001 | 4'b0011 | |

圖 7-16

## 練習題

1. 請設計一個將五位元輸入信號左移二位元的電路(相當於乘 4)。同理，再設計一個將五位元輸入信號右移二位元的電路(相當於除 4)。
2. 請設計一個將五位元輸入信號循環左移二位元的電路。同理，再設計一個將五位元輸入信號循環右移二位元的電路。

## 7-3-7　比較器

### 一、學習目標與題目說明

常用的**比較運算子**有大於 ＞、大於等於 ＞＝、小於 ＜、小於等於 ＜＝、等於 ＝＝與不等！＝。本範例首先是示範單一比較運算子的使用，然後介紹比較運算子的複合使用方式。

### 二、Verilog 程式檔案(一)，單一比較運算子的使用

本範例要**比較兩組四位元輸入信號** A 和 B 的數值，輸出結果則有 A＞B、A＝B、A＜B 三種，分別使用 AgB、AeB、AlB 三個一位元輸出信號來顯示結果。以下是二位元比較器的布林代數式，可想而知，四位元比較器的布林代數式一定會複雜到設計工程師沒心情撰寫程式了。

```
AgB：A > B
    (A1 = 1 且 B1 = 0) 或 (A1 = B1 且 A0 = 1 且 B0 = 0)
    AgB = (A1 & ~B1) | ((A1 ~^ B1) & A0 & ~B0)
AeB：A = B
    A1 = B1 且 A0 = B0
    AeB = (A1 ~^ B1) & (A0 ~^ B0)
```

```
AlB：A < B
    (A1 = 0 且 B1 = 1) 或 (A1 = B1 且 A0 = 0 且 B0 = 1)
    AgB = (~A1 & B1) | ((A1 ~^ B1) & ~A0 & B0)
```

其實只要使用 Verilog 提供的**比較運算子**，再適當地配合 if 判斷敘述，就可以很簡單地區分出大於、等於以及小於的結果了。可以採用**巢狀結構 if 敘述**(AgB1、AeB1、AlB1)或是針對個別輸出**獨立寫出 if 敘述**(AgB2、AeB2、AlB2)。直接**引用布林運算式的結果**也可以(AgB3、AeB3、AlB3)。像這種單純的判斷，也可以**使用 assign 敘述搭配 ? : 條件運算子**來完成(AgB4、AeB4、AlB4)，不過這種寫法的程式可讀性是差了一點。

以下示範巢狀 if 敘述、獨立 if 敘述與條件運算子的程式用法。

```
// Ch07 comp_1.v
// 比較器

module comp_1 (A,B,AgB1,AgB2,AgB3,AgB4,AeB1,AeB2,AeB3,AeB4,
                       AlB1,AlB2,AlB3,AlB4);
input    [3:0] A,B;                        // A,B 四位元輸入
output AgB1,AgB2,AgB3,AgB4,AeB1,AeB2,AeB3,AeB4,
           AlB1,AlB2,AlB3,AlB4;            // 一位元輸出
reg       AgB1,AgB2,AgB3,AeB1,AeB2,AeB3,AlB1,AlB2,AlB3;
                                           // 宣告爲暫存器資料

// 使用巢狀 if, 比較運算子
always@ (A or B)
   if (A > B)
      begin    AgB1 = 1;   AeB1 = 0;   AlB1 = 0;   end
   else if (A == B)
      begin    AgB1 = 0;   AeB1 = 1;   AlB1 = 0;   end
   else
      begin    AgB1 = 0;   AeB1 = 0;   AlB1 = 1;   end

// 也可以寫成三個獨立的 if 敘述
always@ (A or B)
   begin
      if (A > B)       AgB2 = 1;
      else             AgB2 = 0;
```

```
      if (A == B)    AeB2 = 1;
      else           AeB2 = 0;
      if (A < B)     AlB2 = 1;
      else           AlB2 = 0;
   end

// 直接使用布林運算結果
always@ (A or B)
   begin
      AgB3 = (A >   B);
      AeB3 = (A == B);
      AlB3 = (A <   B);
   end

// 使用條件運算子
assign AgB4 = (A > B) ? 1 : 0;
assign AeB4 = (A == B) ? 1 : 0;
assign AlB4 = (A < B) ? 1 : 0;

endmodule
```

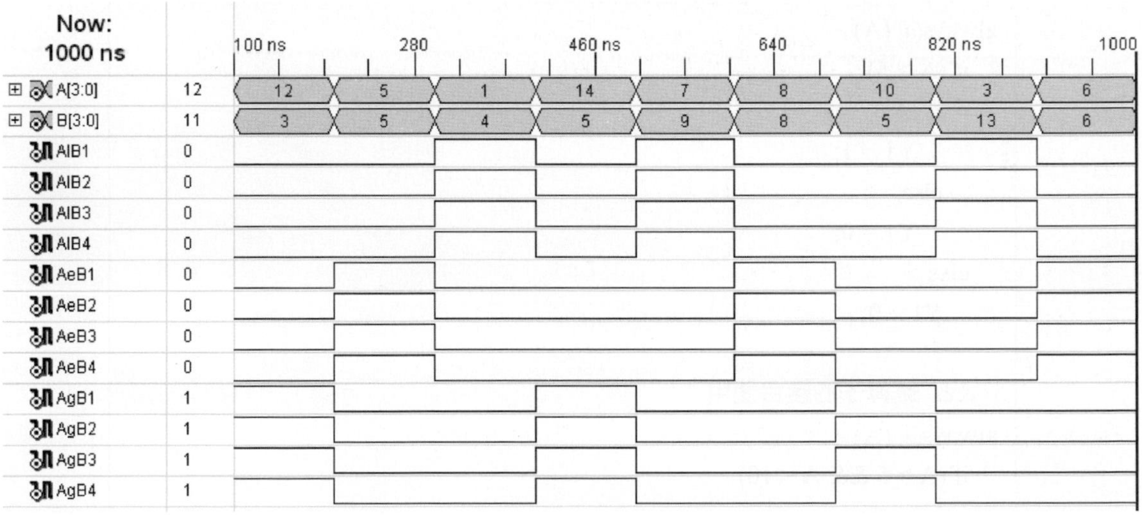

圖 7-17

## 三、Verilog 程式檔案(二)，比較運算子的複合使用

**多重限制的比較**可以透過**巢狀 if 敘述**來達成，不過**複合的比較運算子**也是不錯的選擇。以下範例中，當一個四位元輸入信號 X 介於 5 與 10 之間(5 ＜ X ＜ 10)時，一位元輸出信號 Y 為‘1’；否則 Y 就為‘0’。

複合的比較運算子常常必須透過邏輯運算子&&或||作整合。&&為邏輯及(and)運算子，當兩個條件都成立時，結果為眞；任一條件不成立時，結果為假。||為邏輯或(or)運算子，當任一條件成立時，結果為眞；若兩個條件都不成立時，結果為假。

以下示範巢狀 if 敘述、&&與||運算子的程式寫法。

```
// Ch07 comp_2.v
// 比較器 (比較運算子的複合使用)

module comp_2 (A, Y1, Y2, Y3);
input   [3:0] A;                 // A 四位元輸入
output  Y1,Y2,Y3;                // 一位元輸出
reg     Y1,Y2,Y3;                // 宣告為暫存器資料

// 使用巢狀 if
always@ (A)
   if (A > 5)
      if (A < 10)
         Y1 = 1;
      else
         Y1 = 0;
   else
      Y1 = 0;

// && 運算子的複合使用
always@ (A)
   if (A > 5 && A < 10)
      Y2 = 1;
   else
      Y2 = 0;

// | | 運算子的複合使用
always@ (A)
```

```
    if (A <= 5 || A >= 10)
        Y3 = 0;
    else
        Y3 = 1;

endmodule
```

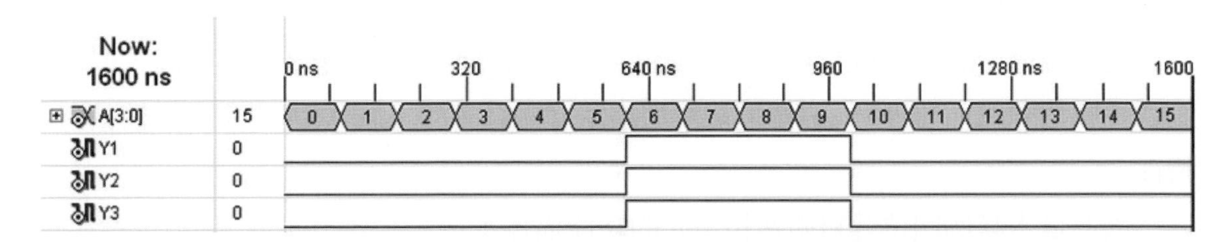


圖 7-18

## 練習題

1. 請設計以下電路。A 爲四位元輸入信號，Z 爲二位元輸出信號。
   當 A＜5 時，　　　　Z 爲 “00”
   當 5＜＝A＜10 時，　Z 爲 “01”
   當 A＝10 時，　　　　Z 爲 “10”
   當 A＞10 時，　　　　Z 爲 “11”
2. 請設計以下電路。A 爲四位元輸入信號，P、Q、R、S 爲一位元輸出信號。
   當 3＜A＜＝8 時，　　P 爲 ‘1’　；否則，P 爲 ‘0’
   當 A＞10 或 A＜4 時，Q 爲 ‘1’　；否則，Q 爲 ‘0’
   當 A 等於 10 或 5 時，　R 爲 ‘1’　；否則，R 爲 ‘0’
   當 A 不等於 7 時，　　S 爲 ‘1’　；否則，S 爲 ‘0’

## 7-3-8 算術邏輯單元

### 一、學習目標與題目說明

所謂**算術邏輯單元**(ALU)就是一個可以依據控制輸入信號分別執行算術運算(譬如加、減、乘、除)或邏輯運算(譬如及、或、反、互斥或)的電路，當然這些運算不可能同一時間執行，只能多選一執行。

這種多選一的結構確實可以使用 assign 敘述搭配條件運算子？：來達成，但是程式碼會變得龐雜而難理解，最好還是使用巢狀 if 敘述或是 case 敘述來完成比較具有可讀性。

以下是本範例四位元算術邏輯單元的功能描述：

表 7-8

| 選擇輸入信號 S | | 功能 |
|---|---|---|
| 000 | 0 | Alu ＝A＋B |
| 001 | 1 | Alu ＝A－B |
| 010 | 2 | Alu ＝A 與 B 做及(and)操作 |
| 100 | 4 | Alu ＝A 與 B 做或(or)操作 |
| 其他 | | Alu＝0 |

### 二、Verilog 程式檔案

以下本 ALU 電路的 Verilog 範例程式。

S 是三位元選擇輸入信號，運算元 A 與 B 爲四位元運算元輸入信號，五位元輸出信號 Alu1 爲使用**巢狀 if 敘述**所產生的運算結果。五位元輸出信號 Alu2 爲 **case 敘述**所產生的運算結果。

```
// Ch07 alu4.v
// 四位元算術邏輯單元運算

module alu4 (S, A, B, Alu1, Alu2);
input   [2:0] S;                // S 三位元輸入
input   [3:0] A, B;             // A, B 四位元輸入
output  [4:0] Alu1,Alu2;        // 四位元輸出
reg     [4:0] Alu1,Alu2;        // 宣告爲暫存器資料
```

```
// 使用 if 敘述
always@ (S or A or B)
   if      (S == 3'b000)
      Alu1 = A + B;                    // 加
   else if (S == 3'b001)
      Alu1 = A - B;                    // 減
   else if (S == 3'b010)
      Alu1 = A & B;                    // 及
   else if (S == 3'b100)
      Alu1 = A | B;                    // 或
   else
      Alu1 = 0;                        // 其他

// 使用 case 敘述
always@ (S or A or B)
   case (S)
      0 :          Alu2 = A + B;       // 加
      1 :          Alu2 = A - B;       // 減
      2 :          Alu2 = A & B;       // 及
      4 :          Alu2 = A | B;       // 或
      default :    Alu2 = 0;           // 其他
   endcase

endmodule
```

模擬操作上，加法與減法驗證以十進制表示比較容易理解，而邏輯及 and 與邏輯或 or 運算則以二進制表示比較容易比對。

S＝0，加法(無號數表示)

| Now: 4000 ns | | 0 ns | 100 | 200 ns | 300 | 400 ns |
|---|---|---|---|---|---|---|
| S[2:0] | 7 | 0 | | | | |
| A[3:0] | 15 | 0 | 8 | 9 | 1 | 14 |
| B[3:0] | 3 | 15 | 2 | 3 | 14 | 6 |
| Alu1[4:0] | 0 | 15 | 10 | 12 | 15 | 20 |
| Alu2[4:0] | 0 | 15 | 10 | 12 | 15 | 20 |

圖 7-19

S＝1，減法(有號數表示)

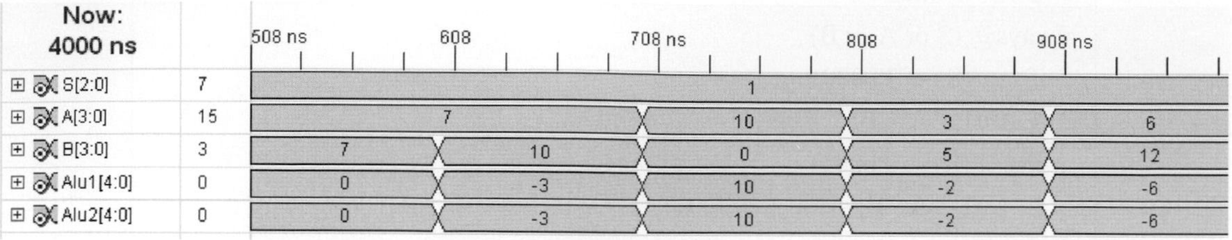

Now: 4000 ns

| | | 508 ns | 608 | 708 ns | 808 | 908 ns |
|---|---|---|---|---|---|---|
| S[2:0] | 7 | 1 | | | | |
| A[3:0] | 15 | 7 | | 10 | 3 | 6 |
| B[3:0] | 3 | 7 | 10 | 0 | 5 | 12 |
| Alu1[4:0] | 0 | 0 | -3 | 10 | -2 | -6 |
| Alu2[4:0] | 0 | 0 | -3 | 10 | -2 | -6 |

圖 7-20

S＝2 與 4，邏輯及與邏輯或(二進制表示)

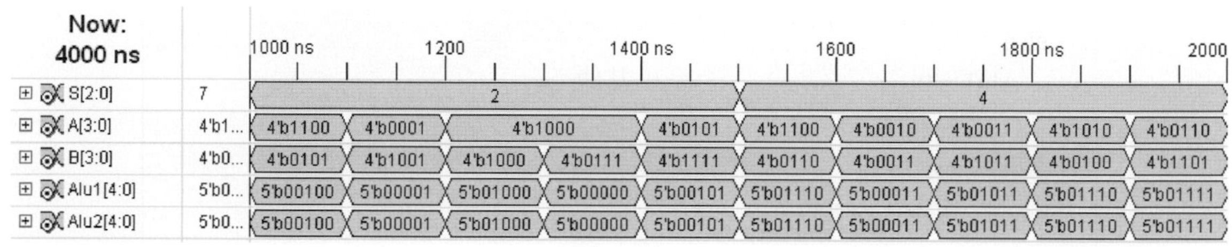


圖 7-21

其他 S 值

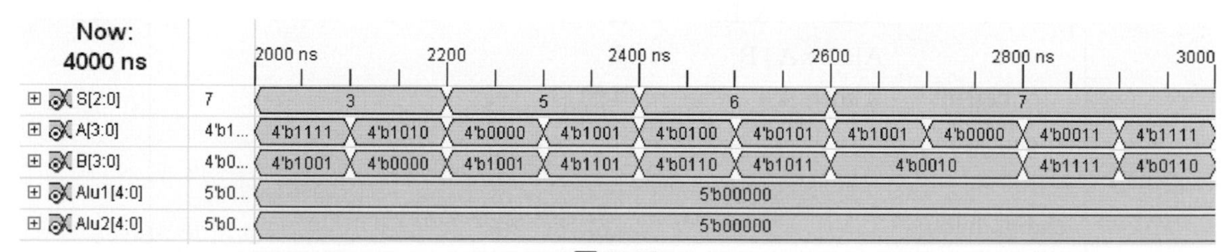


圖 7-22

## 練習題

1. 請設計一個五位元算術邏輯單元電路(S 爲四位元選擇輸入信號，A 與 B 爲五位元輸入信號，Alu 爲五位元輸出信號)，功能描述如下：

表 7-9

| 控制輸入信號 S | 功能 |
|---|---|
| 1101 | Alu ＝A 與 B 做反及(nand)操作 |
| 1100 | Alu ＝A 與 B 做互斥反或(xnor)操作 |
| 0111 | Alu ＝A 除 2(使用移位運算子) |
| 0101 | Alu ＝B 循環左移一位 |
| 0001 | Alu ＝A 與 B 二者中較大者 |
| 0000 | 若 A > B，Alu ＝五位元 11111<br>否則，Alu ＝五位元 00000 |
| 其他 | Alu ＝學號個位數 |

## 7-3-9　編碼器與解碼器

### 一、學習目標與題目說明

**編碼電路**(Encoder)與**解碼電路**(Decoder)是成對出現的電路。譬如我們在日常生活中都習慣使用十進制，但是數位系統內卻是採用二進制，所以一定要作轉碼的動作。此時將十條資料線(同時只能有一條為‘1’)轉為四條二進制資料線，稱之 10×4 編碼；反之，將四條二進制資料線轉為十條資料線，稱之 4×10 解碼。

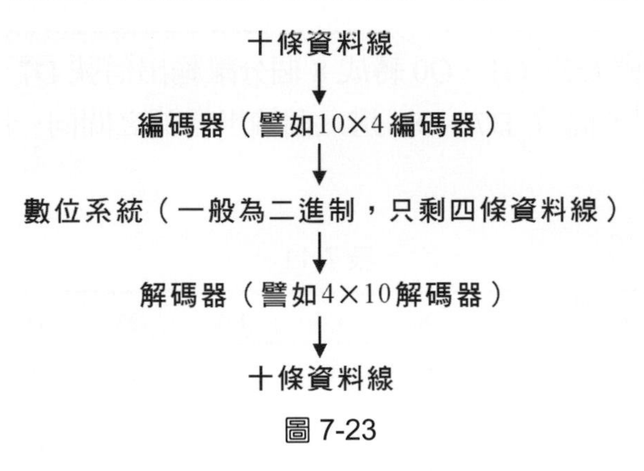


圖 7-23

常見的二進制編碼電路就是將 $2^n$ 個分離資料轉成 n 位元二進制值的電路，而對應的解碼電路就是將這 n 位元二進制值再轉回成 $2^n$ 個分離資料的電路。

以下我們介紹 8×3 編碼器。其輸入信號有八個，分別稱之 D7～D0；其輸出信號有三個，分別稱之 Q2、Q1、Q0，眞值表如表 7-10 所示。D7～D0 這八個輸入信號之間同一時間只能有一個邏輯‘1’存在(高態形式)，依照這個邏輯‘1’存在的信號線位置產生對應的二進制數值，然後由 Q2～Q0 輸出。

理論上，既然輸入有八個，那麼完整的眞值表就應該有 $2^8$＝256 種狀態才是，但眞正合法者僅有表列的那 8 種，其他狀態都將被視爲可忽略(Don't Care)或不合法的情況，這在化簡布林代數式時可以提供很大的彈性。有時候設計工程師會用優先權(Priority)的觀念來處理這些不合法的情況，詳見本範例程式(五)的介紹。

表 7-10

| D7 | D6 | D5 | D4 | D3 | D2 | D1 | D0 | Q2 | Q1 | Q0 |
|---|---|---|---|---|---|---|---|---|---|---|
| 0 | 0 | 0 | 0 | 0 | 0 | 0 | 1 | 0 | 0 | 0 |
| 0 | 0 | 0 | 0 | 0 | 0 | 1 | 0 | 0 | 0 | 1 |
| 0 | 0 | 0 | 0 | 0 | 1 | 0 | 0 | 0 | 1 | 0 |
| 0 | 0 | 0 | 0 | 1 | 0 | 0 | 0 | 0 | 1 | 1 |
| 0 | 0 | 0 | 1 | 0 | 0 | 0 | 0 | 1 | 0 | 0 |
| 0 | 0 | 1 | 0 | 0 | 0 | 0 | 0 | 1 | 0 | 1 |
| 0 | 1 | 0 | 0 | 0 | 0 | 0 | 0 | 1 | 1 | 0 |
| 1 | 0 | 0 | 0 | 0 | 0 | 0 | 0 | 1 | 1 | 1 |

對應 8×3 編碼器的解碼電路爲 3×8 解碼器電路，其功能恰與 8×3 編碼電路相反。它將三位元二進制數值 Q2、Q1、Q0 轉成 8 個分離輸出信號 D7～D0，其眞值表如表 7-11 所示。同樣道理，此時 D7～D0 這八個輸出信號之間同一時間只能有一個邏輯‘1’存在(高態形式)。

表 7-11

| Q2 | Q1 | Q0 | D7 | D6 | D5 | D4 | D3 | D2 | D1 | D0 |
|---|---|---|---|---|---|---|---|---|---|---|
| 0 | 0 | 0 | 0 | 0 | 0 | 0 | 0 | 0 | 0 | 1 |
| 0 | 0 | 1 | 0 | 0 | 0 | 0 | 0 | 0 | 1 | 0 |
| 0 | 1 | 0 | 0 | 0 | 0 | 0 | 0 | 1 | 0 | 0 |
| 0 | 1 | 1 | 0 | 0 | 0 | 0 | 1 | 0 | 0 | 0 |
| 1 | 0 | 0 | 0 | 0 | 0 | 1 | 0 | 0 | 0 | 0 |
| 1 | 0 | 1 | 0 | 0 | 1 | 0 | 0 | 0 | 0 | 0 |
| 1 | 1 | 0 | 0 | 1 | 0 | 0 | 0 | 0 | 0 | 0 |
| 1 | 1 | 1 | 1 | 0 | 0 | 0 | 0 | 0 | 0 | 0 |

## 二、Verilog 程式檔案(一)，8×3 編碼器與 3×8 解碼器

使用 Verilog 程式來完成 **8×3 編碼器**與 **3×8 解碼器**電路有多種描述方式。首先，有了解編碼器與碼器電路的真值表，可以使用 if 敘述或 case 敘述以查表方式完成。

以下是以 **case 敘述查表**的 8×3 編碼器 Verilog 程式以及模擬結果。

```
// Ch07 enc83_case.v
// 8 對 3 編碼器 (使用 case 查表)

module enc83_case (D, Q);
input   [7:0] D;                    // D 為八位元輸入
output  [2:0] Q;                    // Q 為三位元輸出
reg     [2:0] Q;                    // Q 宣告為暫存器資料

// 使用 case 敘述
always@ (D)
  case (D)
    8'b00000001 :  Q = 3'b000;
    8'b00000010 :  Q = 3'b001;
    8'b00000100 :  Q = 3'b010;
    8'b00001000 :  Q = 3'b011;
    8'b00010000 :  Q = 3'b100;
    8'b00100000 :  Q = 3'b101;
    8'b01000000 :  Q = 3'b110;
    8'b10000000 :  Q = 3'b111;
    default     :  Q = 3'b000;
  endcase

endmodule
```

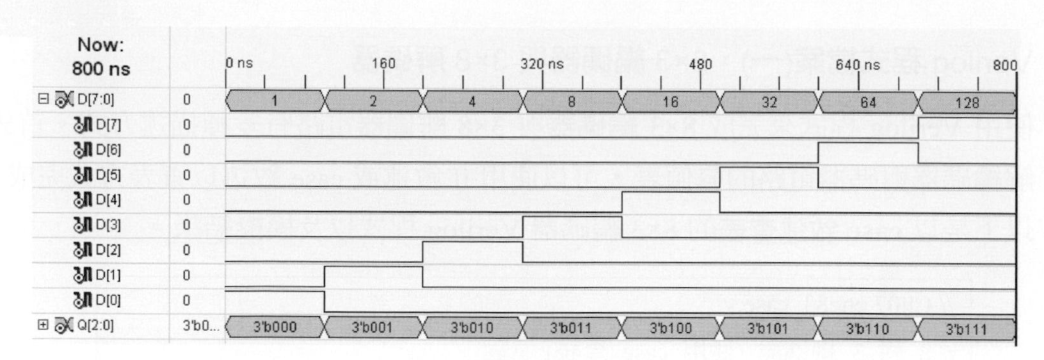


圖 7-24

以下是以 **case 敘述查表**的 3×8 解碼器 Verilog 程式以及模擬結果。

```
// Ch07 dec38_case.v
// 3 對 8 解碼器 (使用 case 查表)

module dec38_case (Q, D);
input   [2:0] Q;          // Q 爲三位元輸入
output  [7:0] D;          // D 爲八位元輸出
reg     [7:0] D;          // D 宣告爲暫存器資料

// 使用 case 敘述
always@ (Q)
   case (Q)
      3'b000 :   D = 8'b00000001;
      3'b001 :   D = 8'b00000010;
      3'b010 :   D = 8'b00000100;
      3'b011 :   D = 8'b00001000;
      3'b100 :   D = 8'b00010000;
      3'b101 :   D = 8'b00100000;
      3'b110 :   D = 8'b01000000;
      default :  D = 8'b10000000;
   endcase

endmodule
```

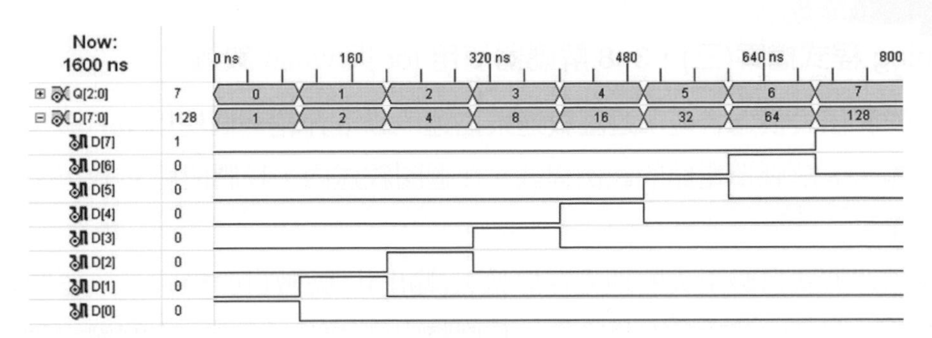


圖 7-25

## 三、Verilog 程式檔案(二)，3×8 解碼器使用 if 敘述

8×3 編碼器與 3×8 解碼器電路的眞值表十分規律，所以在仔細觀察之後可以很快地發現個別輸出信號對應的布林代數式，然後就可以用 if 敘述或是 assign 敘述搭配條件運算子？：來描述它們。

以下 Verilog 程式使用 **if 敘述**來個別描述 3×8 解碼器的八個輸出信號。

```
// Ch07 dec38_if.v
// 3 對 8 解碼器 (使用 if 敘述)

module dec38_if (Q, D);
input   [2:0] Q;                    // Q 爲三位元輸入
output  [7:0] D;                    // D 爲八位元輸出
reg     [7:0] D;                    // 宣告爲暫存器資料

// 使用 if 敘述
always@ (Q)
  begin
    if (Q == 3'b000) D[0] = 1;    else D[0] = 0;
    if (Q == 3'b001) D[1] = 1;    else D[1] = 0;
    if (Q == 3'b010) D[2] = 1;    else D[2] = 0;
    if (Q == 3'b011) D[3] = 1;    else D[3] = 0;
    if (Q == 3'b100) D[4] = 1;    else D[4] = 0;
    if (Q == 3'b101) D[5] = 1;    else D[5] = 0;
    if (Q == 3'b110) D[6] = 1;    else D[6] = 0;
    if (Q == 3'b111) D[7] = 1;    else D[7] = 0;
  end

endmodule
```

## 四、Verilog 程式檔案(三)，3×8 解碼器使用 for 與 while 敘述

規律的眞值表很適合使用**迴圈敘述**來描述，以下介紹一個使用 **for** 與 **while 迴圈敘述**來描述 3×8 解碼器電路的範例程式。在迴圈敘述內，我們使用 if 敘述來進行條件判斷的動作。

這種描述方式最吸引人的地方在於輸入(輸出)信號數目改變時，只要改動程式中迴圈計數值與邏輯向量的長度就成了。我們將它們使用 parameter 關鍵字設定爲參數資料 I_length 與 O_length。程式的**拓展性與可靠度都極為良好**。由於使用 while 迴圈敘述必須自己掌控迴圈的計數，所以看起來比 for 敘述龐雜一點。

```
// Ch07 dec38_for_while.v
// 3 對 8 解碼器 (使用 for 與 while 敘述)

module dec38_for_while (Q, D1, D2);
parameter I_length = 3;
parameter O_length = 8;
input   [I_length-1:0] Q;          // Q 爲 I_length 位元輸入
output  [O_length-1:0] D1,D2;      // D1, D2 爲 O_length 位元輸出
reg     [O_length-1:0] D1,D2;      // 宣告 D1, D2 爲暫存器資料
integer i,j;

// 使用 for 敘述
always@ (Q)
   for (i = 0; i <= O_length-1; i = i+1)
      if (Q == i)     D1[i] = 1;
      else            D1[i] = 0;

// 使用 while 敘述
always@ (Q)
   begin
      j = 0;
      while (j <= O_length-1)
         begin
            if (Q == j)     D2[j] = 1;
            else            D2[j] = 0;
            j = j + 1;
```

```
        end
    end

endmodule
```

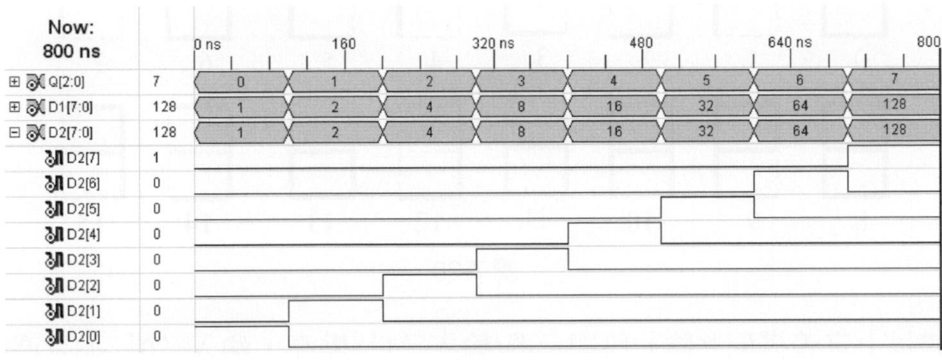


圖 7-26

## 五、Verilog 程式檔案(四)，共陰七段解碼

**七段顯示器**是一種很常用的顯示用電子元件，依其結構可分爲共陽(CA)和共陰(CC)二類，內部主要是八個發光二極體 LED(包括七段 A～G 和小數點 DP)。

單顆七段顯示器的外觀和接腳如下圖所示。共陽七段顯示器的 LED 陽極接腳都連在一起拉出一個 CM 共通接腳，因此使用共陽七段顯示器時，CM 接腳必須接高電壓而對應要點亮的 LED 接腳要接低電壓才行。同理，共陰七段顯示器的 LED 陰極接腳都連在 CM 共通接腳上，使用時 CM 必須接低電壓，然後對應點亮的 LED 接腳要接高電壓。

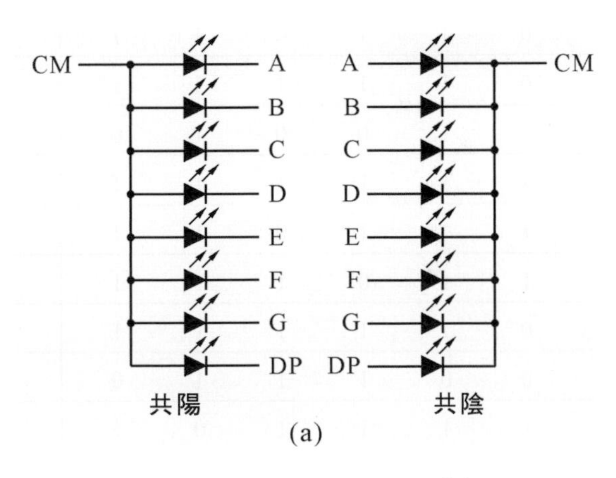


G F CM A B
A 頂視圖
F B
G
E C
D
DP
E D CM C DP
(b)

圖 7-27

本範例將由四位元輸入信號 D 決定一個共陰七段顯示器的顯示狀況，定義如下：(注意，與 7447、7448 的定義略有不同)

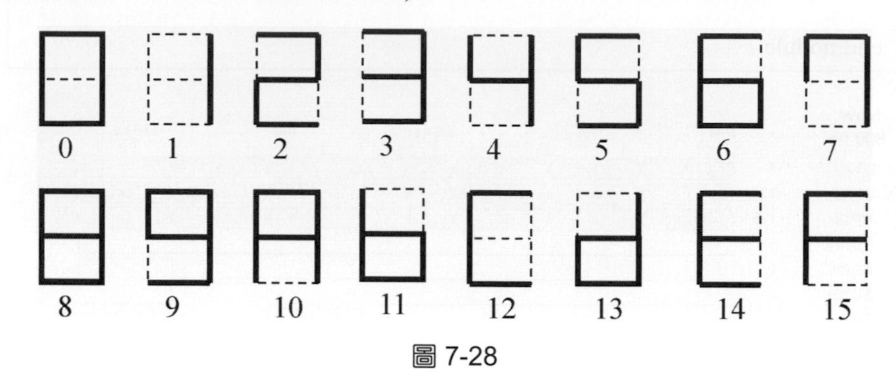


圖 7-28

根據以上定義搭配共陰七段顯示器(輸入‘1’點亮，輸入‘0’不亮)的實際要求，我們可以建立如下所示的對應真值表。基本上，這是一個四輸入(D)七輸出(A～G)的組合邏輯電路。由於真值表內邏輯值呈現不規則的分布，所以沒有辦法使用迴圈描述的方式。因此，我們還是使用 **if 敘述**或是 **case 敘述**以查真值表的方式來完成它。

| | | | | | Q〔6：0〕 | | | | | | | |
|---|---|---|---|---|---|---|---|---|---|---|---|---|
| D3 | D2 | D1 | D0 | | A | B | C | D | E | F | G | 十六進制值 |
| 0 | 0 | 0 | 0 | output0 | 1 | 1 | 1 | 1 | 1 | 1 | 0 | 7E |
| 0 | 0 | 0 | 1 | output1 | 0 | 1 | 1 | 0 | 0 | 0 | 0 | 30 |
| 0 | 0 | 1 | 0 | output2 | 1 | 1 | 0 | 1 | 1 | 0 | 1 | 6D |
| 0 | 0 | 1 | 1 | output3 | 1 | 1 | 1 | 1 | 0 | 0 | 1 | 79 |
| 0 | 1 | 0 | 0 | output4 | 0 | 1 | 1 | 0 | 0 | 1 | 1 | 33 |
| 0 | 1 | 0 | 1 | output5 | 1 | 0 | 1 | 1 | 0 | 1 | 1 | 5B |
| 0 | 1 | 1 | 0 | output6 | 1 | 0 | 1 | 1 | 1 | 1 | 1 | 5F |
| 0 | 1 | 1 | 1 | output7 | 1 | 1 | 1 | 0 | 0 | 1 | 0 | 72 |
| 1 | 0 | 0 | 0 | output8 | 1 | 1 | 1 | 1 | 1 | 1 | 1 | 7F |
| 1 | 0 | 0 | 1 | output9 | 1 | 1 | 1 | 1 | 0 | 1 | 1 | 7B |
| 1 | 0 | 1 | 0 | outputA | 1 | 1 | 1 | 0 | 1 | 1 | 1 | 77 |
| 1 | 0 | 1 | 1 | outputb | 0 | 0 | 1 | 1 | 1 | 1 | 1 | 1F |
| 1 | 1 | 0 | 0 | outputC | 1 | 0 | 0 | 1 | 1 | 1 | 0 | 4E |
| 1 | 1 | 0 | 1 | outputd | 0 | 1 | 1 | 1 | 1 | 0 | 1 | 3D |
| 1 | 1 | 1 | 0 | outputE | 1 | 0 | 0 | 1 | 1 | 1 | 1 | 4F |
| 1 | 1 | 1 | 1 | outputF | 1 | 0 | 0 | 0 | 1 | 1 | 1 | 47 |

以下 Verilog 程式中，在 if 敘述的數值部分，我們使用二進制表示，七段解碼的結果由 Q1〔6：0〕輸出，分別對應到 LEDA～G。而在 case 敘述的數值部分，我們刻意將對應數值部份改爲十六進制表示，看起來是否顯得更清爽許多呢？此時的七段解碼結果由 Q2〔6：0〕輸出。

```
// Ch07 dec_7seg.v
// 共陰七段顯示器解碼器 (使用 if 和 case 查表)

module dec_7seg (D, Q1, Q2);
input   [3:0] D;                 // D 爲三位元輸入
output  [6:0] Q1,Q2;             // Q1, Q2 爲七位元輸出
reg     [6:0] Q1,Q2;             // Q1, Q2 宣告爲暫存器資料

// 使用 if 查表, 二進制表示
always@ (D)
   if      (D == 4'b0000)    Q1 = 7'b1111110;
   else if (D == 4'b0001)    Q1 = 7'b0110000;
   else if (D == 4'b0010)    Q1 = 7'b1101101;
   else if (D == 4'b0011)    Q1 = 7'b1111001;
   else if (D == 4'b0100)    Q1 = 7'b0110011;
   else if (D == 4'b0101)    Q1 = 7'b1011011;
   else if (D == 4'b0110)    Q1 = 7'b1011111;
   else if (D == 4'b0111)    Q1 = 7'b1110010;
   else if (D == 4'b1000)    Q1 = 7'b1111111;
   else if (D == 4'b1001)    Q1 = 7'b1111011;
   else if (D == 4'b1010)    Q1 = 7'b1110111;
   else if (D == 4'b1011)    Q1 = 7'b0011111;
   else if (D == 4'b1100)    Q1 = 7'b1001110;
   else if (D == 4'b1101)    Q1 = 7'b0111101;
   else if (D == 4'b1110)    Q1 = 7'b1001111;
   else                      Q1 = 7'b1000111;

// 使用 case 查表, 十六進制表示
always@ (D)
   case (D)
      4'h0   :   Q2 = 7'h7e;
      4'h1   :   Q2 = 7'h30;
```

```
            4'h2    :  Q2 = 7'h6d;
            4'h3    :  Q2 = 7'h79;
            4'h4    :  Q2 = 7'h33;
            4'h5    :  Q2 = 7'h5b;
            4'h6    :  Q2 = 7'h5f;
            4'h7    :  Q2 = 7'h72;
            4'h8    :  Q2 = 7'h7f;
            4'h9    :  Q2 = 7'h7b;
            4'ha    :  Q2 = 7'h77;
            4'hb    :  Q2 = 7'h1f;
            4'hc    :  Q2 = 7'h4e;
            4'hd    :  Q2 = 7'h3d;
            4'he    :  Q2 = 7'h4f;
            default :  Q2 = 7'h47;
        endcase

endmodule
```

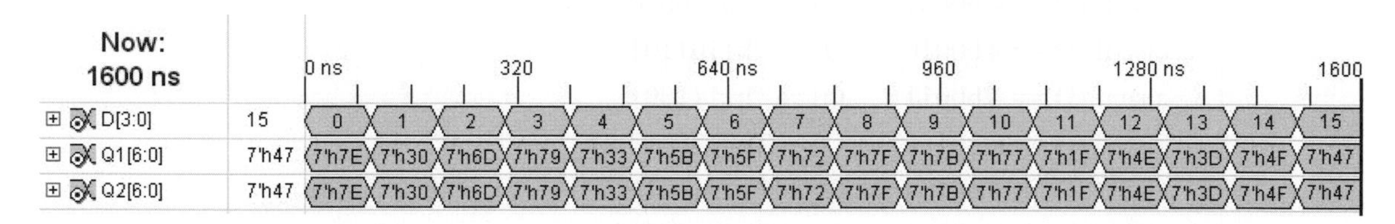


圖 7-29

## 六、Verilog 程式檔案(五)，優先權編碼器

前面介紹 8×3 編碼器時，有提到過輸入信號的組合數目多於輸出信號組合數目，理論上我們可以假設那些未列在眞值表內的輸入信號組合是非法而不可能存在的。當然現實狀況未必如此，所以就有了如表 7-13 所列的 **8×3 優先權編碼器**，目前它設定低位元有較高優先權。譬如，D0 爲‘1’時，就無視於其他高位元的邏輯狀況，Q 的輸出爲“000”。

這種優先權編碼器可以透過 if 敘述或是 casez、casex 敘述來完成。如下述的 Verilog 程式，使用 **if 敘述**的編碼器結果由 Q1〔2：0〕輸出；使用 **casez 敘述**的編碼器結果則由 Q2〔2：0〕輸出。

表 7-13

| D7 | D6 | D5 | D4 | D3 | D2 | D1 | D0 | Q2 | Q1 | Q0 |
|---|---|---|---|---|---|---|---|---|---|---|
| X | X | X | X | X | X | X | 1 | 0 | 0 | 0 |
| X | X | X | X | X | X | 1 | 0 | 0 | 0 | 1 |
| X | X | X | X | X | 1 | 0 | 0 | 0 | 1 | 0 |
| X | X | X | X | 1 | 0 | 0 | 0 | 0 | 1 | 1 |
| X | X | X | 1 | 0 | 0 | 0 | 0 | 1 | 0 | 0 |
| X | X | 1 | 0 | 0 | 0 | 0 | 0 | 1 | 0 | 1 |
| X | 1 | 0 | 0 | 0 | 0 | 0 | 0 | 1 | 1 | 0 |
| 1 | 0 | 0 | 0 | 0 | 0 | 0 | 0 | 1 | 1 | 1 |

```
// Ch07 enc83_priority.v
// 優先權 8 對 3 編碼器 (使用 if 敘述與 casez 查表)

module enc83_priority (D, Q1, Q2);
input   [7:0] D;                    // D 為八位元輸入
output  [2:0] Q1,Q2;                // Q 為三位元輸出
reg     [2:0] Q1,Q2;                // Q 宣告為暫存器資料

// 使用 if 敘述
always@ (D)
   if      (D[0] == 1)   Q1 = 3'b000;
   else if (D[1] == 1)   Q1 = 3'b001;
   else if (D[2] == 1)   Q1 = 3'b010;
   else if (D[3] == 1)   Q1 = 3'b011;
   else if (D[4] == 1)   Q1 = 3'b100;
   else if (D[5] == 1)   Q1 = 3'b101;
   else if (D[6] == 1)   Q1 = 3'b110;
   else                  Q1 = 3'b111;

// 使用 casez 敘述
always@ (D)
   casez (D)
      8'b???????1 :   Q2 = 3'b000;
      8'b??????10 :   Q2 = 3'b001;
      8'b?????100 :   Q2 = 3'b010;
      8'b????1000 :   Q2 = 3'b011;
```

```
        8'b???10000 :   Q2 = 3'b100;
        8'b??100000 :   Q2 = 3'b101;
        8'b?1000000 :   Q2 = 3'b110;
        default     :   Q2 = 3'b111;
    endcase

endmodule
```

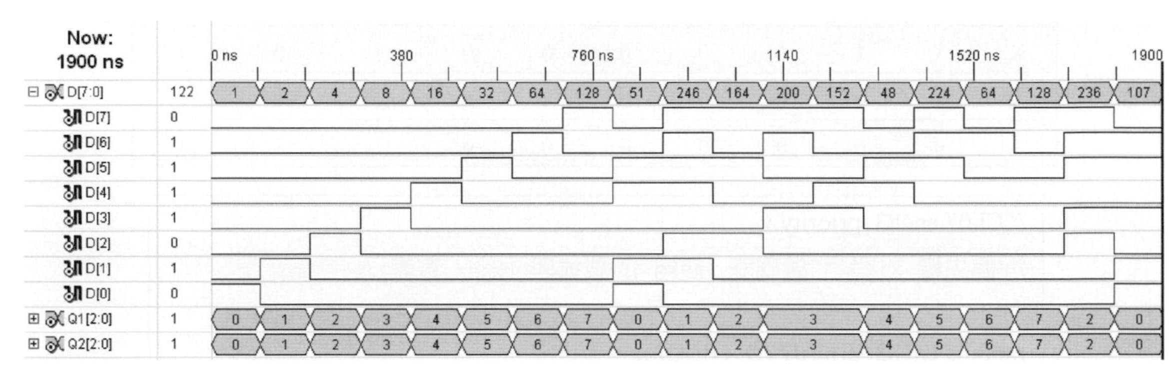

圖 7-30

## 練習題

1. 請設計以下 8×3 編碼器電路及其對應之 3×8 解碼器電路。

表 7-14

| D7 | D6 | D5 | D4 | D3 | D2 | D1 | D0 | Q2 | Q1 | Q0 |
|---|---|---|---|---|---|---|---|---|---|---|
| 1 | 1 | 1 | 1 | 1 | 1 | 1 | 0 | 0 | 0 | 0 |
| 1 | 1 | 1 | 1 | 1 | 1 | 0 | 1 | 0 | 0 | 1 |
| 1 | 1 | 1 | 1 | 1 | 0 | 1 | 1 | 0 | 1 | 0 |
| 1 | 1 | 1 | 1 | 0 | 1 | 1 | 1 | 0 | 1 | 1 |
| 1 | 1 | 1 | 0 | 1 | 1 | 1 | 1 | 1 | 0 | 0 |
| 1 | 1 | 0 | 1 | 1 | 1 | 1 | 1 | 1 | 0 | 1 |
| 1 | 0 | 1 | 1 | 1 | 1 | 1 | 1 | 1 | 1 | 0 |
| 0 | 1 | 1 | 1 | 1 | 1 | 1 | 1 | 1 | 1 | 1 |
| 其它輸入 | | | | | | | | 0 | 0 | 0 |

2. 請設計四位元二進制對共陽七段解碼電路。

## 7-3-10 多工器與解多工器

### 一、學習目標與題目說明

多工器與解多工器常常是成對的電路。

基本上，**多工器**(Multiplexer)又被稱爲資料選擇器(Data Selector)，它是一種由許多輸入信號中選出一個連接到輸出信號的電子開關。負責選擇的信號常又被稱爲位址選擇線，一般都以二進制方式來解碼。

**解多工器**(De-multiplexer)的工作原理恰與多工器相反。它透過位址選擇線的解碼將一個輸入信號傳送至某一特定輸出信號線上。

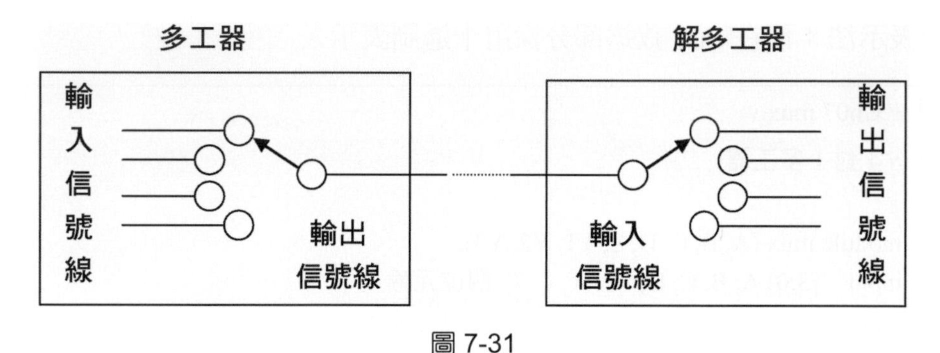


圖 7-31

### 二、Verilog 程式檔案(一)，4 對 1 多工器

4 對 1 多工器依據二位元選擇信號 S 的數值，由四位元輸入信號 A、B、C 與 D 選出其中之一送至四位元輸出信號 Y。

表 7-15

| S | Y |
|---|---|
| 00 | =A |
| 01 | =B |
| 10 | =C |
| 11 | =D |

以下程式介紹三種不同的 Verilog 描述方式。首先使用 **assign 敘述搭配 ?：條件運算子**，它是依據以下邏輯條件進行選擇的：

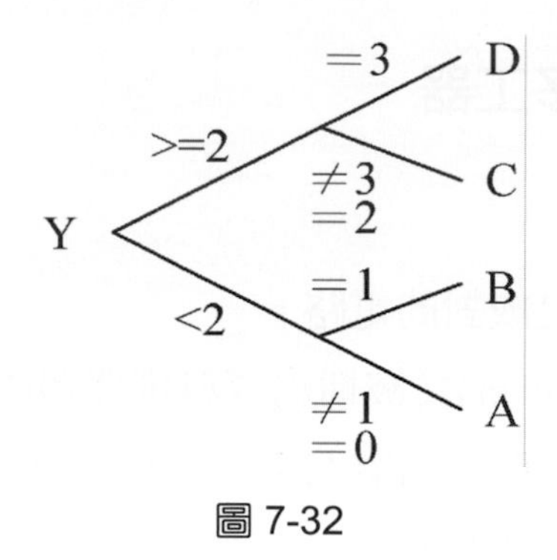


圖 7-32

使用 assign 敘述程式碼是很精簡，不過可讀性卻不太好。要可讀性好，可以採用 **if 敘述**或是 **case 敘述**，擴充性與易除錯性也有所提昇。在 if 敘述的數值部分，我們使用二進制表示法；而在 case 敘述部分採用十進制表示。

```
// Ch07 mux.v
// 4 對 1 多工器

module mux (A, B, C, D, S, Y1, Y2, Y3);
input   [3:0] A, B, C, D;          // 四位元輸入
input   [1:0] S;                   // 二位元輸入
output  [3:0] Y1, Y2, Y3;          // 四位元輸出
reg     [3:0] Y2, Y3;              // 宣告爲暫存器資料

// 使用條件運算子
assign Y1 = (S >= 2) ? ((S == 3) ? D : C) : ((S == 1) ? B : A) ;

// 使用 if 敘述
always@ (A or B or C or D or S)
   if      (S == 2'b00)   Y2 = A;
   else if (S == 2'b01)   Y2 = B;
   else if (S == 2'b10)   Y2 = C;
   else                   Y2 = D;

// 使用 case 敘述
always@ (A or B or C or D or S)
   case (S)
      0 :        Y3 = A;
      1 :        Y3 = B;
      2 :        Y3 = C;
```

```
    default:    Y3 = D;
  endcase
endmodule
```

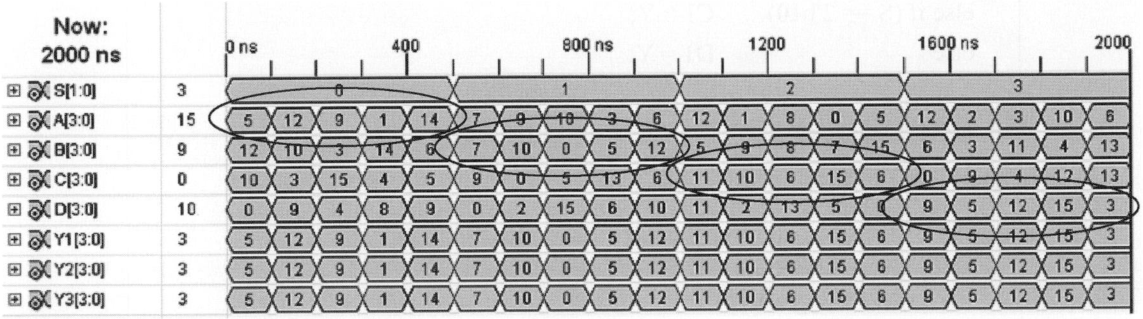

圖 7-33

## 三、Verilog 程式檔案(二)，1 對 4 解多工器

以下我們介紹 1 **對** 4 **解多工器**的設計。依據二位元選擇信號 S 的數值，四位元輸入信號 Y 的值將被送至四位元輸出信號 A、B、C 與 D 其中之一。

表 7-16

| S | 輸出 |
| --- | --- |
| 00 | A =Y |
| 01 | B =Y |
| 10 | C =Y |
| 11 | D =Y |

Verilog 程式中，我們使用 **if 敘述**以及 **case 敘述**來達成要求。

```
// Ch07 demux.v
// 解多工器
module demux (A1,A2,B1,B2,C1,C2,D1,D2,S,Y);
input   [3:0] Y;                              // 四位元輸入
input   [1:0] S;                              // 二位元輸入
output  [3:0] A1,A2,B1,B2,C1,C2,D1,D2;        // 四位元輸出
reg     [3:0] A1,A2,B1,B2,C1,C2,D1,D2;        // 宣告為暫存器資料
```

```
// 使用 if 敘述
always@ (Y or S)
   if       (S == 2'b00)      A1 = Y;
   else if (S == 2'b01)       B1 = Y;
   else if (S == 2'b10)       C1 = Y;
   else                       D1 = Y;

// 使用 case 敘述
always@ (Y or S)
   case (S)
      0 :          A2 = Y;
      1 :          B2 = Y;
      2 :          C2 = Y;
      default :    D2 = Y;
   endcase

endmodule
```

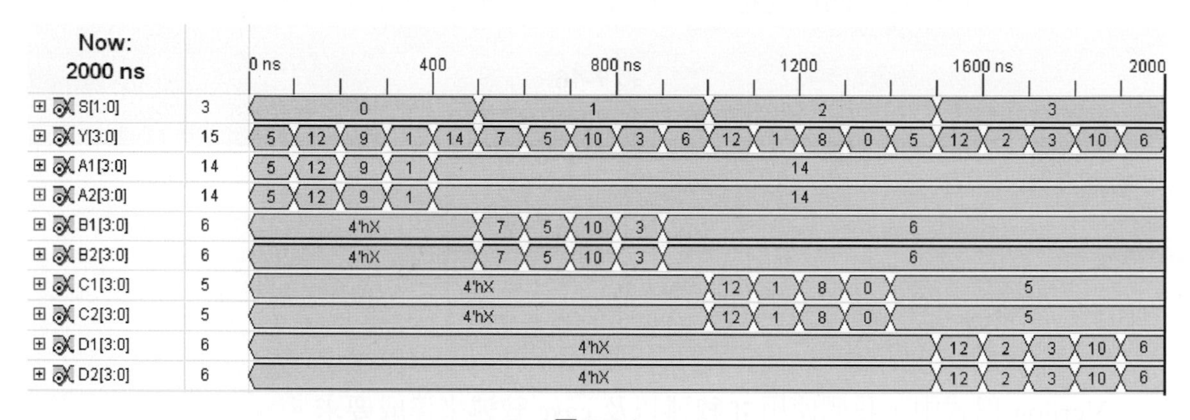

圖 7-34

## 練習題

1. 請設計以下 2 對 1 多工器電路。當選擇信號 S 爲‘1’時，將輸入信號 A1、A0 分別傳送至輸出信號 Y1、Y0 上；當選擇信號 S 爲‘0’時，將輸入信號 B1、B0 分別傳送至輸出信號 Y1、Y0 上。

2. 請設計以下 1 對 2 解多工器電路。當選擇信號 S 為‘1’時，將輸入信號 Y1、Y0 分別傳送至輸出信號 A1、A0 上；當選擇信號 S 為‘0’時，將輸入信號 Y1、Y0 分別傳送至輸出信號 B1、B0 上。

## 7-3-11 同位元產生電路

### 一、學習目標與題目說明

由於信號傳輸的過程中，可能因為種種原因造成傳輸的信號有誤，因此錯誤偵測/更正(Error Detection/Correction)的機制有時候是必要的。**同位碼檢查**(Parity Check)是一種常用的錯誤偵測機制，在信號傳輸端部分依據待傳輸資料的內容產生一個同位元，然後將它們一起傳輸出去，而信號接收端則依據接收到的資料與同位元進行錯誤與否的判讀。傳輸資料加上同位元中，若是‘1’的數目為奇數，稱之為奇同位(Odd Parity)機制；若是‘1’的數目為偶數，則稱之為偶同位(Even Parity)機制。以下有幾個四位元資料及其同位元的例子。

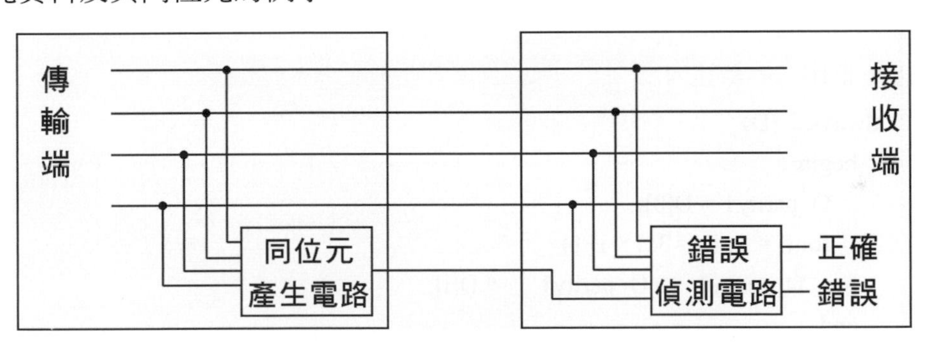


圖 7-35

表 7-17

| 四位元資料 | 奇同位 | 偶同位 |
| --- | --- | --- |
| 0000 | 1 | 0 |
| 0111 | 0 | 1 |
| 1100 | 1 | 0 |
| 1111 | 1 | 0 |

## 二、Verilog 程式檔案，奇同位元產生電路

像同位元產生電路這種處理資料內各位元關係的應用，確實可以使用查眞值表的方式來完成，不過如果資料位元數多時，工作量不會太小，而且擴充性也不佳。使用迴圈敘述(譬如 for 敘述)一位元一位元處理也可以達到要求，不過最好的處理方式還是使用 Verilog 提供的精簡邏輯運算子，如本範例奇同位元產生電路就應該使用精簡邏輯運算子：互斥反或~^。以下 Verilog 程式範例中使用 **for 敘述**的奇同位元爲 O_parity1，而使用互斥反或**精簡邏輯運算子**的奇同位元爲 O_parity2。

```
// Ch07    o_par.v
// 奇同位元產生電路 (使用 for 敘述或精簡邏輯運算子)


module o_par (D, O_parity1, O_parity2);
input    [3:0] D;                        // 四位元輸入
output  O_parity1, O_parity2;            // 一位元輸出
reg      O_parity1;                      // 宣告爲暫存器資料
integer i;                               // 宣告爲整數資料

// 使用 for 敘述
always@ (D)
   begin
      O_parity1 = D[0];
      for (i = 1; i <= 3; i = i+1)
         O_parity1    = O_parity1    ~^ D[i];
   end

// 使用精簡邏輯運算子
assign O_parity2    = ~^ D;


endmodule
```

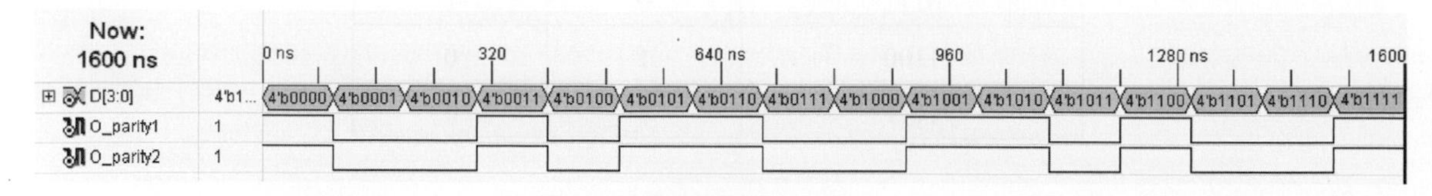


圖 7-36

## 練習題

1. 請完成八位元偶同位元產生電路。(提示：使用精簡邏輯運算子：互斥或 ^)
2. 請完成一個可以偵測八位元資料 A 是否全為‘0’的電路。全為‘0’時，一位元輸出信號 Z 為‘1’；否則，Z 為‘0’。(提示：使用精簡邏輯運算子：反或~|)

## 7-3-12 三態電路與雙向輸出入埠

### 一、學習目標與題目說明

本範例介紹**三態輸出埠**(Tri-state Port)與**雙向輸出入埠**(Bi-directional Port)的設計輸入操作。

在 Verilog 標準中定義的邏輯準位除了我們最常使用的‘0’與‘1’邏輯狀態之外，也定義了第三態‘Z’邏輯狀態。第三態常常又被稱為高阻抗(High Impedance)狀態。能夠產生第三態的電路就是本範例內容所提到的**三態輸出埠**，它常常被應用在多工使用的匯流排(Bus)結構中。

所謂**雙向輸出入埠**指的是可以由系統內部送出信號或是將信號送入系統內部的緩衝級電路；也就是說，雙向輸出入埠的信號流向可能是由內而外，也可能是由外而內，當然這二者不能夠同時發生。

### 二、Verilog 程式檔案(一)，三態邏輯閘

**三態邏輯閘**會依據設計需要產生‘1’、‘0’或高阻抗‘z’狀態的輸出信號。配合其他三態電路構成共用匯流排的電路結構時，同一時間至多只能有一個三態電路產生邏輯‘1’或邏輯‘0’信號，其他三態電路必須進入高阻抗‘z’狀態，否則邏輯信號相衝突會產生未知‘x’狀態。Verilog 的邏輯閘層次提供了以下幾種三態邏輯閘電路。

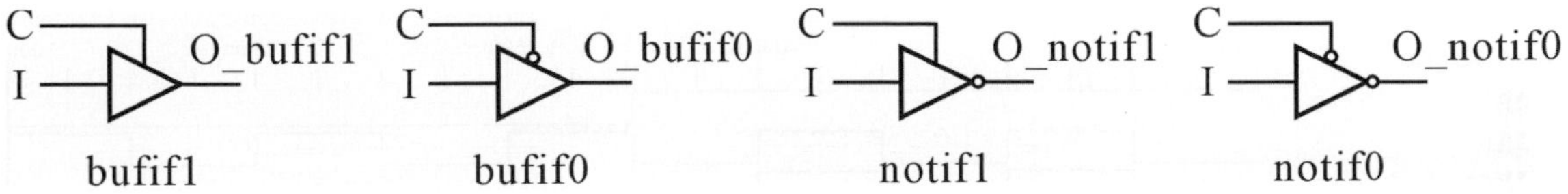

圖 7-37

表 7-18

| C | I | O_bufif1 | O_bufif0 | O_notif1 | O_notif0 |
|---|---|---|---|---|---|
| 0 | 0 | z | 0 | z | 1 |
| 0 | 1 | z | 1 | z | 0 |
| 1 | 0 | 0 | z | 1 | z |
| 1 | 1 | 1 | z | 0 | z |

以下 Verilog 程式介紹如何使用**邏輯閘層次、assign 敘述與 if 敘述**描述三態邏輯閘 bufif1。I 爲輸入信號，C 爲控制信號，O 爲輸出信號。

```
// Ch07 tri_gate.v
// 三態緩衝閘

module tri_gate (I,C,O1,O2,O3);
input   I,C;                    // 一位元輸入
output  O1,O2,O3;               // 一位元輸出
reg     O3;                     // 宣告爲暫存器資料

// 使用邏輯閘層次敘述
bufif1 (O1, I, C);

// 使用 assign 敘述
assign O2 = C ? I : 1'bz;

// 使用 if 敘述
always@ (C or I)
   if (C == 1)      O3 = I;
   else             O3 = 1'bz;
endmodule
```

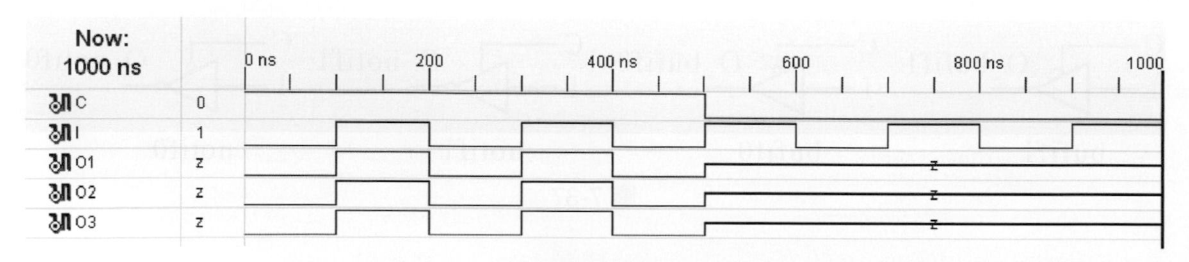


圖 7-38

## 三、Verilog 程式檔案(二)，雙向輸出入埠

**雙向輸出入埠**的電路大致如下所示。請特別注意，雙向輸出入埠信號 Dio 的信號流向可能是輸出，也可能是輸入，所以其輸出入模式必須設定為 inout 模式。

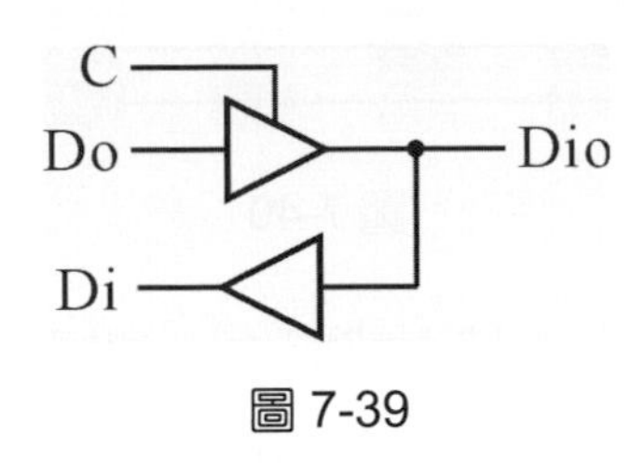


圖 7-39

當一位元輸入信號 C 為邏輯‘1’時，一位元輸入信號 Do 的數值經過緩衝閘後由雙向埠 Dio 輸出。當一位元輸入信號 C 為邏輯‘0’時，由雙向埠 Dio 取得數值後經過緩衝閘接到一位元輸出信號 Di。

我們同樣分別以 Verilog 的**邏輯閘層次**以及 **assign 敘述**來描述它。

```
// Ch07 bi_io.v
// 雙向輸出入埠

module bi_io (C,Di1,Di2,Do,Dio1,Dio2);
input   C,Do;                    // 一位元輸入
output  Di1,Di2;                 // 一位元輸出
inout   Dio1,Dio2;               // 一位元雙向輸出入

// 使用邏輯閘層次敘述
bufif1 (Dio1, Do, C);
buf    (Di1, Dio1);

// 使用 assign 敘述
assign Dio2 = C ? Do : 1'bz;
assign Di2 = Dio2;

endmodule
```

模擬上有些小細節要注意。當 C 為‘1’時，Dio 為輸出模式，所以設定模擬波形時，請給予‘z’高阻抗值。當 C 為‘0’時，Dio 為輸入模式，所以設定模擬波形時，可以依據喜好自行給定邏輯值。以下是設定的模擬輸入波形。

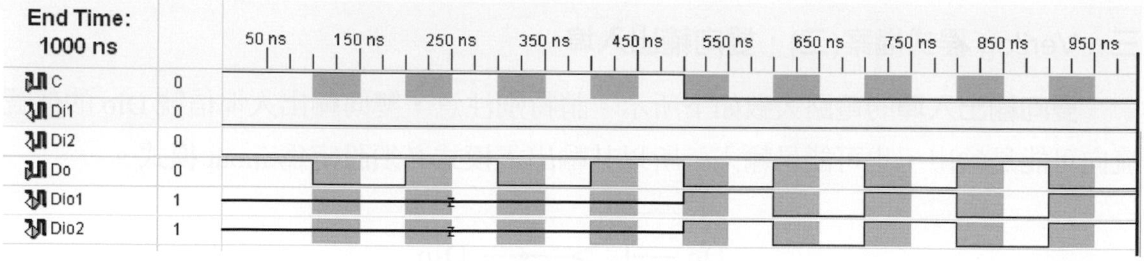

End Time:
1000 ns
50 ns
150 ns
250 ns
350 ns
450 ns
550 ns
650 ns
750 ns
850 ns
950 ns
C 0
Di1 0
Di2 0
Do 0
Dio1 1
Dio2 1

圖 7-40

以下是模擬結果波形圖。Di 的值永遠與 Dio 相同。當 C 為‘1’時，Dio 為輸出模式，所以其值等於 Do 的數值。當 C 為‘0’時，Dio 為輸入模式，Di 的值會等於 Dio 當初模擬前設定的邏輯值。

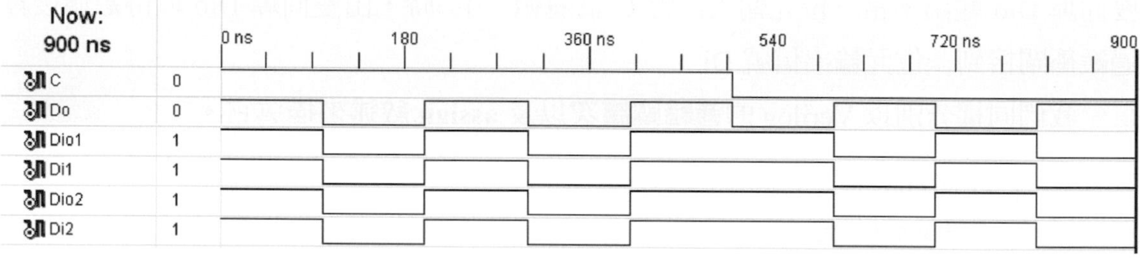

Now:
900 ns
0 ns
180
360 ns
540
720 ns
900
C 0
Do 0
Dio1 1
Di1 1
Dio2 1
Di2 1

圖 7-41

## 練習題

1. 請使用邏輯閘層次、assign 敘述與 if 敘述描述三態邏輯閘 notif0。

Verilog

Chapter 8

# 序向邏輯電路設計

## 8-1 何謂序向邏輯電路

所謂**序向邏輯電路**(Sequential Logic Circuit)，就是由記憶性電路以及邏輯閘所組合而成的電子電路。記憶性電路就是可以記錄上一次狀態值的電路，如正反器(Flip Flop)、門鎖器(Latch)、隨機存取記憶體(RAM)等。由於具有記憶性電路的功能，所以序向邏輯電路的輸出除了可能和現在輸入有關之外，也和前一次的輸出狀態有關。

我們可以用圖 8-1 的方塊圖來看待序向邏輯電路。由於序向邏輯電路內包含了一塊組合邏輯電路(邏輯閘組合)，所以設計序向邏輯電路要比組合邏輯電路複雜多了。

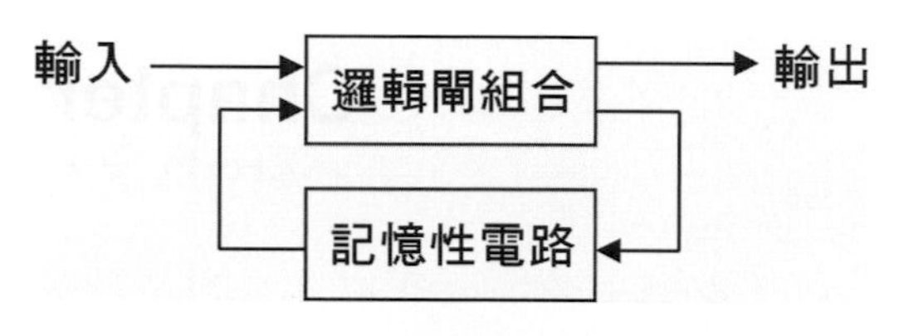


圖 8-1　序向邏輯電路的方塊圖

一般而言，**序向邏輯電路又可分為同步電路和非同步電路**。同步電路的特徵是所有記憶體電路均由同一時脈所控制，在同一時間同步切換輸出。而所謂非同步電路，就是電路內狀態的轉換及輸出信號未必與時脈信號一起切換，只單純地靠各信號通過線路的延遲時間而定。所以非同步電路在現在狀態和次一狀態間容易有暫時性狀態產生；而且設計不良時，很容易進入錯誤的狀態之中。

以同樣功能的電路應用而言，非同步電路通常較同步電路使用的電路元件較少，當然成本也較低，不過電路可靠度較差。就是因爲同步電路的可靠度較佳，所以大部份的序向電路設計均以同步電路作爲最優先考慮的對象。

同步序向電路的設計方法又可分爲米利機器(**Mealy Machine**)和莫耳機器(**Moore Machine**)兩種電路。米利機器的電路方塊圖如圖 8-2 所示，而莫耳機器的電路方塊圖就如圖 8-3 所示。

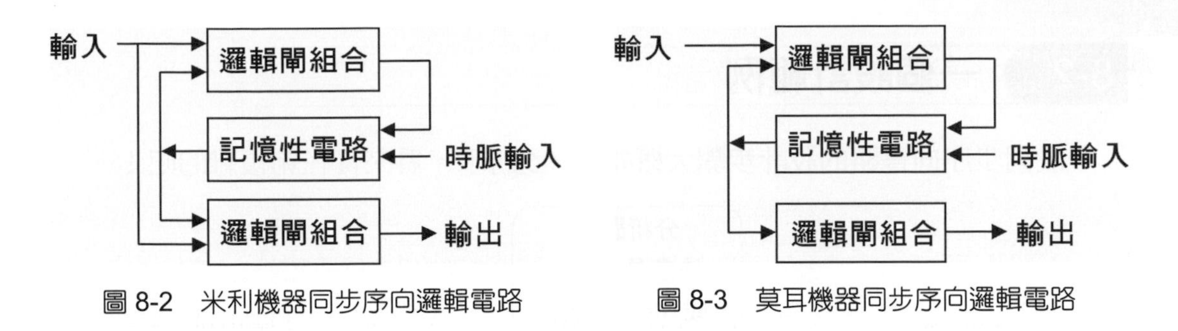


圖 8-2　米利機器同步序向邏輯電路

圖 8-3　莫耳機器同步序向邏輯電路

比較以上二個電路方塊圖後，就可以知道它們有何差別了：

1. 米利機器的輸出和現在的輸入及現在記憶性電路的狀態有關。莫耳機器的輸出只和現在記憶性電路的狀態有關，和現在的輸入無關。
2. 米利機器的輸入必須在讀取輸出後才可切換。而莫耳機器的輸入在記憶性電路閂鎖後就可切換。

綜合以上所述，我們來列一個電路的家族表(如圖 8-4 所示)。

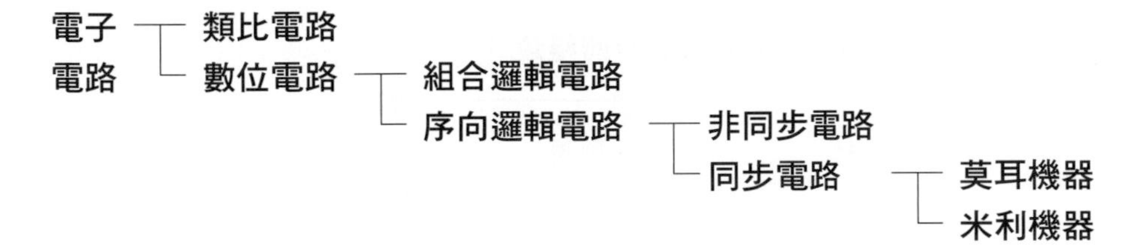


圖 8-4　電子電路的家族表

## 8-2 一個設計範例

一般同步序向電路的設計步驟大概如圖 8-5 所示。看來實在夠複雜的吧！

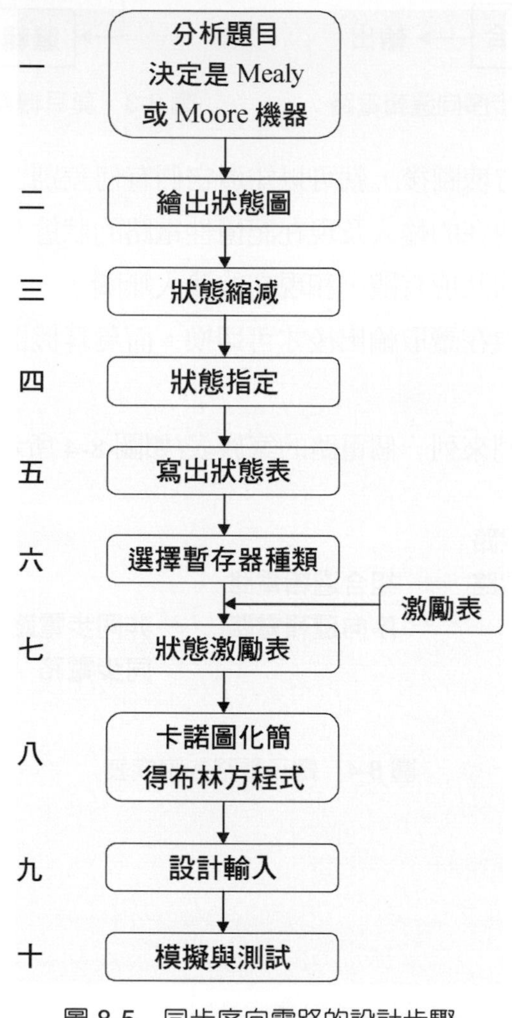


圖 8-5　同步序向電路的設計步驟

以下我們用一個**三位元二進制上數計數器**爲範例，來看看如何使用 Verilog 來完成設計。

## 一、分析題目

假設本三位元二進制上數計數器，輸入信號只有一個時脈輸入信號 Clk 和一個低態預置 Pre 信號。由於電路只需紀錄三個位元的資料，因此可以預估電路內只需要三個正反器元件即可。

我們採取莫耳機器的設計形式，因此輸出信號可以直接由正反器的輸出得到。

## 二、繪出狀態圖

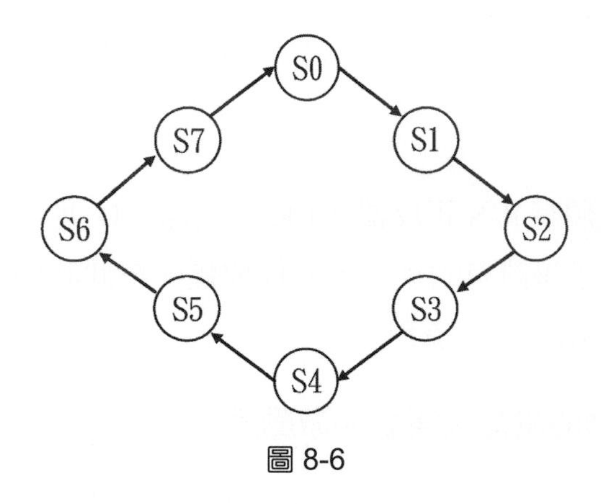


圖 8-6

## 三、狀態縮減

一般而言，減少需要的狀態數目可以簡化電路，而前述繪製狀態圖時，可能會繪出非必要的狀態，此時可以參考數位邏輯電路課本內可將狀態縮減至最少的方法。不過本範例的狀態無可縮減。

## 四、狀態指定

目前我們直接依照二進制順序指定狀態，將 S0 設爲“000”、將 S1 設爲“001”、S2 設爲“010”...等等。這未必是最佳的狀態指定，而合適的狀態指定也會降低後續合成電路的複雜度。在數位邏輯電路的課本內會提及數種找出最佳狀態指定的方法，讀者可自行參考之。

## 五、狀態表

現在依據各狀態轉換的關係，做成如下所示的狀態表，以便後續的設計流程。

| 現在狀態 | 次一狀態 |
|---|---|
| 000　　S0 | S1　　001 |
| 001　　S1 | S2　　010 |
| 010　　S2 | S3　　011 |
| 011　　S3 | S4　　100 |
| 100　　S4 | S5　　101 |
| 101　　S5 | S6　　110 |
| 110　　S6 | S7　　111 |
| 111　　S7 | S0　　000 |

## 六、選擇正反器種類

可選用的正反器種類有 R-S 正反器、J-K 正反器、D 型正反器與 T 型正反器。考慮的因素有時必須遷就手邊擁有的正反器元件種類。在此我們使用 IC 設計中最常使用的 D 型正反器繼續後續的設計流程。

## 七、由狀態表和正反器的激勵表得狀態激勵表

D 型正反器的激勵表如下左邊所示，所以本設計電路的狀態激勵表(下表右方)和狀態表幾乎一模一樣。

| Q(t) | Q(t+1) | D |
|---|---|---|
| 0 | 0 | 0 |
| 0 | 1 | 1 |
| 1 | 0 | 0 |
| 1 | 1 | 1 |

| 現在狀態 | d2 d1 d0 | 次狀態 | D2 D1 D0 |
|---|---|---|---|
| S0 | 0 0 0 | S1 | 0 0 1 |
| S1 | 0 0 1 | S2 | 0 1 0 |
| S2 | 0 1 0 | S3 | 0 1 1 |
| S3 | 0 1 1 | S4 | 1 0 0 |
| S4 | 1 0 0 | S5 | 1 0 1 |
| S5 | 1 0 1 | S6 | 1 1 0 |
| S6 | 1 1 0 | S7 | 1 1 1 |
| S7 | 1 1 1 | S0 | 0 0 0 |

## 八、卡諾圖化簡得布林代數式

| d0<br>d2d1 | 0 | 1 |
|---|---|---|
| 00 | 0 | 0 |
| 01 | 0 | 1 |
| 11 | 1 | 0 |
| 10 | 1 | 1 |

D2＝d2*/d0+d2*/d1+/d2*d1*d0

或

/D2＝/d2*/d0+/d2*/d1+d2*d1*d0

| d0<br>d2d1 | 0 | 1 |
|---|---|---|
| 00 | 0 | 1 |
| 01 | 1 | 0 |
| 11 | 1 | 0 |
| 10 | 0 | 1 |

D1＝/d1*d0+d1*/d0

＝d1⊕d0

或

/D1＝/d1*/d0+d1*d0

＝d1⊙d0

| d0<br>d2d1 | 0 | 1 |
|---|---|---|
| 00 | 1 | 0 |
| 01 | 1 | 0 |
| 11 | 1 | 0 |
| 10 | 1 | 0 |

D0＝/d0

或

/D0＝d0

## 九、設計輸入

若依據布林代數式的描述繪出的電路就如圖 8-7 所示。

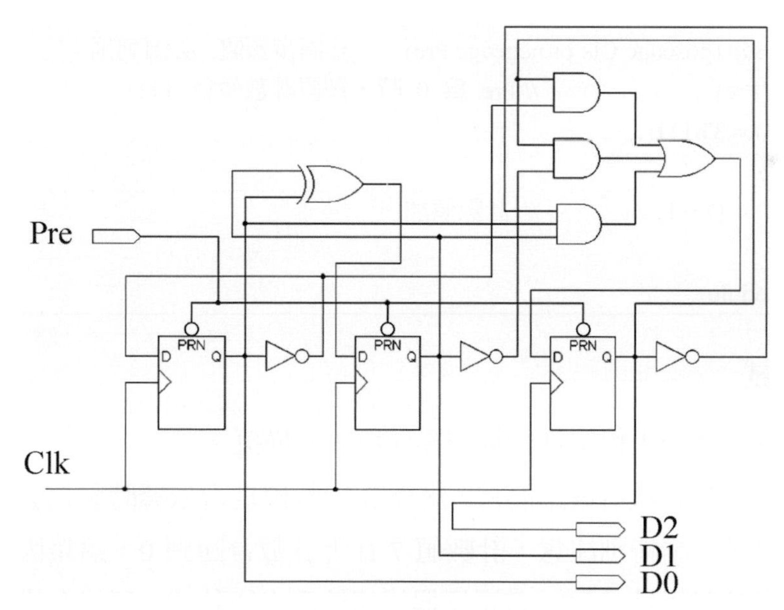


圖 8-7　三位元二進制上數計數器

以上的設計過程是否令人望而生畏呢？幸好使用 Verilog 硬體描述語言進行設計輸入工作就無須如此繁瑣，只要使用合適的敘述來描述好電路的工作狀況，編譯環境就會幫我們走完以上過程，自動轉換成對應的電路。

使用邏輯閘層次敘述來描述以上的電路會是一件大工程，而資料流層次 assign 敘述只能應付組合邏輯電路設計，所以本章的範例幾乎都是使用**行為層次**的敘述。以下就是三位元二進制上數計數器使用行爲層次敘述的 Verilog 程式，更多更複雜的計數器設計請見本章**範例二**的說明內容。

本範例以三位元暫存器資料 D 存放計數值，隨著時脈信號 Clk 的上緣觸發往上計數，可以直接使用加法運算子＋來達成上數的要求。有一個非同步下緣觸發的預置信號 Pre：當 Pre 爲‘0’時，計數值會被清除爲“111”。

```
// Ch08 cnt0.v
// 三位元二進制上數計數器

module cnt0 (Clk, Pre, D);
input   Clk, Pre;           // 一位元輸入
output  [2:0] D;            // 三位元輸出
reg     [2:0] D;            // 宣告爲暫存器資料

// 上緣觸發時脈, 上數計數器
always@ (posedge Clk or negedge Pre)   // 非同步預置, 必須列出
   if (!Pre)                // Pre 爲 0 時，預置計數值爲 111
      D = 3'b111;
   else
      D = D + 1;            // 計數值加一

endmodule
```

## 十、模擬與測試

現在可以將設計輸入檔案進行編譯操作與功能模擬。

以本三位元上數計數器電路而言，檢查 D 的數値是否依據時脈信號 Clk 上緣持續往上計數就可以了。請特別注意，計數值 7 往上計數會回到 0，這是因爲三位元資料的計數範圍本來就只能是 0～7。各正反器的初値爲未知狀態，可以在模擬一開始時透過非同步下緣觸發預置信號 Pre 將初値預置爲“111”。

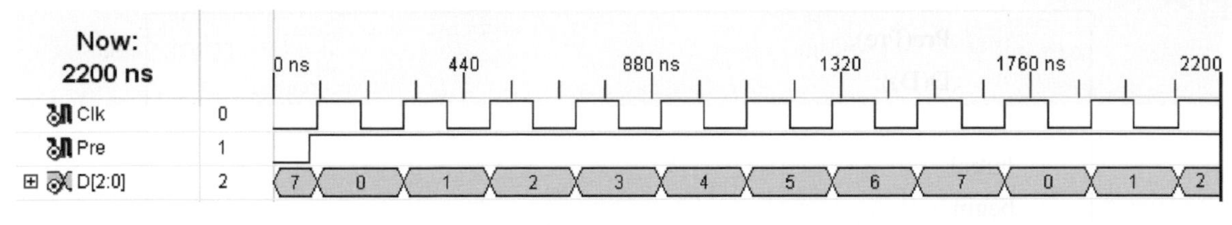


圖 8-8

本模擬操作所對應的測試平台檔案 T.v 如下所示，它主要是由 Xilinx ISE 環境下的測試波形編輯程式轉化得來的。限於篇幅，後續範例的測試平台檔案將不再列於書本內容中，讀者可以在隨書光碟片內找到它們。

```
// Ch08 T.v
// 三位元二進制上數計數器之測試平台程式

`timescale 1ns/1ps

module T;
	reg Clk = 1'b0;
	reg Pre = 1'b0;
	wire [2:0] D;

	parameter PERIOD = 200;
	parameter real DUTY_CYCLE = 0.5;
	parameter OFFSET = 0;

	initial	// Clock process for Clk
	begin
		#OFFSET;
		forever
		begin
			Clk = 1'b0;
			#(PERIOD-(PERIOD*DUTY_CYCLE)) Clk = 1'b1;
			#(PERIOD*DUTY_CYCLE);
		end
	end

	cnt0 UUT (
		.Clk(Clk),
```

```
            .Pre(Pre),
            .D(D));

    initial
    begin
        #2200 // Final time:   2200 ns
        $stop;
    end

    initial
    begin
        // -------------   Current Time:   85ns
        #85;
        Pre = 1'b1;
    end

endmodule
```

# 8-3 程式範例

## 8-3-1 正反器

### 一、學習目標與題目說明

以下我們要以數個應用範例引導讀者初步了解如何使用 Verilog 來設計序向邏輯電路。不過，萬丈高樓平地起，首先我們先從序向邏輯電路中最基本的電路單元**正反器**開始做起。

我們將介紹如何設計最基本的 D 型閂鎖器(Latch)與 D 型正反器(Flip-Flop)，然後介紹一些加上控制信號的 D 型正反器，最後示範如何設計 J-K 型正反器與 T 型正反器。

J-K 型、D 型與 T 型正反器的眞值表如下所示：

| J | K | Q(t+1) |
|---|---|---|
| 0 | 0 | Q(t) |
| 0 | 1 | 0 |
| 1 | 0 | 1 |
| 1 | 1 | ／Q(t) |

| D | Q(t+1) |
|---|---|
| 0 | 0 |
| 1 | 1 |

| T | Q(t+1) |
|---|---|
| 0 | Q(t) |
| 1 | ／Q(t) |

## 二、Verilog 程式檔案(一)，D 型閂鎖器與 D 型正反器

D 型閂鎖器(Latch)與 D 型正反器(Flip-Flop)的最主要差異在於閂鎖器是準位觸發(Level Trig)，而正反器是邊緣觸發(Edge Trig)；也就是說，只要時脈準位正確(高電位或低電位)，閂鎖器就會持續將當時的輸入信號儲存起來；而正反器則必須要有正確的時脈邊緣(上緣↑或下緣↓)才會儲存輸入信號的值。

以下範例程式中介紹了高準位觸發的 D 型閂鎖器的 Verilog 程式碼，其中 Clk 爲時脈信號，D 爲輸入信號，Q_l 爲閂鎖器儲存資料。若是需要改爲低準位觸發，請將 if (Clk)改爲 if (！Clk)即可。

D 型正反器的 Verilog 程式碼中使用 always@ (posedge Clk)描述，posedge 關鍵字定義了 Clk 時脈觸發條件爲上緣觸發↑，此時輸入信號 D 會被儲存於 Q_ff 內。若是需要改爲下緣觸發↓，請將 posedge 改爲 negedge 即可。

```
// Ch08 d_latch_ff.v
// D 型栓鎖器與正反器


module d_latch_ff(Clk, D, Q_l, Q_ff);
input   Clk;                    // 一位元輸入
input   [3:0] D;                // 四位元輸入
output  [3:0] Q_l,Q_ff;         // 四位元輸出
reg     [3:0] Q_l,Q_ff;         // 宣告爲暫存器資料

// D 型栓鎖器, 高準位觸發
always@ (Clk or D)              // 當 Clk 或 D 信號改變時，執行以下敘述
  if (Clk)                      // 當 Clk 爲高準位時，D 的值存入 Q_l 中
    Q_l = D;
```

```
// D 型正反器, 上緣觸發
always@ (posedge Clk)          // 當 Clk 上緣觸發時，執行以下敘述
   Q_ff = D;                     // D 的值存入 Q_ff 中

endmodule
```

由以下模擬波形可見，當 Clk 時脈信號為高態‘1’時，Q_l 信號等於 D 輸入信號；當 Clk 時脈信號為低態‘0’時，Q_l 信號維持不變。當 Clk 時脈信號為上緣觸發時，當時的 D 輸入信號被鎖住存入 Q_ff 信號內；其他時間，Q_ff 信號維持不變。

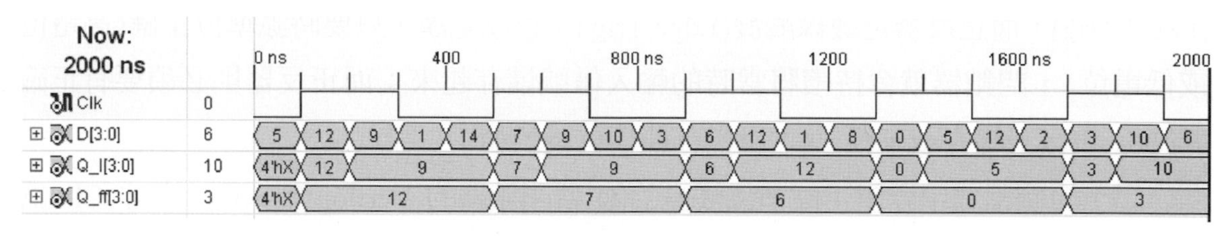


圖 8-9

## 三、Verilog 程式檔案(二)，加上控制信號

正反器一般都附有幾個**控制信號**以便於特殊狀況下改變儲存值，這也方便模擬或電路實際運作時設定初值之用。常見的控制信號有清除(Clear)、預置(Preset)和載入(Load)。**清除**信號成立時，一般會將儲存值歸零；**預置**信號成立時，一般會將儲存值設為高態；而**載入**信號成立時，將會從另外一個輸入信號讀入新的儲存值。

與時脈信號一樣，各控制信號也有**上緣觸發**(posedge)與**下緣觸發**(negedge)兩種觸發狀態。除此之外，依據控制信號與時脈信號的相互關係，控制信號又有**同步**(Synchronous)與**非同步**(Asynchronous)二種模式。同步控制信號會受制於時脈觸發狀況：只有在時脈觸發狀況成立時，它才有檢查成立與否的機會，無須在 always@敘述的事件條列中列出。至於非同步控制信號則不受限於時脈觸發狀況：它本身的觸發條件成立後，就有權執行 always@區塊內的敘述了，因此必須在 always@敘述的事件條列中明確列出。

以下 Verilog 程式範例列出清除(Clear)、預置(Preset)和載入(Load)這幾個**控制信號**搭配上緣或下緣觸發、同步或非同步的組合描述方式。共有 Q1、Q2、Q3、Q4 四個正反器範例。

Q1 正反器依循時脈 Clk 上緣觸發，有一個上緣同步清除信號 Clr1，清除為‘0’。Q2 正反器依循時脈 Clk 上緣觸發，有一個上緣非同步清除信號 Clr2，清除為‘0’。Q3 正反器依循時脈 Clk 下緣觸發，有一個下緣非同步預置信號 Pre，預置為‘1’。Q4 正反器依循時脈 Clk 下緣觸發，有一個下緣同步載入信號 Load；當 Load 成立時，由 Din 載入儲存的數值。

```
// Ch08 dff_1.v
// D 型正反器與控制信號

module dff_1 (Clk,D,Din,Clr1,Clr2,Pre,Load,Q1,Q2,Q3,Q4);
input   Clk,D,Din,Clr1,Clr2,Pre,Load;       // 一位元輸入
output  Q1,Q2,Q3,Q4;                         // 一位元輸出
reg     Q1,Q2,Q3,Q4;                         // 宣告為暫存器資料

// 上緣觸發時脈, 上緣同步清除
always@ (posedge Clk)                        // 同步清除, 無須列出
  if (Clr1)    Q1 = 0;                       // 上緣觸發, Clr1
  else         Q1 = D;

// 上緣觸發時脈, 上緣非同步清除
always@ (posedge Clk or posedge Clr2)        // 非同步清除, 必須列出
  if (Clr2)    Q2 = 0;                       // 上緣觸發, Clr2
  else         Q2 = D;

// 下緣觸發時脈, 下緣非同步預置
always@ (negedge Clk or negedge Pre)         // 非同步預置, 必須列出
  if (!Pre)    Q3 = 1;                       // 下緣觸發, !Pre
  else         Q3 = D;

// 下緣觸發時脈, 下緣同步載入
always@ (negedge Clk)                        // 同步載入, 無須列出
  if (!Load)  Q4 = Din;                      // 下緣觸發, !Load
  else         Q4 = D;

endmodule
```

由以下模擬波形可見，當 Clr1 與 Clr2 信號爲上緣時，Q1 與 Q2 信號被清除爲‘0’；當 Clr1 與 Clr2 信號爲低態時，隨著 Clk 時脈上緣，D 的值被存入 Q1 與 Q2。請注意，由於 Clr2 爲非同步信號，所以 Clr2 上緣觸發後，Q2 信號馬上會被清除爲‘0’；對照 Clr1 爲同步信號，Q1 信號必須等到 Clk 時脈上緣時才會清除爲‘0’。

**同步上緣清除信號 Clr1 與非同步上緣清除信號 Clr2**

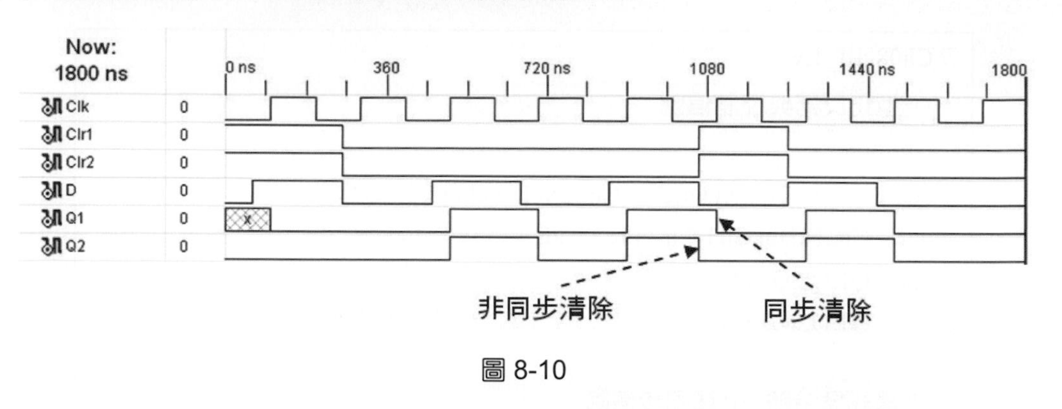


圖 8-10

由以下模擬波形可見，當非同步預置信號 Pre 爲下緣時，Q3 信號馬上被設爲‘1’；當 Pre 爲高態時，隨著 Clk 時脈下緣，D 的值被存入 Q3。

**非同步下緣預置信號 Pre**

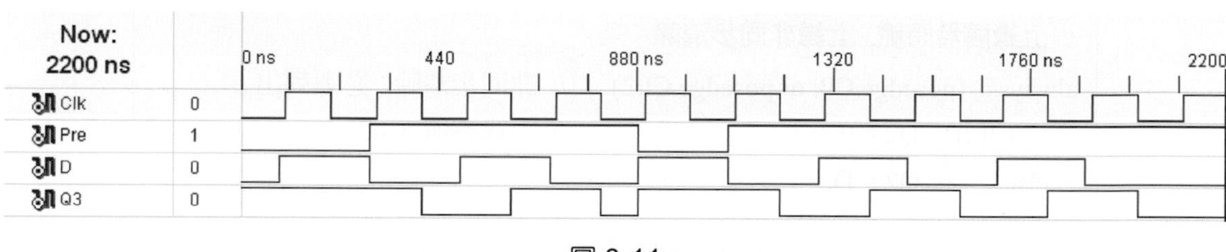


圖 8-11

由以下模擬波形可見，當同步載入信號 Load 爲低態時，隨著 Clk 時脈下緣，Din 的值被存入 Q4；當 Load 信號爲高態時，隨著 Clk 時脈下緣，D 的值被存入 Q4。

**同步下緣載入信號 Load**

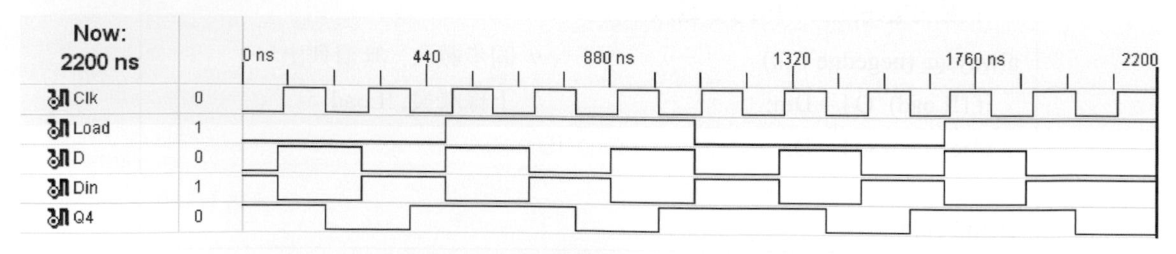


圖 8-12

## 四、Verilog 程式檔案(三)，控制信號的優先權

當各控制信號產生衝突時，就必須有**優先權**(Priority)的機制來協調。我們通常使用 if 敘述來完成優先權機制，先進行比對的控制條件就具有較高的優先權，依次遞減。譬如以下 Verilog 程式中，我們設定上緣非同步清除信號 Clr 的優先權等級最高，下緣非同步預置信號 Pre 次之，下緣同步載入信號 Load 又再次之。

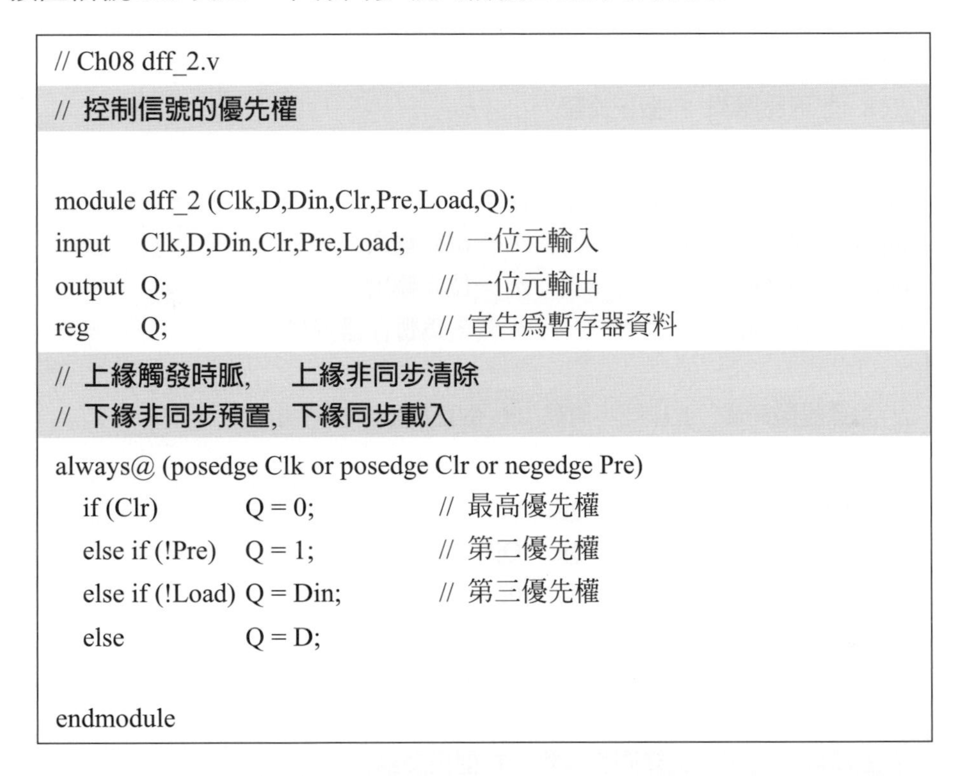

```
// Ch08 dff_2.v
// 控制信號的優先權

module dff_2 (Clk,D,Din,Clr,Pre,Load,Q);
input   Clk,D,Din,Clr,Pre,Load;    // 一位元輸入
output  Q;                         // 一位元輸出
reg     Q;                         // 宣告爲暫存器資料
// 上緣觸發時脈,    上緣非同步清除
// 下緣非同步預置, 下緣同步載入
always@ (posedge Clk or posedge Clr or negedge Pre)
   if (Clr)          Q = 0;        // 最高優先權
   else if (!Pre)    Q = 1;        // 第二優先權
   else if (!Load) Q = Din;        // 第三優先權
   else              Q = D;

endmodule
```

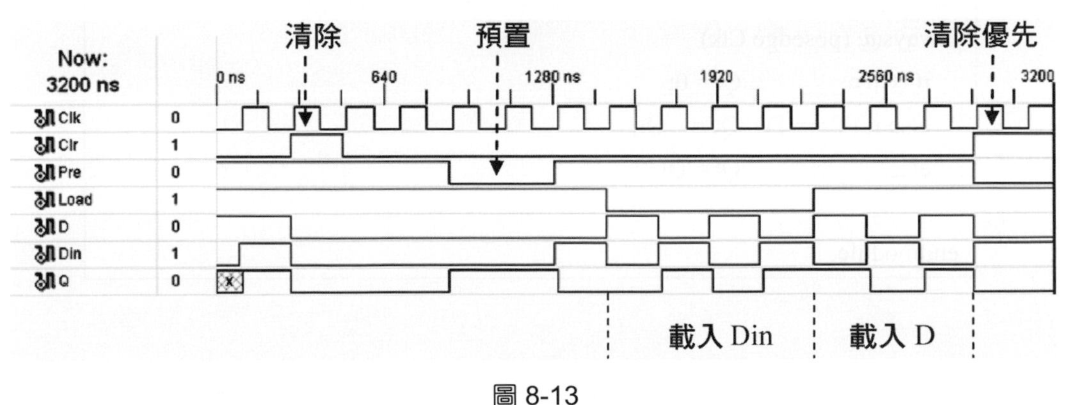


圖 8-13

## 五、Verilog 程式檔案(四)，J-K 型與 T 型正反器

最後，我們介紹 **J-K 型與 T 型正反器**的 Verilog 範例程式。基本上，前面範例介紹的控制信號與優先權機制都可以套用到 J-K 型與 T 型正反器上。

以下範例程式中的 J-K 型與 T 型正反器依循時脈 Clk 上緣觸發，有一個上緣同步清除信號 Clr，正反器輸出分別是 Qjk 與 Qt。

```
// Ch08 jk_tff.v
// JK 型正反器與 T 型正反器


module jk_tff (Clk,T,J,K,Clr,Qjk,Qt);
input    Clk,T,J,K,Clr;              // 一位元輸入
output   Qjk,Qt;                     // 一位元輸出
reg      Qjk,Qt;                     // 宣告爲暫存器資料

// 上緣觸發時脈, 上緣同步清除, JK 型正反器
always@ (posedge Clk)
   if (Clr)                   Qjk = 0;
   else if ({J,K} == 2'b00)   Qjk = Qjk;
   else if ({J,K} == 2'b01)   Qjk = 0;
   else if ({J,K} == 2'b10)   Qjk = 1;
   else                       Qjk = ~ Qjk;

// 上緣觸發時脈, 上緣同步清除, T 型正反器
always@ (posedge Clk)
   if (Clr)           Qt = 0;
   else if (T == 1)   Qt = ~ Qt;
   else               Qt = Qt;

endmodule
```

JK 型正反器

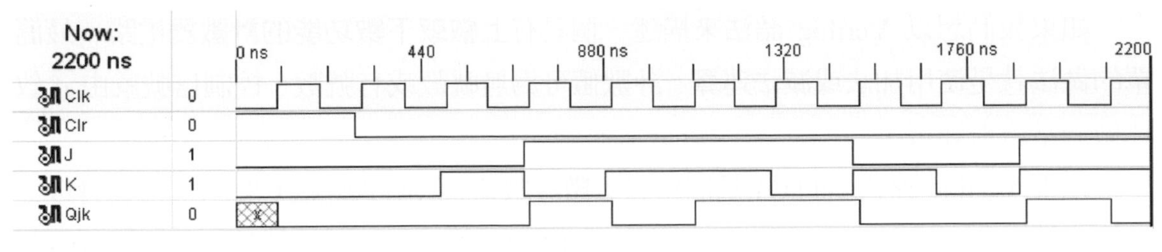


圖 8-14

T 型正反器

圖 8-15

## 練習題

1. 請完成本設計範例的設計輸入工作，然後完成編譯與模擬驗證其功能是否一如設計的要求。
2. 請完成以下 T 型正反器。時脈 Clk 下緣觸發，上緣非同步預置信號 Pre 的優先權等級最高，上緣同步清除信號 Clr 次之，上緣同步載入信號 Load 又次之。Load 信號成立時由輸入信號 D 載入儲存。

## 8-3-2 計數器

### 一、學習目標與題目說明

**計數器**電路是很常見的基本序向邏輯電路，一般用來計數輸入時脈的脈衝個數。本範例將引導讀者學習各式各樣計數器的 Verilog 程式設計技巧，包括有上數與下數計數器、BCD(mod-10)計數器、倒數計數器與非同步(漣波，Ripple Counter)計數器。我們也將介紹如何將二進制計數值以七段顯示器顯示出來。

## 二、Verilog 程式檔案(一)，四位元二進制上數或下數計數器

如果我們想以 Verilog 語法來描述一個具有**上數或下數功能的計數器**電路，最簡單的做法就是使用加法或減法運算。計數值可為無號數或有號數。控制信號就由 if 敘述做適當處理即可。

以下 Verilog 程式中的 Q1 為四位元上數計數器，依循著時脈 Clk 的上緣觸發以二進制數值方式往上計數，計數值每次加一。而 Q2 為四位元下數計數器，依循著時脈 Clk 的上緣觸發以二進制數值方式往下計數，計數值每次減二。有一個上緣同步清除信號 Clr，當它為‘1’態時，會使 Q1 的計數值成為“0000”，也會使 Q2 的計數值成為“1111”(等於十進制的 15)。

由於了使用加法或減法的運算方式，一旦需要擴充計數器位元數時，只要適當地改變 Q1 與 Q2 信號的向量位元數，然後再執行一次編譯動作就萬事 OK 了，多方便呀！

```
// Ch08 cnt1.v
// 上數與下數計數器

module cnt1 (Clk,Clr,Q1,Q2);
input    Clk,Clr;                // 一位元輸入
output   [3:0] Q1,Q2;            // 四位元輸出
reg      [3:0] Q1,Q2;            // 宣告為暫存器資料

// 上緣觸發時脈, 上緣同步清除, 上數計數器
always@ (posedge Clk)
   if (Clr)   Q1 = 0;
   else       Q1 = Q1 + 1;

// 上緣觸發時脈, 上緣同步清除, 減二下數計數器
always@ (posedge Clk)
   if (Clr)   Q2 = 15;
   else       Q2 = Q2 - 2;

endmodule
```

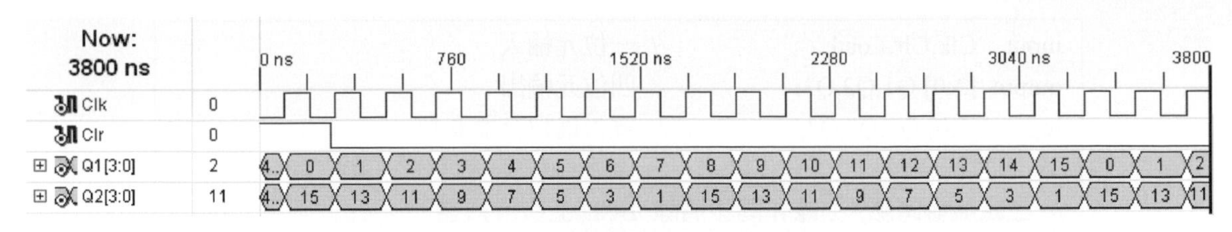


圖 8-16

## 三、Verilog 程式檔案(二)，BCD 與倒數計數器

前面的 Verilog 程式是完整的二進制上數與下數計數器，計數範圍可由"0000"直到"1111"(等於十進制的 0～15)，不過由於人類是活在十進制的世界，所以人機介面的計數器常常只需工作在"0000"到"1001"(等於十進制的 9)的範圍即可，這就是所謂的 **BCD 計數器**，又稱 mod-10 計數器。在程式設計技巧上，只要使用 if 敘述抓好計數值臨界點並規定好下一個切換的計數值就可以順利完成要求了。譬如 BCD 上數至 9 時，下一數值應爲 0；或是 BCD 下數至 0 時，下一數值應切換爲 9。

日常生活中也常會用到**倒數計數器**，譬如微波爐、電子鍋等等。使用時先給定一個數值，然後計數器依據使用狀況依序倒數至終結狀態後就維持不動，這一次使用流程也就結束了。程式設計上，同樣抓好計數值終點然後維持住就可完成要求了。譬如下數計數至終點值 0 時，下一數值還是 0。

以下範例程式中介紹的第一個計數器爲 **BCD 上數計數器**，有一個上緣觸發時脈信號 Clk，一個上緣非同步清除信號 Clr 可清除計數值爲 0，四位元計數值 Q1 每次加一，計數到 9 後回到 0 再繼續上數。第二個計數器爲 **BCD 奇數下數計數器**，有一個下緣觸發時脈信號 Clk，一個上緣同步清除信號 Clr 可清除計數值爲 9，四位元計數值 Q2 每次減二，計數到 1 後回到 9 再繼續下數，所以 Q2 的計數值必爲奇數｛9、7、5、3、1｝。第三個介紹的計數器爲**倒數計數器**，有一個上緣觸發時脈信號 Clk，一個下緣同步載入信號 Load 可載入起始計數值 10，計數值 Q3 每次減一，計數到終點計數值 0 後維持 0。

```
// Ch08 cnt2.v
// BCD 上數計數器與 BCD 奇數下數計數器
// 倒數計數器

module cnt2 (Clk,Clr,Load,Q1,Q2,Q3);
```

```
input    Clk,Clr,Load;                // 一位元輸入
output  [3:0] Q1,Q2,Q3;               // 四位元輸出
reg      [3:0] Q1,Q2,Q3;              // 宣告爲暫存器資料

// 上緣觸發時脈, 上緣非同步清除, BCD 上數計數器
always@ (posedge Clk or posedge Clr)
   if (Clr)                           Q1 = 0;
   else if (Q1 == 9)                  Q1 = 0;
   else                               Q1 = Q1 + 1;

// 下緣觸發時脈, 上緣同步清除, BCD 奇數下數計數器
always@ (negedge Clk)
   if (Clr)                           Q2 = 9;
   else if (Q2 == 1)                  Q2 = 9;
   else                               Q2 = Q2 - 2;

// 上緣觸發時脈, 下緣同步載入, 倒數計數器
always@ (posedge Clk)
   if (!Load)                         Q3 = 10;
   else if (Q3 == 0)                  Q3 = 0;
   else                               Q3 = Q3 - 1;

endmodule
```

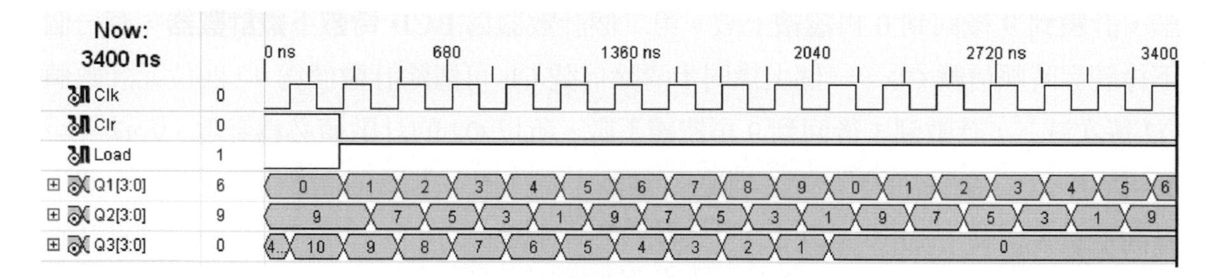


圖 8-17

## 四、Verilog 程式檔案(三)，BCD 上數計數器七段顯示

在人機介面上使用發光二極體 LED 來顯示二進制資料，畢竟不如直接用七段顯示器顯示十進制資料給人有更強烈的感受。本範例使用**共陰七段顯示器來顯示 BCD 上數計數器的結果**；也就是說，我們要將輸出的狀態直接在共陰七段顯示器上以阿拉伯數字顯示出來。其實就是上述範例的 BCD 上數計數器(序向邏輯電路)，再加上七段顯示器解碼器(組合邏輯電路)的合成電路。七段顯示器的工作原理請參看第 7-3-9 節的介紹內容。

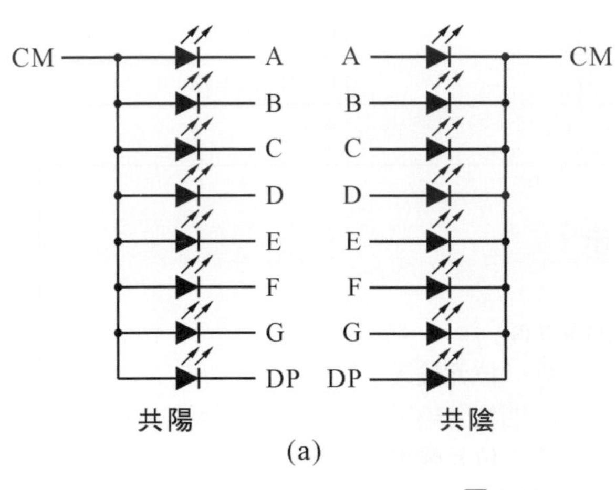

(a)

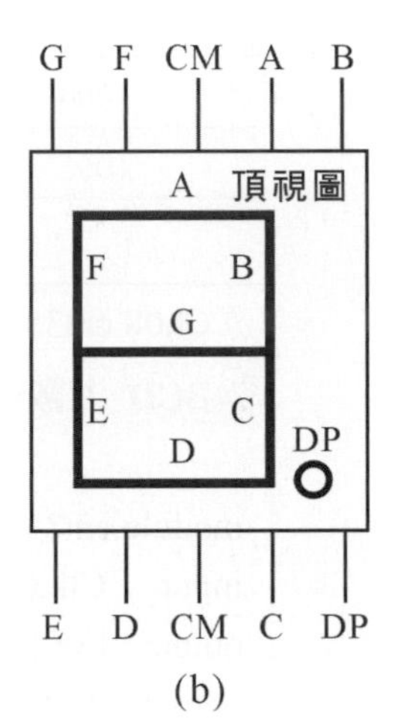

(b)

圖 8-18

本範例電路有一個上緣觸發時脈信號 Clk，一個上緣同步清除信號 Clr 可清除計數值爲 0，當然七段顯示器將會顯示 0 的字樣。計數值 Q 隨 Clk 上緣每次加一，計數到 9 後回到 0 再繼續上數。共陰七段顯示器的共通接腳 CM 必須接低電壓。

下表是依照共陰七段顯示器的顯示規則(輸入邏輯‘1’點亮，輸入邏輯‘0’熄滅)所做出的眞値表，解碼後的七段顯示器接腳信號 A、B、C、D、E、F、G 分別以二進制與十六進制表示出來。有了這個眞値表，就可以進行 if 敘述敘述或 case 敘述的查表操作了。爲了方便查表，我們把使用連接運算子將七段 LED 整合在一起，如｛A，B，C，D，E，F，G｝這般。

| 計數值 Q | 顯示 | ABCDEFG(二進制、十六進制) |
|---|---|---|
| 0000 | 0 | 1111110 7E |
| 0001 | 1 | 0110000 30 |
| 0010 | 2 | 1101101 6D |
| 0011 | 3 | 1111001 79 |
| 0100 | 4 | 0110011 33 |
| 0101 | 5 | 1011011 5B |
| 0110 | 6 | 0011111 1F |
| 0111 | 7 | 1110000 70 |
| 1000 | 8 | 1111111 7F |
| 1001 | 9 | 1110011 73 |

```
// Ch08 cnt3.v
// BCD 上數計數器以七段顯示

module cnt3 (Clk,Clr,Q,A,B,C,D,E,F,G);
input   Clk,Clr;                // 一位元輸入
output  [3:0] Q;                // 四位元輸出
output  A,B,C,D,E,F,G;          // 一位元輸出
reg     [3:0] Q;                // 宣告爲暫存器資料
reg     A,B,C,D,E,F,G;          // 宣告爲暫存器資料

// 上緣觸發時脈, 上緣同步清除, BCD 上數計數器
always@ (posedge Clk)
  if (Clr)                      Q = 0;
  else if (Q == 9)              Q = 0;
  else                          Q = Q + 1;

// 七段顯示, 組合邏輯電路
always@ (Q)
  if      (Q == 4'b0000)        {A,B,C,D,E,F,G} = 7'b1111110;
  else if (Q == 4'b0001)        {A,B,C,D,E,F,G} = 7'b0110000;
  else if (Q == 4'b0010)        {A,B,C,D,E,F,G} = 7'b1101101;
  else if (Q == 4'b0011)        {A,B,C,D,E,F,G} = 7'b1111001;
  else if (Q == 4'b0100)        {A,B,C,D,E,F,G} = 7'b0110011;
  else if (Q == 4'b0101)        {A,B,C,D,E,F,G} = 7'b1011011;
```

```
    else if (Q == 4'b0110)          {A,B,C,D,E,F,G} = 7'b0011111;
    else if (Q == 4'b0111)          {A,B,C,D,E,F,G} = 7'b1110000;
    else if (Q == 4'b1000)          {A,B,C,D,E,F,G} = 7'b1111111;
    else if (Q == 4'b1001)          {A,B,C,D,E,F,G} = 7'b1110011;
    else                            {A,B,C,D,E,F,G} = 7'b0000000;

endmodule
```

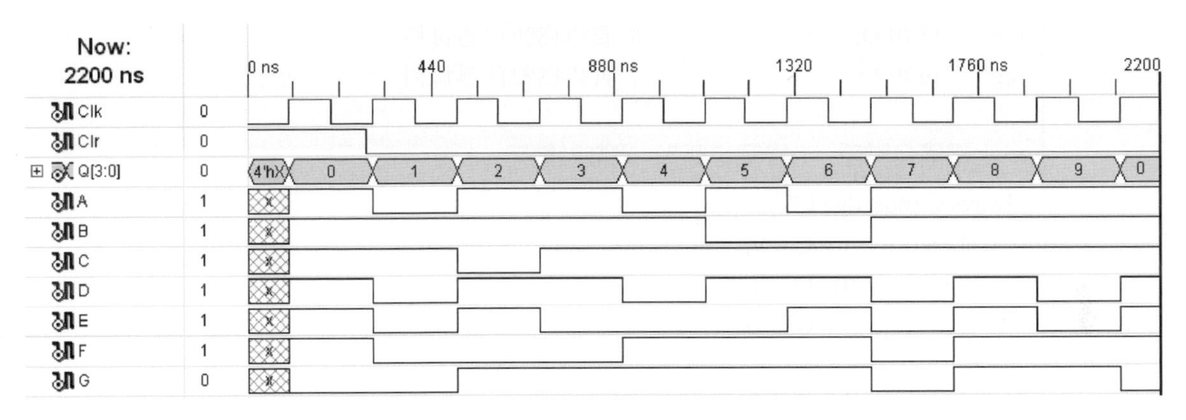


圖 8-19

## 五、Verilog 程式檔案(四)，倒數計數器七段顯示

本倒數計數器有一個上緣觸發時脈信號 Clk，一個上緣同步載入信號 Load 可載入起始計數值 9，計數值 Q 每次減一，計數到終點計數值 0 後就持續維持爲 0。

前面以共陰七段顯示的 BCD 上數計數器範例程式中，七段解碼查表的部分顯得有一點繁複。以下我們以**倒數計數器七段顯示**爲範例，看看如何使程式顯得清爽一些。

現在我們改用 case 敘述查表，索引值以十進制表示，然後使用七位元暫存器資料 L 以十六進制方式存放七段解碼值，最後使用 assign｛A，B，C，D，E，F，G｝＝L；敘述將 L 數值分散到七段顯示器接腳信號上。我們把 L 也拉出輸出信號以方便模擬時比對結果。

```
// Ch08 cnt4.v
// 倒數計數器以七段顯示

module cnt4 (Clk,Load,Q,A,B,C,D,E,F,G,L);
input   Clk,Load;                  // 一位元輸入
output  [3:0] Q;                   // 四位元輸出
output  A,B,C,D,E,F,G;             // 一位元輸出
output  [6:0] L;                   // 七位元輸出
reg     [3:0] Q;                   // 宣告爲暫存器資料
reg     [6:0] L;                   // 宣告爲暫存器資料

// 上緣觸發時脈, 上緣同步載入, 倒數計數器
always@ (posedge Clk)
  if (Load)          Q = 9;
  else if (Q == 0)   Q = 0;
  else               Q = Q - 1;

// 七段顯示, 組合邏輯電路
always@ (Q)
  case (Q)
    0        : L = 7'h7e;
    1        : L = 7'h30;
    2        : L = 7'h6d;
    3        : L = 7'h79;
    4        : L = 7'h33;
    5        : L = 7'h5b;
    6        : L = 7'h1f;
    7        : L = 7'h70;
    8        : L = 7'h7f;
    9        : L = 7'h73;
    default  : L = 7'h00;
  endcase
assign {A,B,C,D,E,F,G} = L;

endmodule
```

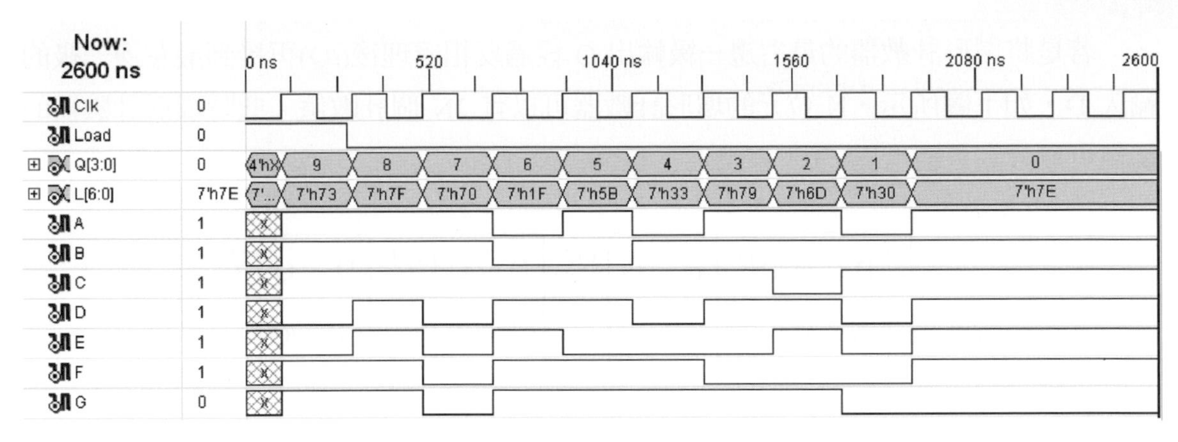


圖 8-20

## 六、Verilog 程式檔案(五)，環形計數器

**環形計數器**(Ring Counter)的構造直接將各 D 型正反器頭尾銜接起來，是設計上最簡單的計數器。但是因爲有些二進制數值將永遠不會出現，所以環形計數器會比眞正的二進制計數器需要更多數目的正反器；也就是說，電路成本比較大。

本範例將介紹四位元環形計數器的 Verilog 設計。若是將環形計數器最右邊一級的輸出 Q 接到最左邊一級的輸入 D，如下圖所示，N 位元的環形計數器可以有 N 個計數值。注意，此時環形計數器的初值不可以設定各級全爲‘0’或全爲‘1’，否則將不能正常運轉。

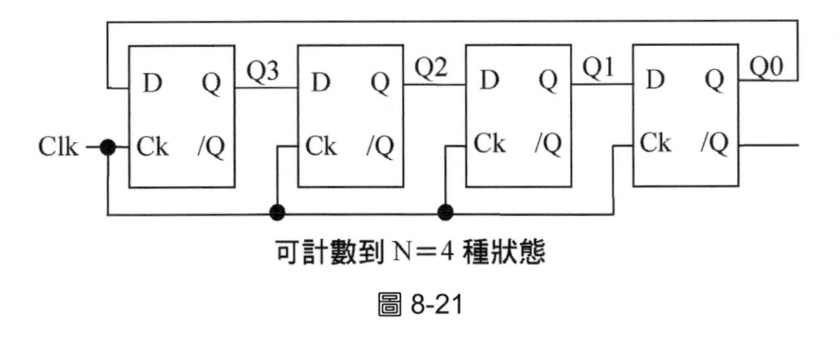


圖 8-21

以下 Verilog 程式中的四位元環形計數器 Q1 的最右一級輸出未經反相處理，故可計數到 4 種計數值。由於同步上緣觸發清除信號 Clr 可以將 Q1 的初值設定爲“1000”＝8，因此這四個計數值分別爲“1000”＝8、“0100”＝4、“0010”＝2 與“0001”＝1。環形計數器的運作基本上就是循環移位，我們使用連接運算子 {} 來處理它。

若是將環形計數器的最右邊一級輸出 Q 經過反相處理後(/Q)再接到最左邊一級的輸入 D，如下圖所示，N 位元的環形計數器可以有 2N 個計數值。此時環形計數器的初值可以設定各級全爲‘0’或全爲‘1’。

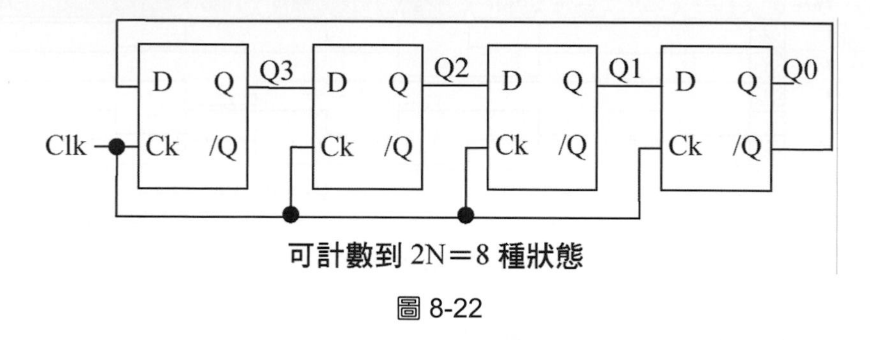


圖 8-22

以下 Verilog 程式中四位元環形計數器 Q2 最右邊一級的輸出經過反相處理(～Q2〔0〕)，故可計數到 8 種計數值。由於同步上緣觸發清除信號 Clr 可以將 Q2 的初值設定爲“1000”＝8，因此這八個計數值分別爲“1000”＝8、“1100”＝12、“1110”＝14、“1111”＝15、“0111”＝7、“0011”＝3、“0001”＝1 與“0000”＝0。我們使用連接運算子 {} 來處理循環移位的動作。

```
// Ch08 cnt5.v
// 環形計數器

module cnt5 (Clk,Clr,Q1,Q2);
input   Clk,Clr;                    / 一位元輸入
output  [3:0]   Q1,Q2;              // 四位元輸出
reg     [3:0]   Q1,Q2;              // 宣告爲暫存器資料

// 產生計數值
always@ (posedge Clk)
   if (Clr)
      begin
         Q1 = 4'b1000;              // Q1 初值
         Q2 = 4'b1000;              // Q2 初值
      end
   else
      begin
         Q1 = { Q1[0],Q1[3:1]};     // 循環右移位
```

```
        Q2 = {~Q2[0],Q2[3:1]};      // 循環右移位(反相)
    end

endmodule
```

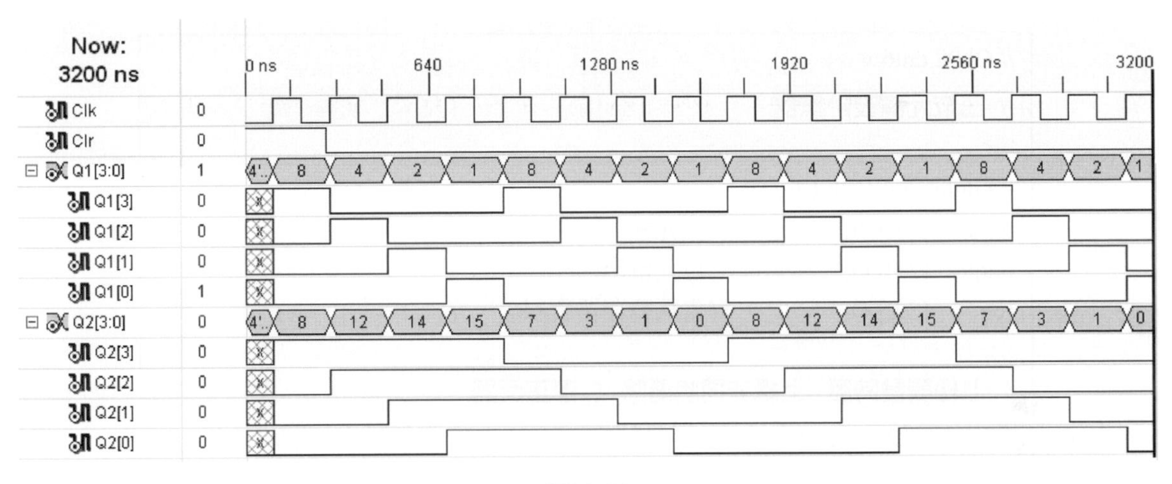


圖 8-23

## 七、Verilog 程式檔案(六)，非同步計數器

在同步計數器電路中，各正反器都由同一個時脈信號一起管制，計數值也在同一個時脈邊緣切換；但是在**非同步計數器**電路中，某級正反器的時脈則是由前一級正反器所產生的，如圖 8.24 所示。由於各級正反器的時脈信號如同水波傳遞一般往後級擴散開來，所以非同步計數器有時又稱爲漣波計數器。一般而言，在相同計數值限制下，非同步計數器電路的設計要比同步計數器電路單純許多，但是因爲各級正反器傳遞延遲時間會持續累積，所以非同步計數器不適合在高度要求信號同步性的場合中使用。

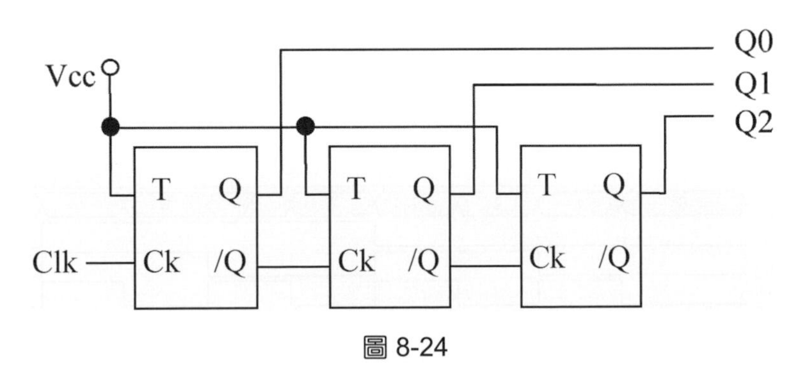


圖 8-24

以下我們介紹如何使用 Verilog 敘述設計一個三位元非同步計數器電路。其實很單純，首先使用 always@區塊搭配 if 敘述描述三個 T 型正反器，然後依據各正反器連線情況接起來就完成設計了。多位元的非同步計數器可以使用**第九章**介紹的模組化與階層化理念來設計會更有效率，也更具程式可讀性。

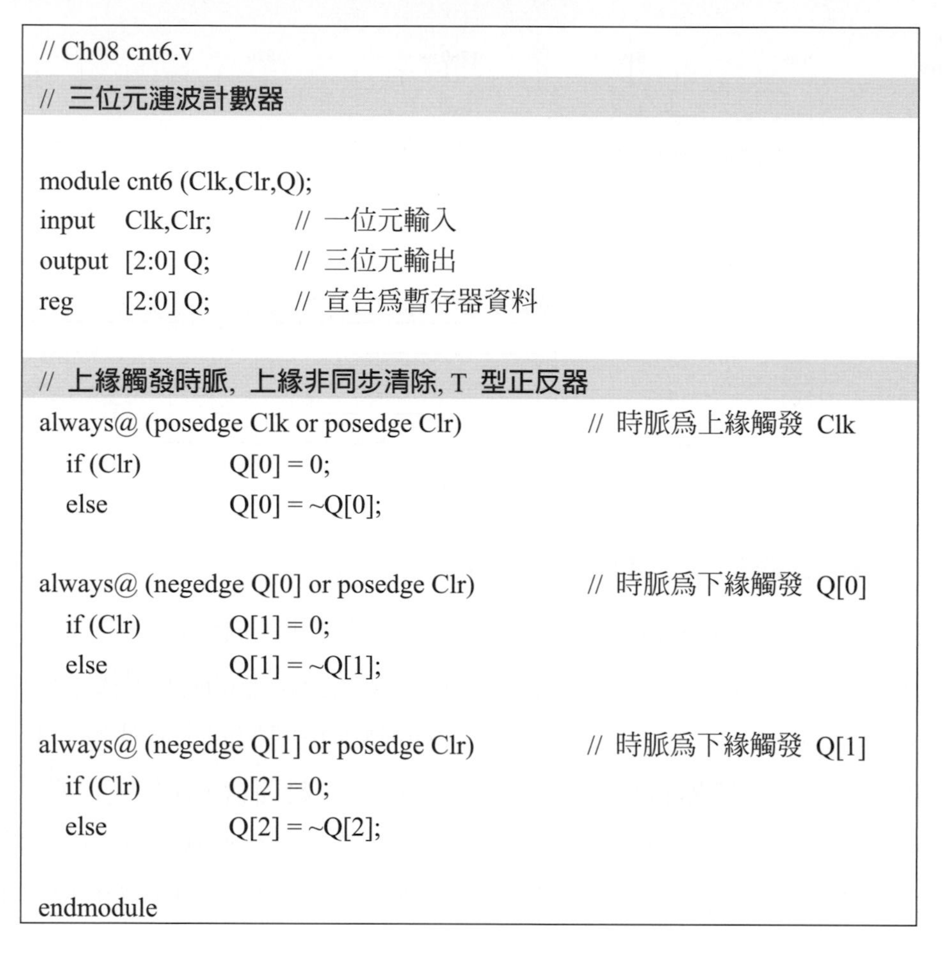

```
// Ch08 cnt6.v
// 三位元漣波計數器

module cnt6 (Clk,Clr,Q);
input   Clk,Clr;        // 一位元輸入
output  [2:0] Q;        // 三位元輸出
reg     [2:0] Q;        // 宣告爲暫存器資料

// 上緣觸發時脈, 上緣非同步清除, T 型正反器
always@ (posedge Clk or posedge Clr)          // 時脈爲上緣觸發 Clk
   if (Clr)         Q[0] = 0;
   else             Q[0] = ~Q[0];

always@ (negedge Q[0] or posedge Clr)         // 時脈爲下緣觸發 Q[0]
   if (Clr)         Q[1] = 0;
   else             Q[1] = ~Q[1];

always@ (negedge Q[1] or posedge Clr)         // 時脈爲下緣觸發 Q[1]
   if (Clr)         Q[2] = 0;
   else             Q[2] = ~Q[2];

endmodule
```

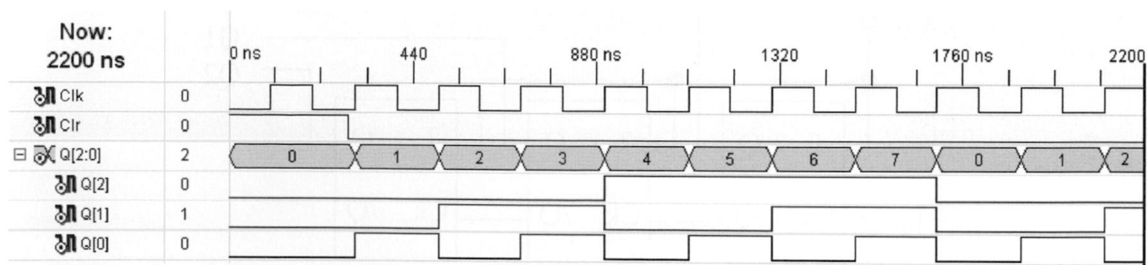


圖 8-25

## 練習題

1. 請設計一個四位元 mod-6 上數計數器(計數值 Q：0～5)。時脈 Clk 下緣觸發。另外，請加入一個高優先權的下緣同步預置信號 Pre，可預置計數值爲 5，然後再加入一個低優先權的下緣同步清除信號 Clr，可清除計數值爲 0。計數值 Q 以共陰七段碼顯示出來。
2. 請設計一個四位元上數計數器，計數值 Q 的範圍在四位元下限值 X 與四位元上限值 Y 之間。時脈 Clk 下緣觸發。有一個上緣同步預置信號 Pre，可預置計數值爲 X。計數值 Q 由 X 上數至 Y 後，再回頭由 X 繼續上數。
3. 請設計一個使用共陽七段顯示器的計數器。時脈 Clk 上緣觸發。當 Clr 爲邏輯‘0’時，不論現狀態爲何者，次一狀態使七段顯示器維持顯示 L 的字樣。當 Clr 爲邏輯‘1’時，依輸入信號 Sel 的邏輯狀態顯示以下字母爲：

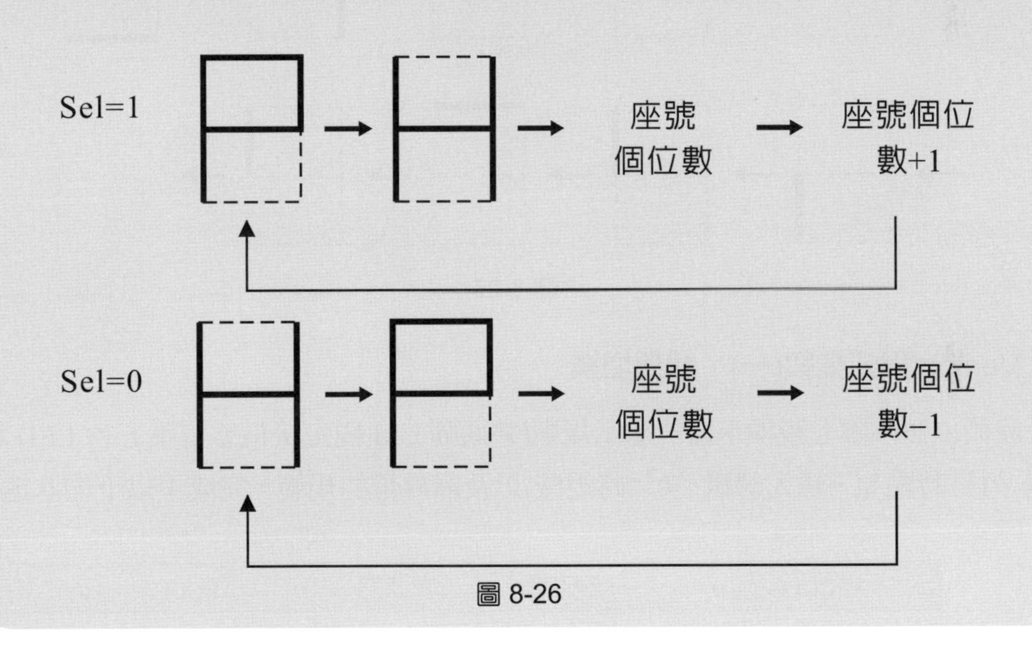


圖 8-26

## 8-3-3　霹靂燈

### 一、學習目標與題目說明

所謂**霹靂燈**就是像廣告看板或是聖誕燈那一排會來回閃爍的燈光。本範例使用共陰七段顯示器來完成霹靂燈的設計。亮燈的順序爲順時針→逆時針→順時針……循環不已，如圖 8-27 所示。

程式範例有一個具有最高優先權的同步上緣觸發清除信號 Clr 輸入信號。當 Clr 爲邏輯‘1’時，不論現狀態爲何者，次一狀態必需使輸出回歸起始狀態，此時七段顯示器只點亮 LED A。若 Clr 爲邏輯‘1’時，霹靂燈始可依時脈 Clk 上緣運作。

我們首先介紹只使用**一個 if 敘述**來達成要求的設計範例，然後介紹一個**計數器加上七段解碼器**電路的複合式設計範例。

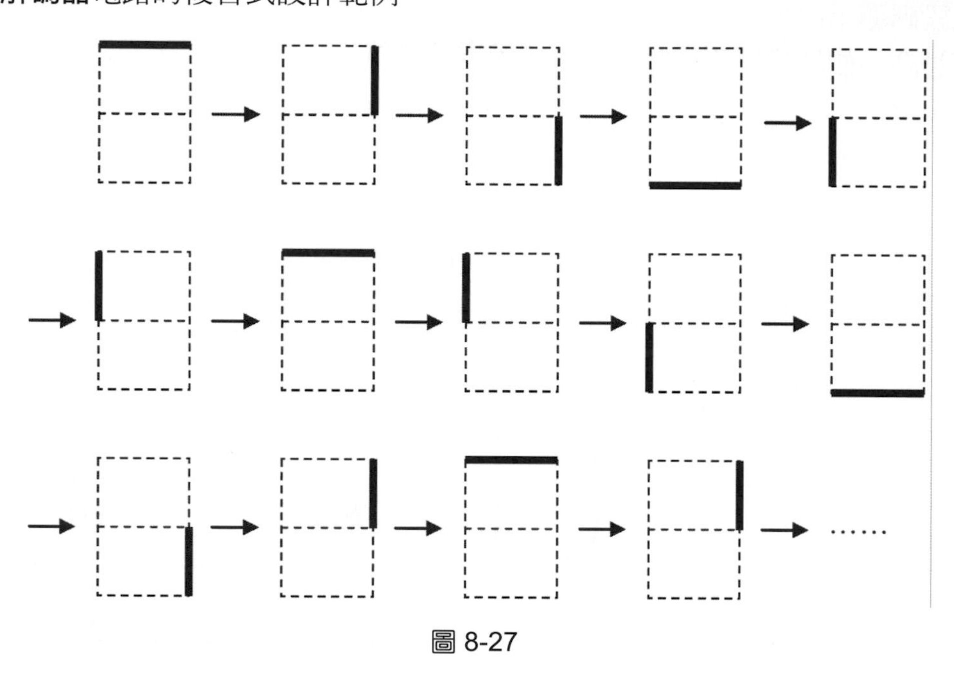

圖 8-27

## 二、Verilog 程式檔案(一)，狀態切換

我們依照共陰七段顯示器的顯示規則(共通腳 CM 固定接低態電壓，各 LED 輸入邏輯‘1’時點亮，輸入邏輯‘0’時熄滅)以及霹靂燈的規範，完成了以下的狀態表。

| ABCDEF　L0 | 現狀態 | 次狀態 | ABCDEF　L0 |
|---|---|---|---|
| 100000　0 | S1 | S2 | 010000　0 |
| 010000　0 | S2 | S3 | 001000　0 |
| 001000　0 | S3 | S4 | 000100　0 |
| 000100　0 | S4 | S5 | 000010　0 |
| 000010　0 | S5 | S6 | 000001　0 |
| 000001　0 | S6 | S7 | 100000　1 |
| 100000　1 | S7 | S8 | 000001　1 |
| 000001　1 | S8 | S9 | 000010　1 |

| ABCDEF　L0 | 現狀態 | 次狀態 | ABCDEF　L0 |
|---|---|---|---|
| 000010　1 | S9 | S10 | 000100　1 |
| 000100　1 | S10 | S11 | 001000　1 |
| 001000　1 | S11 | S12 | 010000　1 |
| 010000　1 | S12 | S1 | 100000　0 |

請注意，由於來回循環時，會出現**重複**的狀態，所以為了分辨到底現在是順時針亦或逆時針旋轉，我們必須額外加上一個分辨信號 L0。當然 L0 信號不應該出現在霹靂燈的顯示範圍內，所以我們不把它接到輸出接腳上。查表動作可由 **if 敘述**或 case 敘述完成。為了使程式碼清爽一些，我們使用七位元暫存器資料 L 以二進制方式存放七段解碼值，最後使用 assign｛A，B，C，D，E，F，G｝＝L〔6：1〕；敘述將 L 數值分散到七段顯示器接腳信號上(L〔0〕為分辨信號，不外接)。

```
// Ch08 pili_1.v
// 七段顯示霹靂燈

module pili_1 (Clk,Clr,A,B,C,D,E,F);
input   Clk,Clr;                    // 一位元輸入
output  A,B,C,D,E,F;                // 一位元輸出
reg     [6:0] L;                    // 宣告為暫存器資料

// 上緣觸發時脈, 上緣同步清除
always@ (posedge Clk)
   if (Clr)                         L = 7'b1000000;   // A, 順時針
   else if (L == 7'b1000000)        L = 7'b0100000;   // B, 順時針
   else if (L == 7'b0100000)        L = 7'b0010000;   // C, 順時針
   else if (L == 7'b0010000)        L = 7'b0001000;   // D, 順時針
   else if (L == 7'b0001000)        L = 7'b0000100;   // E, 順時針
   else if (L == 7'b0000100)        L = 7'b0000010;   // F, 順時針
   else if (L == 7'b0000010)        L = 7'b1000001;   // A, 逆時針
   else if (L == 7'b1000001)        L = 7'b0000011;   // F, 逆時針
   else if (L == 7'b0000011)        L = 7'b0000101;   // E, 逆時針
   else if (L == 7'b0000101)        L = 7'b0001001;   // D, 逆時針
   else if (L == 7'b0001001)        L = 7'b0010001;   // C, 逆時針
   else if (L == 7'b0010001)        L = 7'b0100001;   // B, 逆時針
```

```
    else if (L == 7'b0100001)          L = 7'b1000000;   // A, 順時針
    else                               L = 7'b0000000;   // 不顯示
assign {A,B,C,D,E,F} = L[6:1];

endmodule
```

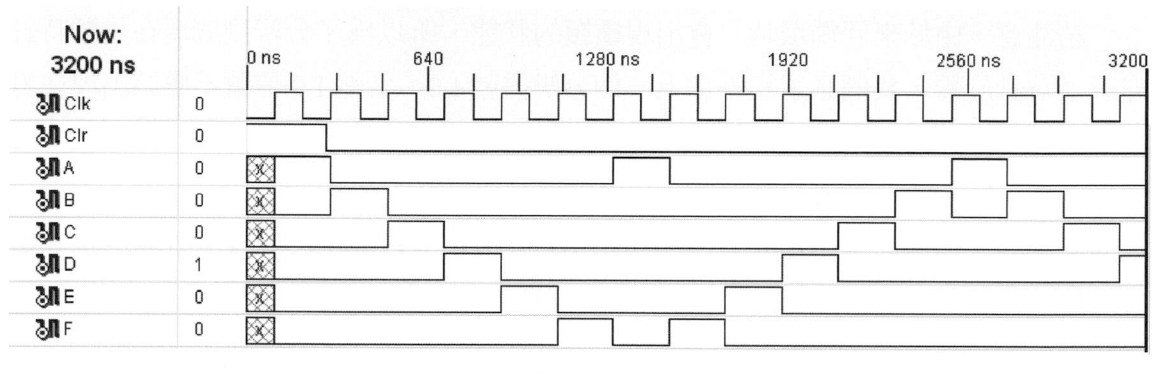


圖 8-28

## 三、Verilog 程式檔案(二)，計數器加解碼

如果使用二段式描述的方式來解題(**計數器加上七段解碼器**)，由於目前有 S1～S12，共需 12 種邏輯狀態，所以我們首先設計一個四位元二進制 mod-12 上數計數器電路(這是序向邏輯電路)，其計數值爲 0001、0010、...、1010、1011、1100 再回到 0001，分別對應 S1～S12。然後再將二進制計數值使用 case 敘述轉換成七段顯示器的編碼(這是組合邏輯電路)。

本計數器有一個上緣觸發時脈信號 Clk，一個上緣同步清除信號 Clr 可清除爲起始計數值 1(此時七段顯示器只點亮 LED A)。霹靂燈運作時，計數值 Q 每次加一，計數到 12 後再回頭由 1 再次計數。七段解碼使用 case 敘述查表方式，索引值以十進制表示，然後使用六位元暫存器資料 L 以二進制方式存放七段解碼值，最後使用 assign ｛A，B，C，D，E，F，G｝＝L；敘述將 L 數值分散到七段顯示器接腳信號上。我們把計數值 Q 也拉到輸出信號以方便模擬時比對結果。

```
// Ch08 pili_2.v
// 七段顯示霹靂燈

module pili_2 (Clk,Clr,Q,A,B,C,D,E,F);
input   Clk,Clr;                    // 一位元輸入
output  [3:0] Q;                    // 四位元輸出
output  A,B,C,D,E,F;                // 一位元輸出
reg     [3:0] Q;                    // 宣告爲暫存器資料
reg     [5:0] L;                    // 宣告爲暫存器資料

// 上緣觸發時脈, 上緣同步清除, 模式 12 上數計數器
always@ (posedge Clk)
   if (Clr)              Q = 1;
   else if (Q == 12)     Q = 1;     // 計數值 1 ~ 12
   else                  Q = Q + 1;

// 七段顯示, 組合邏輯電路
always@ (Q)
   case (Q)
      1        :  L = 6'b100000;  // A, 順時針
      2        :  L = 6'b010000;  // B, 順時針
      3        :  L = 6'b001000;  // C, 順時針
      4        :  L = 6'b000100;  // D, 順時針
      5        :  L = 6'b000010;  // E, 順時針
      6        :  L = 6'b000001;  // F, 順時針
      7        :  L = 6'b100000;  // A, 逆時針
      8        :  L = 6'b000001;  // F, 逆時針
      9        :  L = 6'b000010;  // E, 逆時針
      10       :  L = 6'b000100;  // D, 逆時針
      11       :  L = 6'b001000;  // C, 逆時針
      12       :  L = 6'b010000;  // B, 逆時針
      default  :  L = 6'b000000;  // 不顯示
   endcase
assign {A,B,C,D,E,F} = L;

endmodule
```

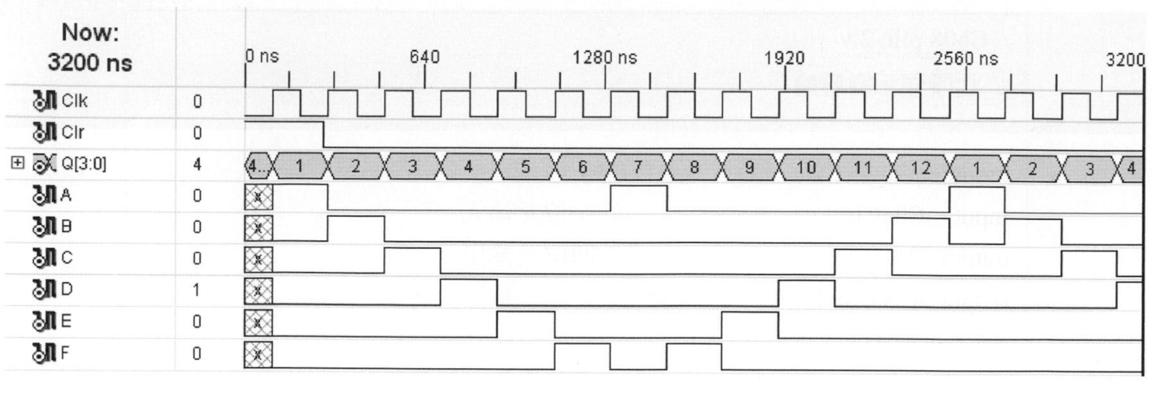


圖 8-29

## 練習題

1. 請設計一個使用共陰七段顯示的霹靂燈電路。時脈信號 Clk 下緣觸發。當同步下緣觸發清除信號 Clr 爲邏輯‘0’時，不論現狀態爲何者，次一狀態使七段顯示器顯示 L 的字樣。當 Clr 爲邏輯‘1’時，依循 Clk 下緣的上數(Up=‘1’)與下數(Up=‘0’)顯示順序分別爲：

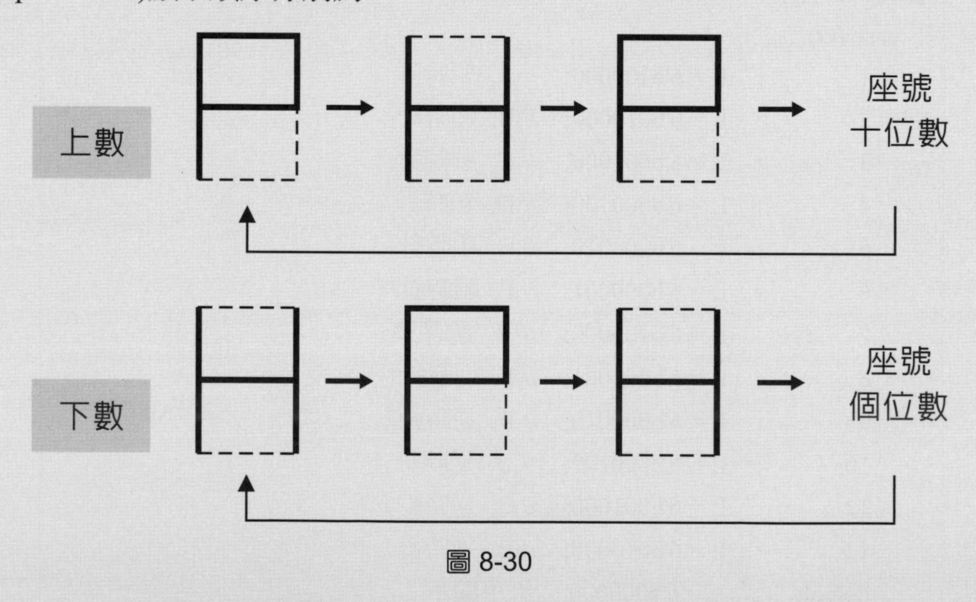


圖 8-30

2. 請設計一個使用共陽七段顯示的霹靂燈電路。時脈信號 Clk 上緣觸發。當非同步上緣觸發清除信號 Clr 爲邏輯‘1’時，馬上使七段顯示器全滅。當 Clr 爲邏輯‘0’時，依循 Clk 上緣顯示順序爲：

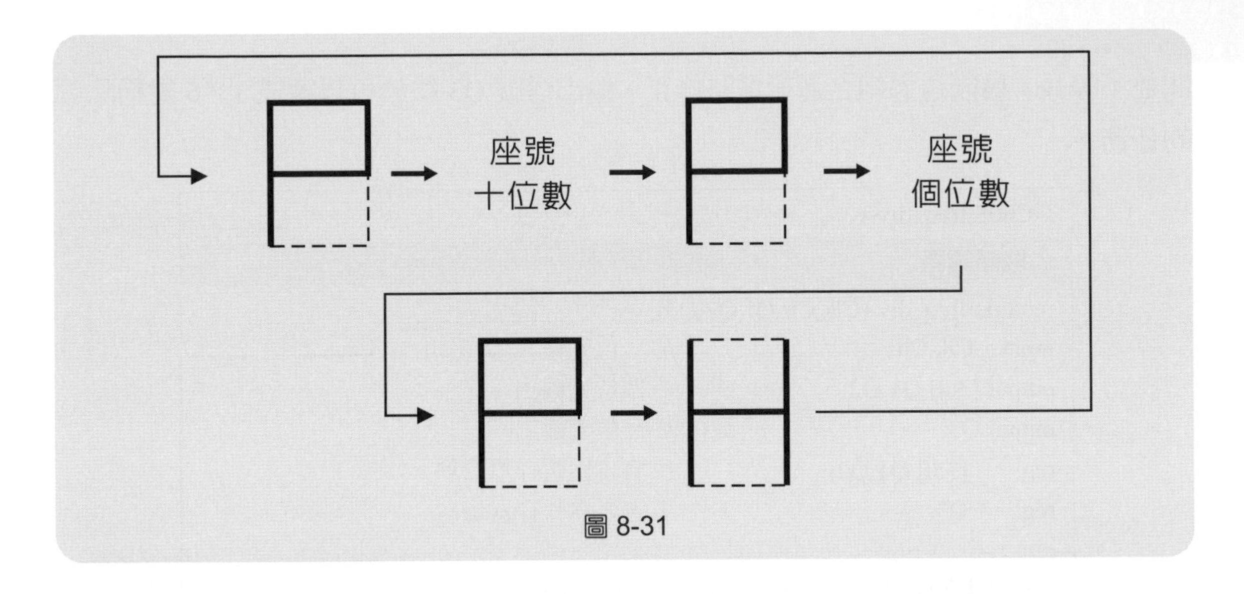

圖 8-31

## 8-3-4 除頻電路

### 一、學習目標與題目說明

前面第 8-3-2 節的內容主要介紹如何使用 Verilog 語法來描述計數器電路的運作。事實上，計數器除了用來可以計數時脈輸入信號的脈衝個數之外，也可以作爲**除頻電路**之用。舉個例子來說，由標準二進制上數計數器各級正反器抽出來的計數值其頻率就是輸入時脈頻率除以 $2^n$ 的結果，而且還是對稱方波信號。所謂對稱信號就是高態時間與低態時間等長的信號。

非 $2^n$ 的除頻電路可以從 mod-N 計數器轉化得來。譬如以下範例就會展示從 mod-6 計數器(計數值 0～5)最高位元抽出的輸出信號其頻率就是原時脈頻率的 1／6。這個 1／6 頻率的方波信號並非是對稱信號；也就是說，信號的高態時間與低態時間並不等長。要想得到對稱輸出方波必須根據計數值再經過邏輯運算才行，譬如要求計數值爲 0、1、2 時輸出高態，而計數值爲 3、4、5 時則輸出高態。

### 二、Verilog 程式檔案

爲了形成對照組，我們首先設計了一個四位元二進制上數計數器 Q1 作爲除頻器，由模擬波形可見 Q1〔0〕、Q1〔1〕、Q1〔2〕與 Q1〔3〕分別可以除出 1／2、1／4、1／8 與 1／16 原時脈頻率的信號。

再來，我們設計了一個四位元 mod-6 的計數器 Q2，其中最高位元 Q2〔2〕確實可以除出 1／6 原時脈頻率的信號。但是由模擬波形可見 Q2〔2〕的高態時間與低態時間並不等長。最後透過組合邏輯電路修正，輸出信號 Q3 終於可以達成 1／6 對稱除頻的任務。

```
// Ch08 freq_div.v
// 除頻電路
module freq_div (Clk,Clr,Q1,Q2,Q3);
input    Clk,Clr;                    // 一位元輸入
output [3:0] Q1,Q2;                  // 四位元輸出
output Q3;                           // 一位元輸出
reg      [3:0] Q1,Q2;                // 宣告爲暫存器資料
reg      Q3;                         // 宣告爲暫存器資料

// 上緣觸發時脈, 上緣同步清除, 除頻 (2 的次方)
always@ (posedge Clk)
   if (Clr)           Q1 = 0;
   else               Q1 = Q1 + 1;

// 上緣觸發時脈, 上緣同步清除, 除頻 (除 6, 不對稱)
always@ (posedge Clk)
   if (Clr)             Q2 = 0;
   else if (Q2 == 5)    Q2 = 0;
   else                 Q2 = Q2 + 1;

// 除頻 (除 6, 對稱), 組合邏輯電路
always@ (Q2)
   if (Q2 <= 2)      Q3 = 1;         // Q2 爲 0, 1, 2 時
   else              Q3 = 0;         // Q2 爲 3, 4, 5 時

endmodule
```

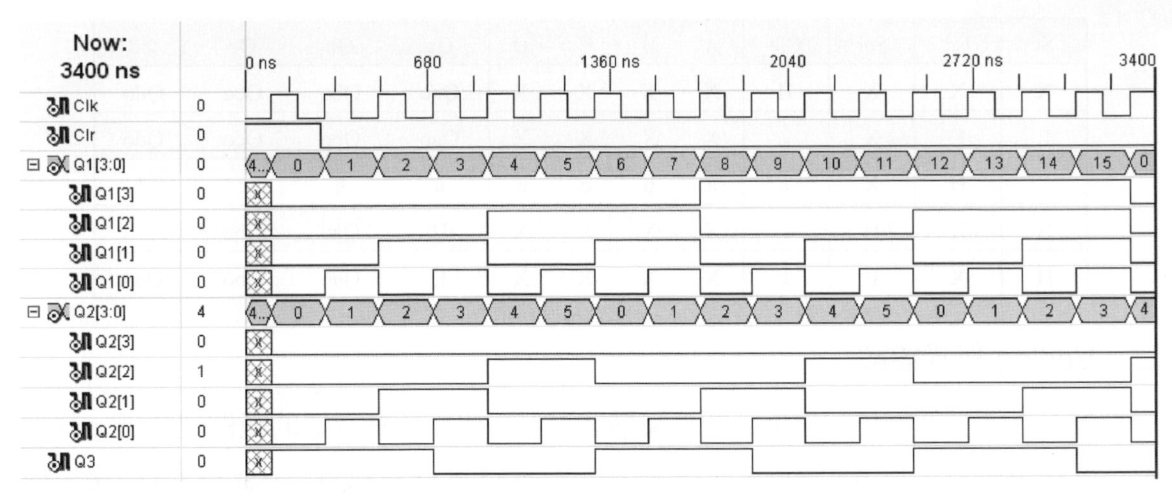


圖 8-32

## 練習題

1. 請設計一個電路將時脈信號除頻出 1／10 對稱方波信號。
2. 請設計一個車尾方向燈控制電路。方向控制 D 撥右邊時(＝“01”)，右方向燈 R 一閃一滅(頻率約 2 Hz)；D 撥左邊時(＝“10”)，右方向燈 L 一閃一滅；D 撥中間時(＝“00”)，左右方向燈均不亮。(提示：除出 2Hz 信號後，再使用多工器電路處理)

## 8-3-5　移位暫存器

### 一、學習目標與題目說明

本範例介紹如何使用 Verilog 敘述作出一個**四位元可載入數值的右移移位暫存器**。有一個具有最高優先權的 St 輸入控制，當 St＝‘1’時依時脈 Clk 下緣進行資料右移(高位元往低位元)的操作，暫存器可從 Ser 輸入信號取得移入的資料(移入最高位元)。有一個 Ld 信號具有第二優先權，當 St＝‘0’且 Ld＝‘1’時依 Clk 下緣載入 A、B、C、D 信號成爲新的暫存器值。輸出信號有暫存器紀錄值 Qa～Qd。

本移位暫存器的眞值表如下所示，其實這就是 74178 的眞值表。

| St | Ld | Ser | Clk | A | B | C | D | Qa | Qb | Qc | Qd |
|---|---|---|---|---|---|---|---|---|---|---|---|
| X | X | X | H | X | X | X | X | Qao | Qbo | Qco | Qdo |
| L | L | X | ↓ | X | X | X | X | Qao | Qbo | Qco | Qdo |
| L | H | X | ↓ | a | b | c | d | a | b | c | d |
| H | X | H | ↓ | X | X | X | X | H | Qao | Qbo | Qco |
| H | X | L | ↓ | X | X | X | X | L | Qao | Qbo | Qco |

## 二、Verilog 程式檔案

以下介紹三個使用 Verilog 語法來描述這個右移移位暫存器的範例程式碼，其中暫存器輸出值 Q〔3：0〕等同於上述表格的｛Qa，Qb，Qc，Qd｝。St 與 Ld 的優先權問題則交由巢狀 if 敘述來處理。

第一種作法使用**右移移位運算子>>**，先將暫存器 Q1 各個位元全體右移一位(此時 Q1〔3〕為‘0’)，然後再將 Ser 放入 Q1〔3〕中(此時 Q1〔3〕被 Ser 覆蓋掉)。

第二種作法使用 **for 敘述**將暫存器 Q2 一位元一位元右移，最後再補上 Ser。請注意，因為使用了阻隔指定敘述＝，每次執行移位結果會馬上影響到後續的移位操作，所以一定要從低位元開始做起。

第三種作法使用**連接運算子**將手工安排好的資料直接放入暫存器 Q3 中，如以下敘述這般，簡單明瞭：

Q3 ＝｛Ser，Q3〔3：1〕｝；

```
// Ch08 shift_reg.v
// 移位暫存器

module shift_reg (Clk,St,Ld,Ser,D,Q1,Q2,Q3);
input   Clk,St,Ld,Ser;              // 一位元輸入
input   [3:0] D;                    // 四位元輸入
output  [3:0] Q1,Q2,Q3;             // 四位元輸出
reg     [3:0] Q1,Q2,Q3;             // 宣告為暫存器資料
integer i;                          // 宣告為整數資料

// 下緣觸發時脈,上緣同步右移,上緣同步載入
// 使用移位運算子
always@ (negedge Clk)
   if (St)
      begin
```

```
        Q1 = Q1 >> 1;
        Q1[3] = Ser;
      end
    else if (Ld)
      Q1 = D;

// 使用 for 敘述
always@ (negedge Clk)
    if (St)
      begin
        for (i = 0; i <= 2; i = i+1)
          Q2[i] = Q2[i+1];
        Q2[3] = Ser;
      end
    else if (Ld)
      Q2 = D;

// 使用連接運算子
always@ (negedge Clk)
    if (St)
      Q3 = {Ser,Q3[3:1]};
    else if (Ld)
      Q3 = D;

endmodule
```

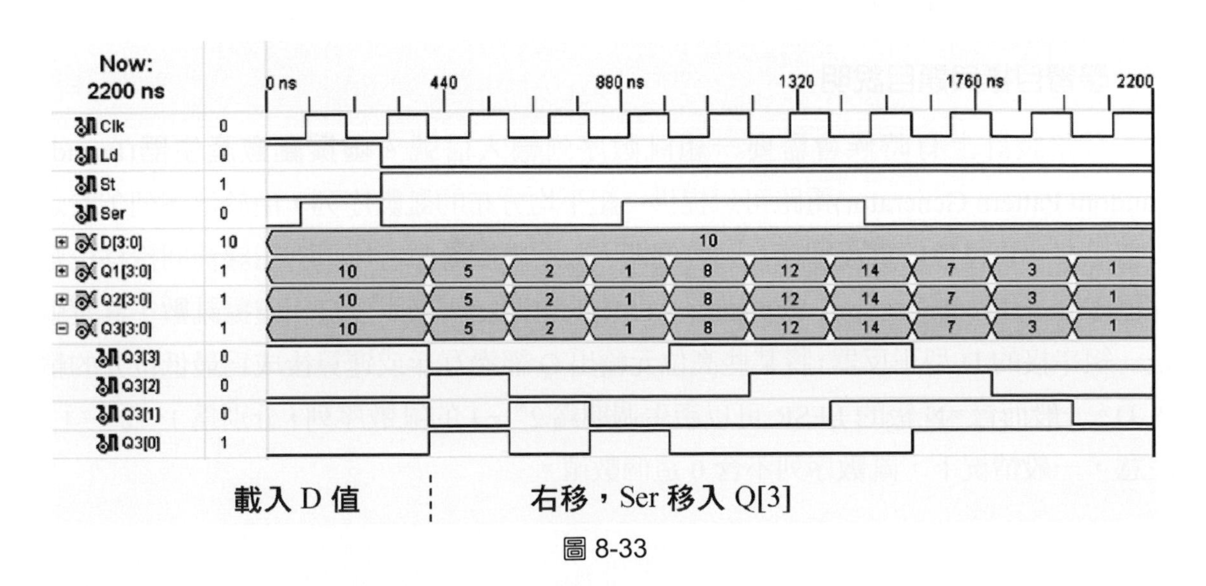


圖 8-33

## 練習題

1. 請設計一個四位元可左移、可右移、可載入、可清除之移位暫存器電路，功能如 74194 一般，其眞値表如下所示。CLRN 爲低態清除信號。S1、S0 爲模式選擇接腳，爲“11”時由輸入接腳 A、B、C、D 載入新的暫存器設定値，爲“01”時進行右移操作，爲“10”時進行左移操作，爲“00”時維持暫存器原紀錄値。本暫存器依時脈 CLK 上緣觸發運作。

| INPUTS | | | | | | | | | | | OUTPUTS | | | | |
|---|---|---|---|---|---|---|---|---|---|---|---|---|---|---|---|
| | Mode | | | Serial | | Parallel | | | | | | | | | |
| CLRN | S1 | S0 | CLK | SLSI | SRSI | A | B | C | D | QA | QB | QC | QD | |
| L | X | X | X | X | X | X | X | X | X | L | L | L | L | 清除 |
| H | X | X | L | X | X | X | X | X | X | QA0 | QB0 | QC0 | QD0 | |
| H | H | H | ↑ | X | X | A | B | C | D | A | B | C | D | 載入 |
| H | L | H | ↑ | X | H | X | X | X | X | H | QAn | QBn | QCn | 右移 |
| H | L | H | ↑ | X | L | X | X | X | X | L | QAn | QBn | QCn | 右移 |
| H | H | L | ↑ | H | X | X | X | X | X | QBn | QCn | QDn | H | 左移 |
| H | H | L | ↑ | L | X | X | X | X | X | QBn | QCn | QDn | L | 左移 |
| H | L | L | ↑ | X | X | X | X | X | X | QA0 | QB0 | QC0 | QD0 | 維持 |

## 8-3-6 虛擬亂數產生器

### 一、學習目標與題目說明

電路設計上有時候會需要一組亂數序列輸入信號。**虛擬亂數產生器**(Pseudo Random Pattern Generator)電路可以提供一組平均分布的亂數序列，由於這序列乍看之下似乎沒有規律性但實際卻存在固定週期，故稱虛擬亂數。可以採用線性回授移位暫存器(Linear Feedback Shift Register：LFSR)的電路結構來產生這組虛擬亂數，其實就是一組串接的 D 型正反器，將某些高位元輸出 Q 經過互斥或運算後成爲最低位元的輸入 D。一般而言，N 級的 LFSR 可以產生週期爲 $2^N-1$ 的亂數序列，分別爲 $1\sim2^N-1$。注意，一般情況下，亂數序列不含 0 這個數値。

以下是一個三級 LFSR 的例子，它可以產生 1～7 的亂數序列，對應到回授方程式 $X^3+X+1$。很明顯地，LFSR 各正反器的初值絕不能設成全爲‘0’的狀態，否則它就不能運轉了(永遠爲“000”)。

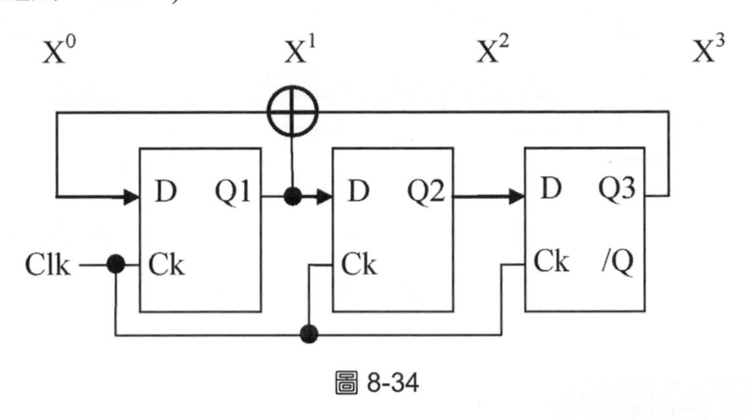


圖 8-34

## 二、Verilog 程式檔案

我們就依照上面 LFSR 的電路完成以下的 Verilog 程式。時脈信號 Clk 上緣觸發，有一個上緣同步清除信號 Clr 可將暫存器值清除爲“100”＝4。移位暫存器功能可以如第 8-3-5 節一般藉由連接運算子來完成。

```
// Ch08 lfsr.v
// 線性回授移位暫存器

module lfsr (Clk,Clr,Q);
input   Clk,Clr;              // 一位元輸入
output  [3:1] Q;              // 三位元輸出
reg     [3:1] Q;              // 宣告爲暫存器資料

// 上緣觸發時脈, 上緣同步清除
always@ (posedge Clk)
  if (Clr)
    Q = 3'b100;
  else
    Q = {Q[2:1],Q[1] ^ Q[3]};

endmodule
```

模擬波形顯示 1～7 的亂數序列(不含 0)，週期為 7。

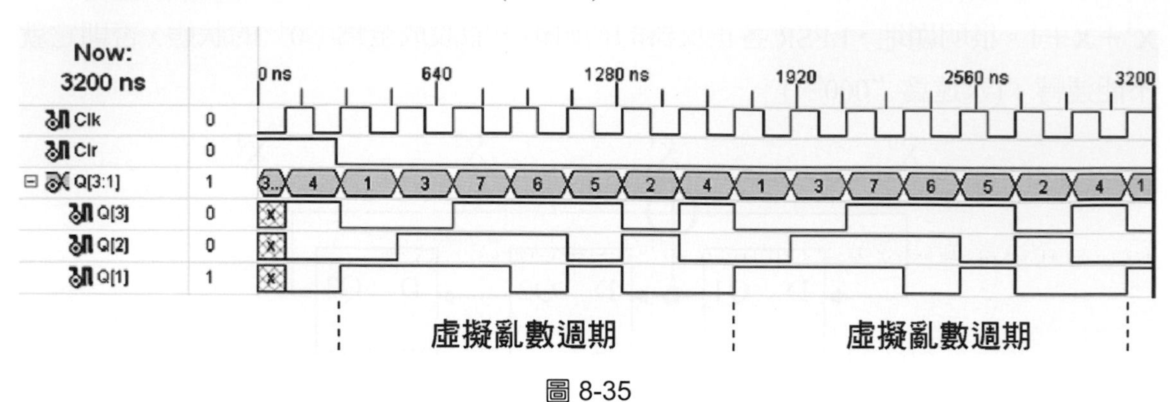


圖 8-35

## 練習題

1. 請設計一個回授方程式為 $X^3+X^2+1$ 的 LFSR，它也可以產生 1～7 的亂數序列，週期為 7。請與本範例產生的亂數序列比較一下。
2. 請設計一個回授方程式為 $X^4+X^3+1$ 的 LFSR，它可以產生 1～15 的亂數序列，週期為 15。

## 8-3-7 隨機存取記憶體與唯讀記憶體

### 一、學習目標與題目說明

在電路系統中，需要大量儲存資料的場合常會使用**隨機存取記憶體**(Random Access Memory：RAM)與**唯讀記憶體**(Read Only Memory：ROM)。RAM 與 ROM 的差異主要在於 RAM 可以持續寫入資料，往後可以從 RAM 中讀出這些寫入的資料，所以記憶體內的資料是可以被改變的；ROM 則只能有讀出資料的動作，記憶體內的資料早在設計與製造時就已決定好不可變更了。

記憶體的存取電路毫無疑問是序向邏輯電路，主要由一些基本記憶單元與位址解碼電路構成。

### 二、Verilog 程式檔案(一)，隨機存取記憶體

以下示範 RAM 的 Verilog 程式寫法。這是一個含有四個八位元(8 位元＝1 位元組＝1 Byte)資料的隨機存取記憶體，需要的記憶體位址信號 Addr 為二位元($2^2$＝4 個定址

位置)，而電路記憶體資料輸入信號 Di 與資料輸出信號 Do 皆需要八位元。有一個下緣觸發致能信號 Cs，當 Cs 爲‘↓’且寫入致能信號 We 爲‘1’時進行輸入信號 Di 寫入記憶體的動作，此時輸出信號 Do 爲高阻抗狀態；當 Cs 爲‘↓’且 We 爲‘0’時進行資料讀出動作，儲存的資料由 Do 輸出。

我們使用關鍵字 parameter 宣告了 Words 參數負責紀錄記憶體長度，宣告 Bits 參數負責紀錄記憶體每筆資料的位元數。然後搭配以下敘述：

reg〔Bits－1：0〕Ram〔Words－1：0〕；

宣告了記憶體資料 Ram 爲含有 Words 個 Bits 位元資料的隨機存取記憶體。

```
// Ch08 ram.v
// 隨機存取記憶體 4*bytes

module ram (Cs,We,Addr,Di,Do);
parameter Words = 4;
parameter Bits   = 8;
input    Cs,We;                         // 一位元輸入
input    [1:0] Addr;                    // 二位元輸入
input    [Bits-1:0] Di;                 // 八位元輸入
output   [Bits-1:0] Do;                 // 八位元輸出
reg      [Bits-1:0] Do;                 // 八位元輸出
reg      [Bits-1:0] Ram [Words-1:0];    // 宣告爲記憶體資料

// 下緣觸發致能
always@ (negedge Cs)
  if (We)                         // 寫入
    begin
       Ram[Addr] = Di;
       Do = 8'bz;
    end
  else                            // 讀出
    Do = Ram[Addr];

endmodule
```

模擬時依序寫入 55、100、200 與 255，然後再依序讀出。

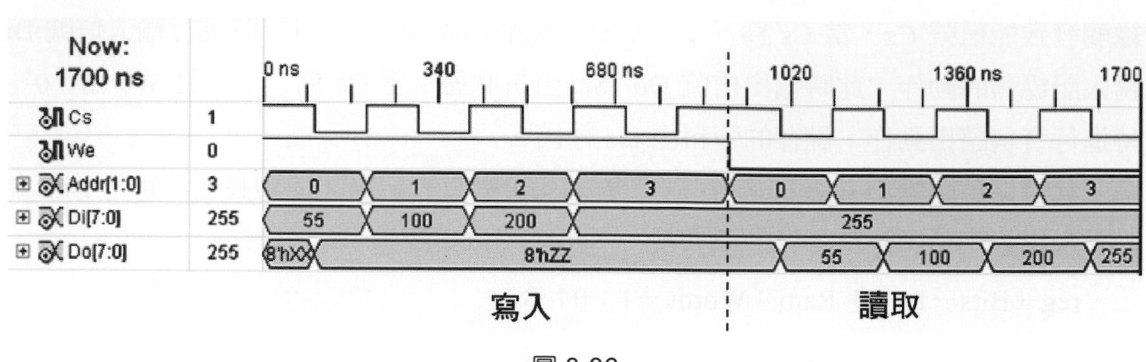


圖 8-36

## 三、Verilog 程式檔案(二)，唯讀記憶體

以下示範 ROM 的 Verilog 程式寫法。這是一個含有四個八位元資料(位元組：Byte)的唯讀記憶體，記憶體位址信號 Addr 需要二位元，而電路記憶體資料輸出信號 Do 需要八位元。有一個下緣觸發致能信號 Cs，當 Cs 為‘0’時才可以進行資料存取的動作。基本上，ROM 可以視為一個輸入信號固定的多工器電路，我們使用 case 敘述來完成它，此時位址 Addr 就是 case 敘述的索引指標。

```
// Ch08 rom.v
// 唯讀記憶體 4*bytes


module rom (Cs,Addr,Do);
parameter Words = 4;
parameter Bits   = 8;
input    Cs;                          // 一位元輸入
input    [1:0] Addr;                  // 二位元輸入
output   [Bits-1:0] Do;               // 八位元輸出
reg      [Bits-1:0] Do;               // 宣告為暫存器資料

// 下緣觸發致能
always@ (negedge Cs)
  begin
    case (Addr)
      0         : Do = 8'h41;        // 讀取儲存資料
      1         : Do = 8'h42;
```

```
        2          : Do = 8'h43;
        default    : Do = 8'h44;
      endcase
    end

endmodule
```

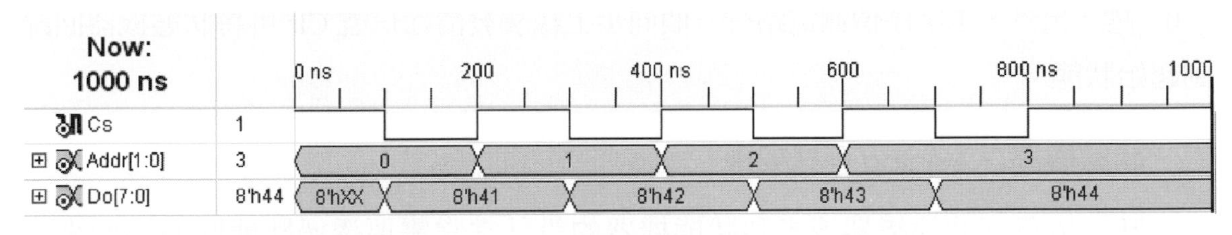


圖 8-37

## 練習題

1. 請設計一個含有 8 個 16 位元資料(字組：Word＝2 Bytes)的隨機存取記憶體電路。
2. 請設計一個含有 8 個 16 位元資料(字組：Word)的唯讀記憶體電路。

## 8-3-8 有限狀態機器(字序偵測器)

### 一、學習目標與題目說明

在序向邏輯電路中，**有限狀態機器**(Finite State Machine：FSM)電路是具有普遍性功能的電路，舉凡前面範例介紹的計數器電路、移位暫存器電路等等均可將之視爲一個具有固定功能且有高度運作規律性的狀態機器。

在同步狀態機器電路方面，可分爲**米利機器**(Mealy Machine)和**莫耳機器**(Moore Machine)兩種設計方式，它們二者之間主要的差別簡述如下：

1. 米利機器的輸出和現在的輸入及記憶性電路的狀態有關。莫耳機器的輸出只和現在記憶性電路的狀態有關，和現在的輸入無關。
2. 米利機器的輸入必須在讀取輸出後才可切換。而莫耳機器的輸入在記憶性電路閂鎖後就可切換。

在本範例中，我們將以**字序偵測器**電路爲例介紹如何使用 Verilog 敘述來描述莫耳機器和米利機器電路。字序偵測器電路可以偵測在一串連續輸入的字元中是否出現符合特定順序要求的字串。

本範例電路所要偵測的字串爲“101”；也就是說，當一位元輸入信號 D 的持續字串中出現“101”字序時，一位元輸出信號 Q 將爲邏輯‘1’態；否則，Q 維持邏輯‘0’態。另外，本字序偵測電路有一個同步上緣觸發清除信號 Clr 可將狀態機器回歸到起始狀態。

## 二、狀態機器之 Verilog 程式架構

無論是莫耳狀態機器或米利狀態機器的設計常常需要透過狀態圖的協助來完成。狀態圖的繪製常常由設計工程師手工完成，然後經過狀態縮減操作去除一些不必要或是多餘的狀態以精簡最後合成的電路。

以下圖 8-38 是本“101”字序偵測器電路莫耳機器形式之狀態圖，而圖 8-39 則是米利機器形式的狀態圖。

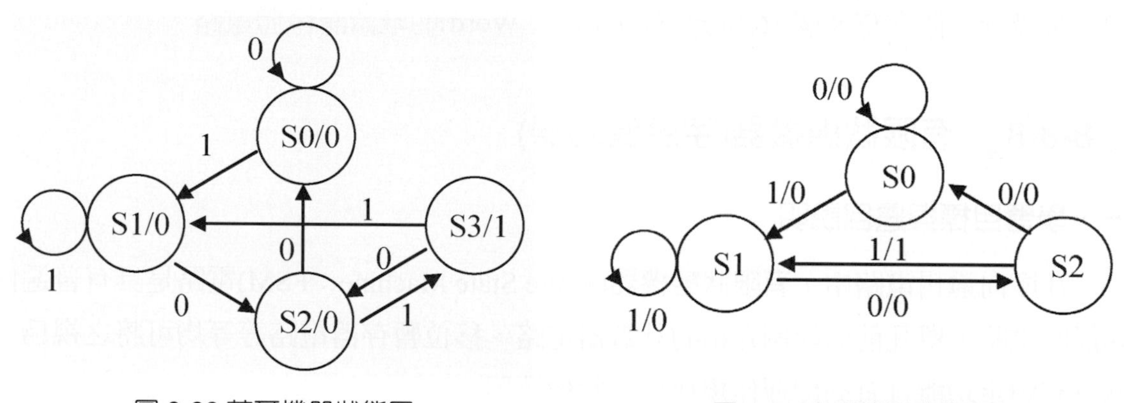


圖 8-38 莫耳機器狀態圖　　　圖 8-39 米利機器狀態圖

Verilog 程式就依據狀態圖來產生系統控制所需要的狀態切換信號。首先，宣告二個暫存器資料 Cs 與 Ns，Cs 負責紀錄現在狀態，而 Ns 負責紀錄次一狀態。再來，使用二個 always 區塊來完成狀態切換的動作。第一個 always 區塊主要依據時脈運作與控制信號來描述現在狀態 Cs 的起始或更新動作，這是一個序向邏輯電路。第二個 always 區塊內主要使用 case 敘述依據現在狀態 Cs 與輸入信號來產生次一狀態 Ns 與輸出信號，這是一個組合邏輯電路。

狀態機器的基本描述格式如下所示：

```
always@  (時脈與控制信號條件)           // 這是序向邏輯電路
  if  (控制信號條件)  Cs = S0;          // 切換為起始狀態
  else                Cs = Ns;          // 切換為次一狀態

always @  (Cs  or  輸入信號)            // 這是組合邏輯電路
  case  (Cs)
    S0      : begin   產生次一狀態 Ns 與輸出信號    end
    S1      : begin   產生次一狀態 Ns 與輸出信號    end
  ………
    default : begin   產生次一狀態 Ns 與輸出信號    end
  endcase
```

常用的狀態指定形式有二進制編碼(Binary)、單擊編碼(One_Hot)以及格雷編碼(Gray)這三種，請參考下表所示。其中，二進制編碼最廣為使用；單擊編碼形式的電路最單純，但是使用的正反器數目較多；使用格雷編碼形式，相鄰的狀態變數間只有一個正反器數值會產生改變。

| 狀態變數 | 二進制編碼 | 單擊編碼 | 格雷編碼 |
|---|---|---|---|
| S0 | 00 | 0001 | 00 |
| S1 | 01 | 0010 | 01 |
| S2 | 10 | 0100 | 11 |
| S3 | 11 | 1000 | 10 |

我們可以使用 parameter 關鍵字來宣告狀態參數。如下所示，我們將 S0 狀態參數設為“00”，S1 設為“01”，S2 設為“10”，S3 設為“11”，這是二進制編碼方式。

```
parameter 〔1：0〕                 // 宣告狀態參數, 二進制編碼
  S0＝2'b00，S1＝2'b01，S2＝2'b10，S3＝2'b11；
```

## 三、Verilog 程式檔案(一)，莫耳機器

如果使用**莫耳機器**方式來設計本“101”字序偵測電路，我們可以根據狀態圖的定義撰寫出以下 Verilog 程式。目前狀態參數採二進制編碼。輸出信號 Q 僅受限於現在狀態，與現在輸入信號 D 無關，故 Q 的切換時機與時脈 Clk 的上緣同步。

```
// Ch08 moore.v
// 莫耳狀態機器 (101 字序偵測器)

module moore (Clk, Clr, D, Q, Cs);
input       Clk, Clr, D;              // 一位元輸入
output      Q;                        // 一位元輸出
output      [1:0] Cs;                 // 二位元輸出
reg         Q;                        // 宣告爲暫存器資料
reg         [1:0] Cs, Ns;             // 宣告爲暫存器資料
parameter [1:0]                       // 宣告狀態參數,二進制編碼
 S0=2'b00, S1=2'b01, S2=2'b10, S3=2'b11;

// 上緣觸發時脈,上緣同步清除, 序向邏輯電路
always@ (posedge Clk)
  if (Clr) Cs = S0;                   // 切換爲起始狀態
  else     Cs = Ns;                   // 切換爲次一狀態

// 決定次一狀態 Ns 與輸出 Q, 組合邏輯電路
always @ (Cs or D)
  case (Cs)
    S0 : begin
           Q = 0;
           if (D == 0)   Ns = S0;
           else          Ns = S1;
         end
    S1 : begin
           Q = 0;
           if (D == 0)   Ns = S2;
           else          Ns = S1;
         end
    S2 : begin
           Q = 0;
           if (D == 0)   Ns = S0;
           else          Ns = S3;
         end
    S3 : begin
```

```
                Q = 1;
                if (D == 0)     Ns = S2;
                else            Ns = S1;
            end
    endcase

endmodule
```

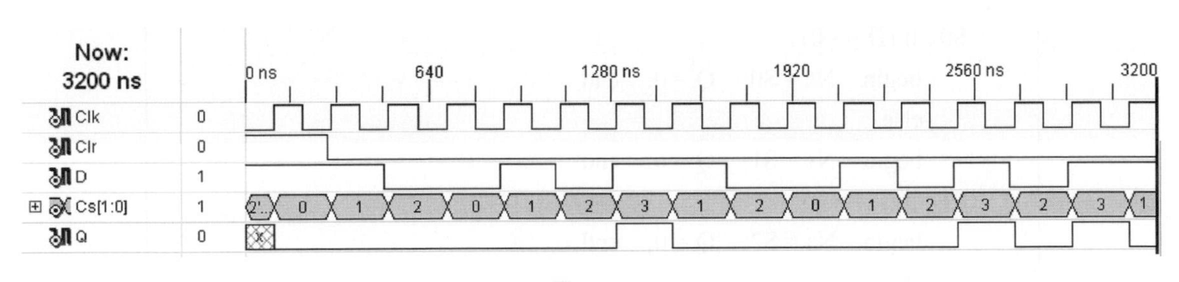


圖 8-40

## 四、Verilog 程式檔案(二)，米利機器

如果使用**米利機器**方式來設計本字序偵測電路，我們可以根據狀態圖的定義撰寫出以下的 Verilog 程式。目前狀態參數改採格雷編碼。

由於輸出信號 Q 不僅受限於現在狀態，也與現在輸入信號 D 有關，所以當現在狀態與 D 符合條件，Q 不待時脈上緣而即刻產生反應成爲‘1’；待時脈 Clk 上緣到來時，狀態機器會切換至次一狀態，故而 Q 回復爲‘0’，最終形成一個狹窄的脈波。這也就是爲什麼使用米利狀態機器時要非常注意輸入信號切換時機的原因。

```
// Ch08 mealy.v
// 米利狀態機器 (101 字序偵測器)

module mealy (Clk, Clr, D, Q, Cs);
input       Clk, Clr, D;            // 一位元輸入
output      Q;                      // 一位元輸出
output      [1:0] Cs;               // 二位元輸出
reg         Q;                      // 宣告爲暫存器資料
reg         [1:0] Cs, Ns;           // 宣告爲暫存器資料
parameter [1:0]                     // 宣告狀態參數, Gray 編碼
  S0=2'b00, S1=2'b01, S2=2'b11;
```

```
// 上緣觸發時脈,上緣同步清除, 序向邏輯電路
always@ (posedge Clk)
   if (Clr) Cs = S0;                    // 切換爲起始狀態
   else     Cs = Ns;                    // 切換爲次一狀態

// 決定次一狀態 Ns 與輸出 Q, 組合邏輯電路
always @ (Cs or D)
   case (Cs)
     S0 : if (D == 0)
          begin   Ns = S0;   Q = 0;   end
          else
          begin   Ns = S1;   Q = 0;   end
     S1 : if (D == 0)
          begin   Ns = S2;   Q = 0;   end
          else
          begin   Ns = S1;   Q = 0;   end
     S2 : if (D == 0)
          begin   Ns = S0;   Q = 0;   end
          else
          begin   Ns = S1;   Q = 1;   end
   endcase

endmodule
```

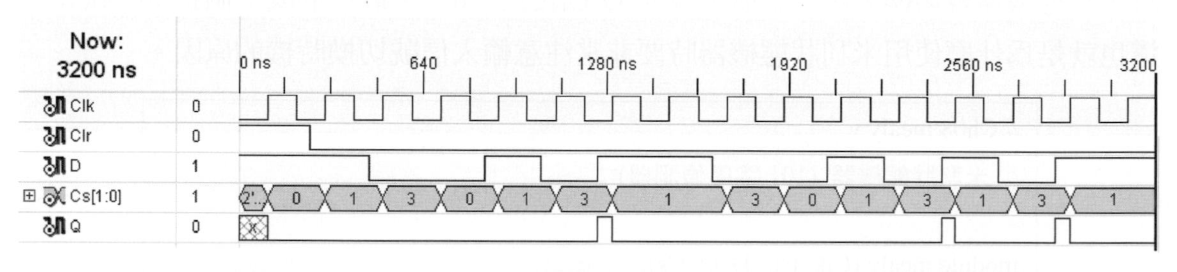


圖 8-41

## 五、Verilog 程式檔案(三)，莫耳機器

狀態機器的程式寫法也可以**只使用一個 always 區塊**，本“101”字序偵測器的莫耳機器 Verilog 程式如下所示。

程式中以 case 敘述來區分各個狀態，然後在各狀態下以 if 敘述處理 Cs 狀態切換與輸出信號 Q。現在程式碼的編撰必須更小心一些，因爲程式的規律性變差了。

```
// Ch08 moore_101.v
// 莫耳狀態機器 (101 字序偵測器)

module moore_101 (Clk, Clr, D, Q, Cs);
input       Clk, Clr, D;                // 一位元輸入
output      Q;                          // 一位元輸出
output      [1:0] Cs;                   // 二位元輸出
reg         Q;                          // 宣告爲暫存器資料
reg         [1:0] Cs;                   // 宣告爲暫存器資料
parameter [1:0]                         // 宣告狀態參數,二進制編碼
   S0=2'b00, S1=2'b01, S2=2'b10, S3=2'b11;

// 上緣觸發時脈,上緣同步清除, 序向邏輯電路
always@ (posedge Clk)
   if (Clr)                             // 切換爲起始狀態
      begin
         Cs = S0;        Q = 0;
      end
   else
      case (Cs)
         S0 : if (D == 0)
                    Cs = S0;
               else
                    Cs = S1;
         S1 : if (D == 0)
                    Cs = S2;
               else
                    Cs = S1;
         S2 : if (D == 0)
                    Cs = S0;
               else
                    begin
                       Q = 1;      Cs = S3;
                    end
         S3 : begin
```

```
                Q = 0;
                if (D == 0)
                    Cs = S2;
                else
                    Cs = S1;
            end
    endcase

endmodule
```

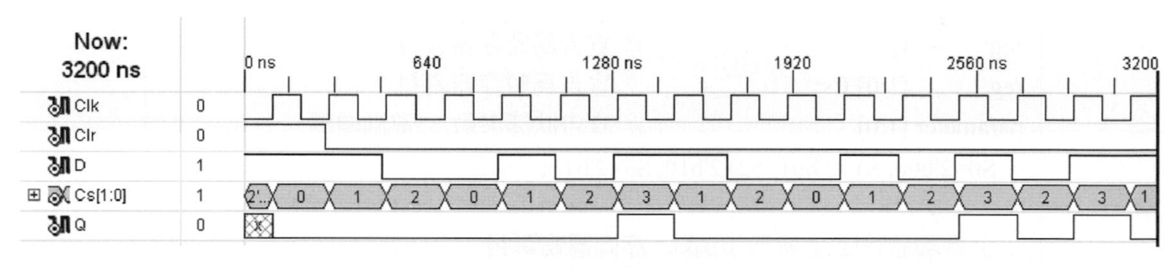


圖 8-42

## 六、Verilog 程式檔案(四)，有循環狀態之莫耳機器

有些狀態機器具有**循環狀態**，譬如“111”字序偵測器，必須連續多次偵測到‘1’字元，輸出才有反應。

確實我們可以修改成如圖 8-43 所示的狀態圖，然後如法泡製寫出 Verilog 程式，不過如果循環狀態的次數很多，狀態馬上就會跟著多起來，程式編輯與合成的電路都會變得很龐雜。其實，很多中繼狀態都具有類似的功能，以下範例將引進計數器功能來將這些中繼狀態進行壓縮以簡化電路設計。

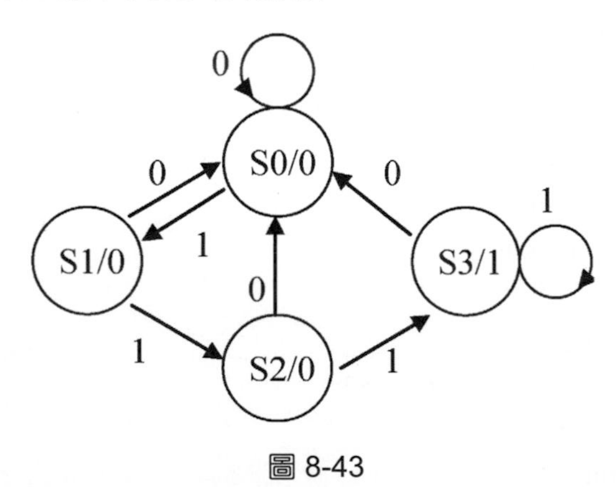


圖 8-43

首先，Verilog 程式採用一個 always 區塊的撰寫方式，然後在同步上緣觸發清除信號 Clr 成立時，將現在狀態歸位到狀態 S0，計數器 Cnt 歸零。當偵測到第一個‘1’時，狀態切換到 S1，Cnt 開始加一計數。若連續的‘1’字元個數總數達到三個，輸出信號 Q 設爲‘1’；否則，只要出現一個‘0’字元，狀態回到 S0，Cnt 歸零，Q 設爲‘0’。現在只需要二個狀態即可了。

```
// Ch08 moore_111.v
// 莫耳狀態機器 (111 字序偵測器)

module moore_111 (Clk, Clr, D, Q, Cs, Cnt);
input   Clk, Clr, D;                    // 一位元輸入
output  Q;                              // 一位元輸出
output  [1:0] Cs,Cnt;                   // 二位元輸出
reg     Q;                              // 宣告爲暫存器資料
reg     [1:0] Cs, Cnt;                  // 宣告爲暫存器資料
parameter S0 = 0, S1 = 1;               // 宣告狀態參數

// 上緣觸發時脈, 上緣同步清除, 序向邏輯電路
always@ (posedge Clk)
  if (Clr)
    begin   Cs = S0; Q = 0;   end       // 切換爲起始狀態
  else
    case (Cs)
      S0 : if (D == 0)
                begin
                  Q = 0;
                  Cnt = 0;
                  Cs   = S0;
                end
              else
                begin
                  Q = 0;
                  Cnt = 1;
                  Cs   = S1;
                end
      S1 : if (D == 0)                  // 有 0, 歸位 S0
                begin
```

```
                Q = 0;
                Cs = S0;
            end
        else                            // 當 D == 1
            begin
                Cs = S1;
                if (Cnt == 2)           // 連續 1 已達三次
                    begin
                        Cnt = 2;
                        Q = 1;
                    end
                else                    // 連續 1 未達三次
                    Cnt = Cnt + 1;
            end
    endcase

endmodule
```

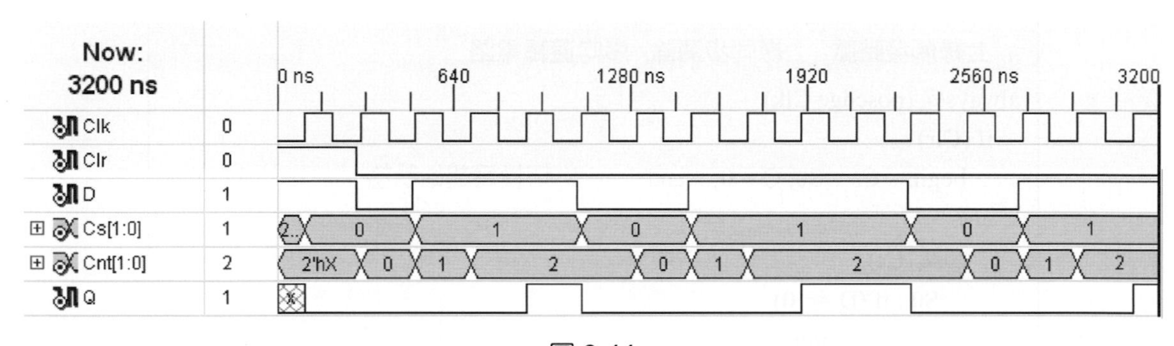


圖 8-44

## 練習題

1. 請以莫耳機器與米利機器設計“010”字序偵測電路。
2. 請使用莫耳機器設計以下紅黃綠燈交通號誌控制電路，三位元輸入信號 S 爲週期設定值。交通號誌狀態切換情形如下：紅、黃燈滅，綠燈 5 週期→ 紅、綠燈滅，黃燈 1 週期 → 黃、綠燈滅，紅燈 S 週期 → 紅、黃燈滅，綠燈 5 週期……。

Verilog

Chapter 9

# 模組化與階層化設計

## 9-1 模組化和階層化設計的觀念

Verilog 程式發展環境一般會將每個電路設計作品視為一個專案(Project)，而每個專案檔案內通常有一個或多個設計輸入檔案。這是因為複雜一點的設計電路往往不可能在一張電路圖內或是一個 Verilog 程式檔案內描述完畢，這時只好將電路拆成多張彼此相連結的電路圖或彼此呼叫的 Verilog 程式。這時設計工程師往往會使用**模組化**和**階層化**的設計理念來處理並解決問題。

所謂模組化和階層化設計，請參考圖 9-1 的示意圖，就是先將整體電路依其特性及複雜度切割成合適的子電路，然後先個別設計及模擬每一個子電路，待相關的子電路一一完成後，再將它們組合起來繼續進行設計，最後完成整體電路。

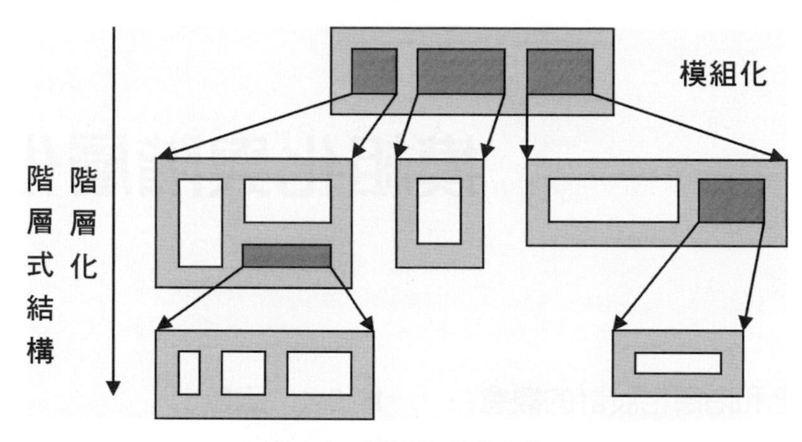


圖 9-1　模組化與階層化

由於各個子電路皆經過完整的設計過程，因此這個子電路就可以用一個元件符號或模組例證來表示，往後可以在同一設計作品或其它作品內一再地重複使用它，就好像是用已做好的積木堆出各種不同的城堡一樣。所以我們說這個子電路已被**模組化**了。

當電路大到某個地步，為了設計方便又不容易出錯，我們通常必需將整個電路拆成幾個模組區塊以利工作。如果將電路在水平方向切割，以類似拼圖的方式模組化，這就是所謂平坦式(Flat)結構。如果我們將電路在垂直方向切割電路，而此處的模組也可能是由幾個更基層的模組所組成，一路沿續下去，就會形成像金字塔型的**階層化**(Hierarchy)結構。譬如，Windows 作業系統以樹狀結構來管理檔案系統其實就是一種階層化的應用。當電路愈趨複雜時，由於先天上階層化設計就較容易處理與管理整體電路，所以成為現今設計方式的主流派。

模組化和階層化的設計方式能夠令一群工程師同時針對某個特定的設計專案而努力，以達到分工合作的目的。而且如果用這種工作方式預先建好一些常用的電路模組，以後就可以在新的設計作品中一再重複使用它們，大量節省設計所需的精力與時間。這些獨立的電路模組可以個別地維護及升級，在管理上十分便利。

## 9-1-1 了解階層結構

第一次接觸到階層式電路的人，總會先入爲主地以爲它是很複雜的觀念。然而，一旦了解一些基本原理之後，我們會發現使用階層結構的觀念來組織一個設計作品，其實一點也不困難。

在 Verilog 內，所有階層式結構的專案中都包含了一個最高階層的設計輸入檔案，我們稱之**主設計輸入檔案**(相當於 Windows 中的根目錄)。而所謂階層式結構指的就是組成一個設計作品的主設計電路模組和它的子層電路模組之間的關係。主設計電路模組內至少會包含一個子層電路模組的**例證**(Instantiation)。例證負責提供一個與子層電路模組的溝通管道，信號透過例證上的接腳連接到子層電路對應的輸出入埠上。在 Verilog 內，子層電路模組的建立可以透過模組例證(Module Instantiation)、自訂邏輯電路(User-Defined Primitive：UDP)、函數(Function)與任務(Task)來完成。

在如同金字塔形的階層結構中，目前工作模組的上層模組稱爲父層設計模組(所以最上層的設計模組就是主設計檔案)，而由例證所代表的電路就是次級設計模組或稱子層設計模組。延伸這種垂直性的結構，子層設計模組也能有它們自己更低階的子層設計模組，一直延續下去。

如果以圖形方式來表示階層結構就如圖 9-2 與圖 9-3 所示。

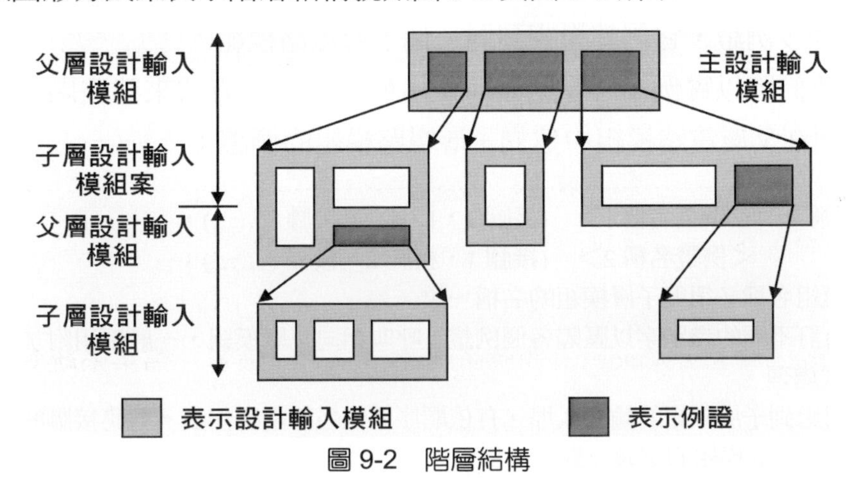


圖 9-2　階層結構

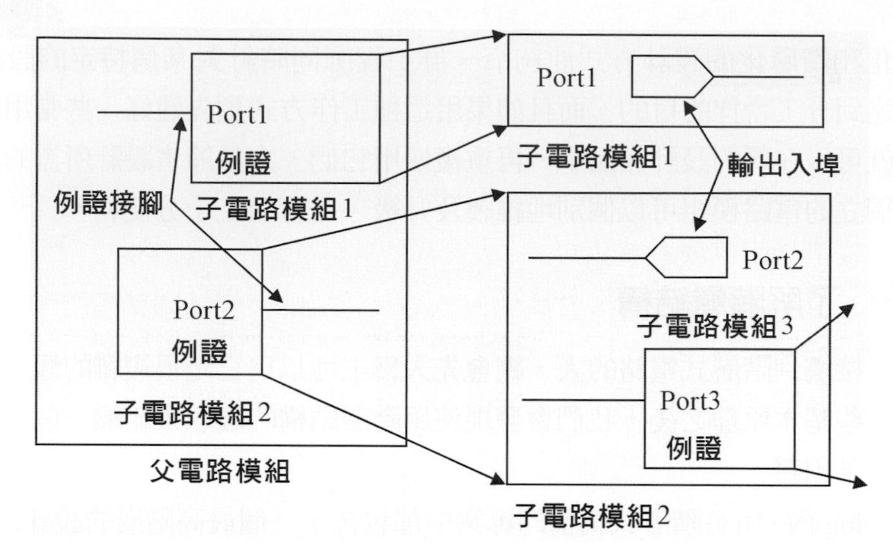


圖 9-3　例證、例證接腳與輸出入埠

在 Verilog 內，對於一個專案中階層的數目並無特殊限制，只受程式發展環境的可用記憶體所限制。由於子層設計模組可以一直重複被使用，所以階層結構極適合處理整個設計中具有重複性電路的應用場合。

## 9-2 模組例證

若是已建立好子層電路模組，我們就可以在父層電路模組中以**模組例證**(Module Instantiation)的方式呼叫它，此時的子層電路模組根本上就是一個完整可模擬可合成的 Verilog 檔案。所謂例證就是在父層電路模組中所建立的子層電路模組副本，必要時可以建立許多例證，它們都對應到同一個子層電路模組。

本小節我們將以實例操作介紹如何使用模組例證的方式來建立階層式電路。首先，介紹如何在父層電路模組中建立子層電路模組的例證：

---

＜模組名稱＞　＜例證名稱 1＞　(接腳 1，接腳 2，接腳 3……)，
　　　　　　　＜例證名稱 2＞　(接腳 1，接腳 2，接腳 3……)；

模組名稱：模組名稱必須與子層模組的名稱一致。

例證名稱：自訂不同的識別字以區隔各個例證。呼叫相同子層模組，一般都用附加流水序號方式處理。

接　　腳：對應到子層模組的輸出入埠。有依順序與依名稱兩種作法。對應接腳的位元寬度必須與子層模組的定義一致。

---

## 9-2-1 設計範例(一)，七段顯示的 BCD 計數器

我們將以實例操作介紹如何使用模組例證的方式建立階層式電路。本範例使用共陰七段顯示器來顯示 BCD 上數計數器的結果，其實它就是**第 8-3-2 節程式**(cnt3.v)的設計，只不過現在我們將它拆開成二個子層模組罷了。

我們將先建立一個子層模組 BCD.v，它是一個 BCD 上數計數器(序向邏輯電路)；再建立一個子層模組 seg.v，它是一個共陰七段顯示器解碼器(組合邏輯電路)；最後在父層模組 BCD_7seg.v 中呼叫二個子層模組的例證加以連接就構成最終的電路設計。各模組之間的連接狀況請見以下的方塊圖。

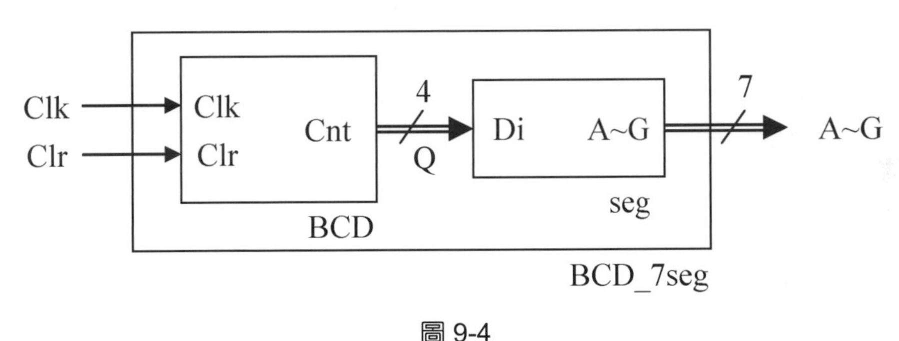


圖 9-4

BCD_7seg.v 電路有一個上緣觸發時脈信號 Clk，一個上緣同步清除信號 Clr 可清除計數值爲 0，此時七段顯示器將會顯示 0 的字樣。Clk 與 Clr 信號將導入 BCD.v 中，四位元計數值 Cnt 隨時脈 Clk 上緣每次加一，計數到 9 後回到 0 再繼續上數。BCD 計數值 Cnt 將被導入 seg.v 中的四位元輸入信號 Di，經過共陰七段解碼後再導回 BCD_7seg.v 由輸出埠 A～G 送出信號。二個子層模組間的連線以 wire 宣告連線資料 Q 處理即可。

以下是 BCD.v 的 Verilog 程式碼內容。

```
// Ch09 BCD.v
// BCD 上數計數器

module BCD (Clk,Clr,Cnt);
input   Clk,Clr;              // 一位元輸入
output  [3:0] Cnt;            // 四位元輸出
reg     [3:0] Cnt;            // 宣告爲暫存器資料
```

```
// 上緣觸發時脈, 上緣同步清除,  BCD 上數計數器
always@ (posedge Clk)
  if (Clr)
    Cnt = 0;
  else if (Cnt == 9)
    Cnt = 0;
  else
    Cnt = Cnt + 1;

endmodule
```

以下是 seg.v 的 Verilog 程式碼內容。

```
// Ch09 seg.v
// 七段顯示

module seg (Di,A,B,C,D,E,F,G);
input   [3:0] Di;               // 四位元輸入
output  A,B,C,D,E,F,G;          // 一位元輸出
reg     A,B,C,D,E,F,G;          // 宣告爲暫存器資料

// 七段顯示, 組合邏輯電路
always@ (Di)
  if      (Di == 4'b0000)       {A,B,C,D,E,F,G} = 7'b1111110;
  else if (Di == 4'b0001)       {A,B,C,D,E,F,G} = 7'b0110000;
  else if (Di == 4'b0010)       {A,B,C,D,E,F,G} = 7'b1101101;
  else if (Di == 4'b0011)       {A,B,C,D,E,F,G} = 7'b1111001;
  else if (Di == 4'b0100)       {A,B,C,D,E,F,G} = 7'b0110011;
  else if (Di == 4'b0101)       {A,B,C,D,E,F,G} = 7'b1011011;
  else if (Di == 4'b0110)       {A,B,C,D,E,F,G} = 7'b0011111;
  else if (Di == 4'b0111)       {A,B,C,D,E,F,G} = 7'b1110000;
  else if (Di == 4'b1000)       {A,B,C,D,E,F,G} = 7'b1111111;
  else if (Di == 4'b1001)       {A,B,C,D,E,F,G} = 7'b1110011;
  else                          {A,B,C,D,E,F,G} = 7'b0000000;

endmodule
```

例證接腳與子層模組輸出入埠的對應關係有依順序與依名稱兩種，本範例程式採**依順序**方式；也就是說，呼叫例證接腳時的排列順序與子層模組程式檔案內輸出入埠的排列順序完全一致。我們在**第 9-2-2 節**的範例中將示範**依名稱**對應的使用方式。

以下是 BCD_7seg.v 的 Verilog 程式碼內容與模擬結果。我們把上數計數值 Q 也拉出輸出信號以方便觀察。

```
// Ch09 BCD_7seg.v
// BCD 上數計數器以七段顯示


module BCD_7seg (Clk,Clr,Q,A,B,C,D,E,F,G);
input    Clk,Clr;                    // 一位元輸入
output   A,B,C,D,E,F,G;              // 一位元輸出
output   [3:0] Q;                    // 四位元輸出
wire     [3:0] Q;                    // 宣告爲連線資料

// 呼叫模組例證, 依順序
BCD BCD1 (Clk,Clr,Q);
                // BCD.v 之輸出入埠順序 (Clk,Clr,Cnt)
seg seg1 (Q,A,B,C,D,E,F,G);
                // seg.v 之輸出入埠順序    (Di,A,B,C,D,E,F,G)
endmodule
```

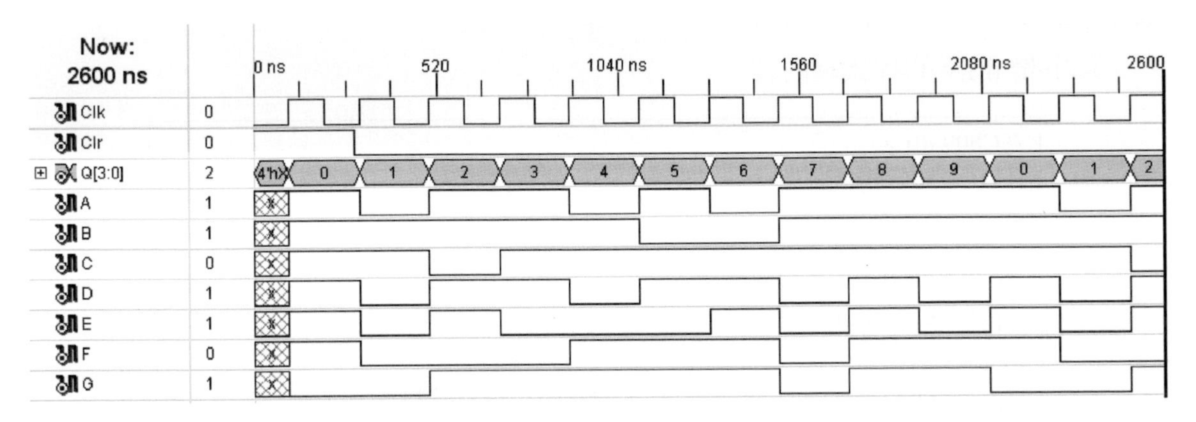


圖 9-5

## 9-2-2 設計範例(二)，環形計數器

例證接腳與子層模組輸出入埠的對應關係可以有依順序與依名稱兩種。如上一節範例介紹的依順序方式，確實使用方便也可以令程式顯得清爽些，但是若是因爲疏忽而導致對應錯誤，Verilog 編譯程式未必會給予錯誤或警告訊息，這對於除錯工作會是一件不小的風險與負擔。若是採用本小節介紹的**依名稱**方式，例證接腳與子層模組輸出入埠的對應關係必須明確地一對一定義清楚，大大減少了對應錯誤的機率。

本範例爲一個四位元環形計數器電路，如下所示。N 位元的環形計數器可以在不外加電路情況下計數到 2N 個計數值。

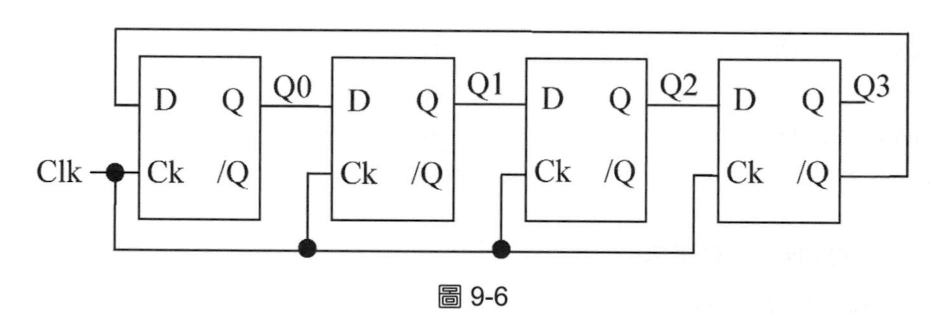


圖 9-6

我們將先建立一個子層模組 dff.v，它是一個 D 型正反器電路；然後再建立一個父層模組 ring_cnt.v 呼叫四次 dff.v 的例證而構成最終的電路設計。ring_cnt.v 有一個上緣觸發時脈信號 Clk，一個上緣同步清除信號 Clr 可清除計數值爲 0，它們將被導入各個 dff.v 例證中，而各 dff.v 例證的儲存值 Q 將被依序導回 ring_cnt.v。各子層模組間的連線以 wire 宣告連線資料處理即可。

以下是 dff.v 的程式碼內容。

```
// Ch09 dff.v
// D 型正反器

module dff (Ck, Clr, D, Q);
input   Ck, Clr, D;                  // 一位元輸入
output  Q;                           // 一位元輸出
reg     Q;                           // 宣告爲暫存器資料

// 上緣觸發時脈, 上緣同步清除
always@ (posedge Ck)
   if (Clr)
```

```
      Q = 0;
    else
      Q = D;

endmodule
```

以下是 ring_cnt.v 的程式碼內容與模擬結果。我們以**依順序**方式呼叫 dff3 與 dff2 兩個例證，然後用**依名稱**方式呼叫 dff1 與 dff0 兩個例證。可以看到，依名稱方式呼叫例證時，只要各腳位名稱對應正確，腳位宣告順序是可對調的。

```
// Ch09 ring_cnt.v
// 環計數器


module ring_cnt (Clk, Cr, Q);
input    Ck, Cr;                        // 一位元輸入
output   [3:0] Q;                       // 四位元輸出

// 呼叫例證, 依順序
dff dff3 (Clk, Cr,    Q[2], Q[3]),      // 依順序呼叫二個例證
    dff2 (Clk, Cr,    Q[1], Q[2]);      // (Ck, Clr, D ,Q)

// 呼叫例證, 依名稱 (順序可以互調)
dff dff1 (.Ck(Clk), .D(Q[0]), .Q(Q[1]) , .Clr(Cr));
dff dff0 (.Clr(Cr), .Ck(Clk), .D(~Q[3]), .Q(Q[0]));


endmodule
```

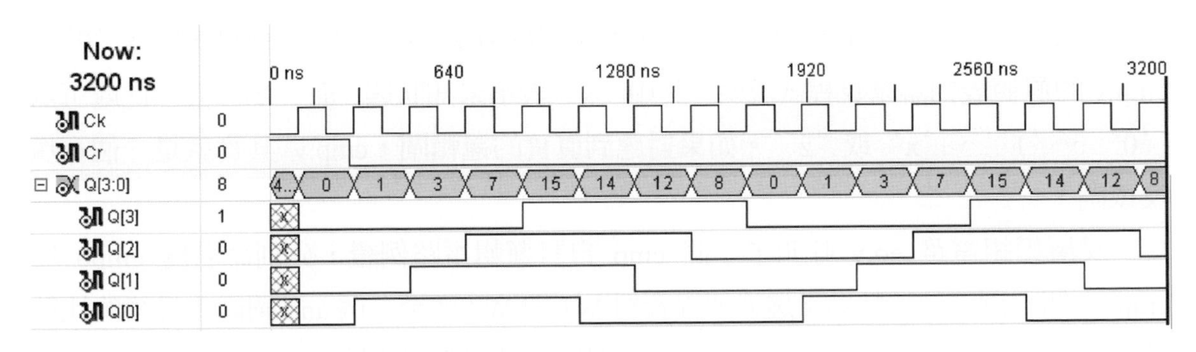


圖 9-7

## 9-3 自訂邏輯電路

Verilog 已定義了常用的基本邏輯閘，如 and、or、not…等等，但是使用者若需要特殊的邏輯閘往往就必須另外透過資料流或行為層次敘述來達成。其實，Verilog 還提供了一個**自訂邏輯電路**(User-Defined Primitive：UDP)的管道，可以用查真值表的方式建立自己專屬的邏輯電路。不過，儘管自訂邏輯電路有其方便性，但是也有很大的限制性。首先，自訂邏輯電路僅允許一個輸出接腳。再來，由於自訂邏輯電路使用合成的記憶體來儲存自訂的真值表內容，這會嚴重耗損可用的硬體資源，因此這種作法並不適用於大型邏輯電路的場合。最後，為了整個電路正常工作考慮起見，所有的狀態(最好包括未知‘x’與高阻抗狀態‘z’)均須加以定義，這使得真值表的描述變得繁瑣，而且再次消耗大量硬體資源。

自訂邏輯電路的基本宣告方式如下所示：

```
primitive ＜電路名稱＞ (輸出，輸入信號條列)；
input    輸入信號宣告；
output   輸出信號宣告；
   table
// 電路真值表；
   endtable
endprimitive
```

以下範例 eq.v 比較二筆二位元資料 D1 與 D2，若是相等，輸出信號 Eq 為‘1’；否則，Eq 為‘0’。

我們先使用自訂邏輯電路設計出一位元比較器電路 cmp.v，它有二個一位元輸入信號 A 與 B，有一個一位元輸出信號 Y，當 A 等於 B 時，Y 為‘1’；否則，Y 為‘0’。cmp.v 的真值表內容請見程式說明，其中‘x’表示未知狀態，而‘?’表示此處可為‘0’、‘1’、‘x’或‘z’。如果對應到真實的邏輯閘，cmp.v 其實就是一個互斥反或閘，

父層模組電路 eq.v 呼叫了二個 cmp 自訂邏輯電路例證，分別命名為 cmp0 與 cmp1，個別例證的比較結果透過連線資料 W1 與 W2 送至一個 and 閘產生最後的比較結果 Eq，請見圖 9-8 的說明。注意，例證與自訂邏輯電路的輸出入信號條列必須完全一致才不會對應錯誤。

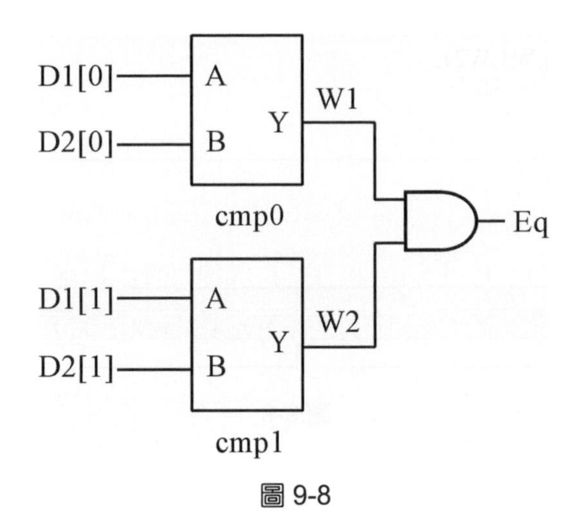


圖 9-8

```
// Ch09 eq.v
// 比較是否相等

// 設計自訂邏輯閘
primitive cmp (Y,A,B);
input    A,B;                    // 一位元輸入
output  Y;                       // 一位元輸出
table                            // 宣告眞值表
// A B : Y
    0 0 : 1;
    0 1 : 0;
    1 0 : 0;
    1 1 : 1;
    x ? : x;
    ? x : x;
endtable
endprimitive
//---------------------------------------------------------------------------------------------------------
// 父層電路模組
module eq (D1,D2,Eq);
Input    [1:0] D1,D2;            // 二位元輸入
Output Eq;                       // 一位元輸出
Wire    W1,W2;                   // 宣告爲連線資料

cmp    cmp0    (W1,D1[0],D2[0]);
cmp    cmp1    (W2,D1[1],D2[1]);
```

```
and   and1   (Eq,W1,W2);

endmodule
```

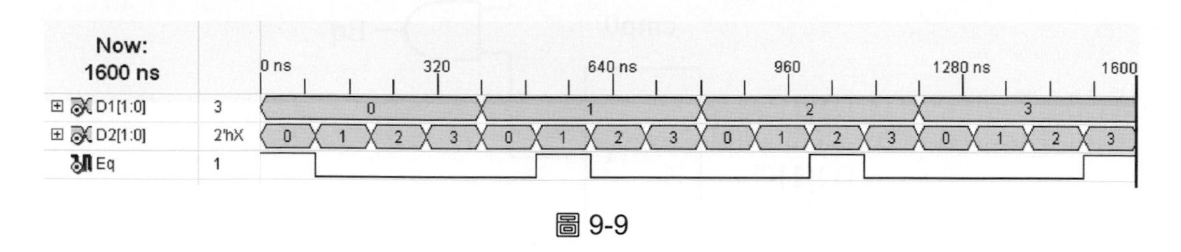


圖 9-9

## 9-4 函數

在實務程式設計上，我們常常會面臨一些具有類似性質卻又需要重覆使用的程式碼。在一般電腦程式語言內，它們常被設計為函數或是副程式，我們可以在主程式中依需要隨時隨地呼叫它們來進行工作，免除了一再輸入類似程式碼的麻煩，程式既變得精簡也容易除錯的多了。

在 Verilog 語言中，**函數**(Function)也有類似的機制可以達到以上要求，其基本格式如下所述：

```
function        <向量範圍> 函數名稱；
input           輸入信號宣告；
reg             暫存器資料宣告；
  begin
    // 電路描述；
  end
endfunction
```

函數的使用有以下限制：

1. 函數可以接受多個輸入信號(但至少需要一個)，只會產生一個輸出信號(就是函數名稱)。因此，必要時請使用連接運算子 { } 將多個輸出信號結合成一個向量信號。輸出入信號宣告順序須與父層電路模組內的例證完全一致。
2. 函數內只能有一個等效的 Verilog 電路描述，所以必要時請使用關鍵字 begin...end 將多個敘述含括起來。

3. 函數的程式部份請與父層程式模組放在同一個 .v 檔案內(或是使用 `include 編譯指令含括進來也可以)。函數與父層程式模組的前後宣告順序無關緊要。
4. 函數可以再次呼叫子層函數，但是不可呼叫下一節介紹的任務(Task)。
5. 在函數中不可使用 negedge 或 posedge 觸發事件，而且最終只能合成組合邏輯電路。

以下介紹一個使用函數的範例程式。

首先，我們設計了一個四位元 2 對 1 多工器函數 mux，然後在父層電路模組 mux4_1.v 中呼叫三個 mux 例證最終構成一個四位元 4 對 1 多工器，電路方塊圖如下所示。本電路依據二位元選擇信號 S 的邏輯狀態分別在“00”、“01”、“10”與“11”時，選取 D0、D1、D2、D3 其中一組四位元輸入信號送至輸出信號 Y 處。暫存器資料 W1 與 W2 用以連接例證間的信號。

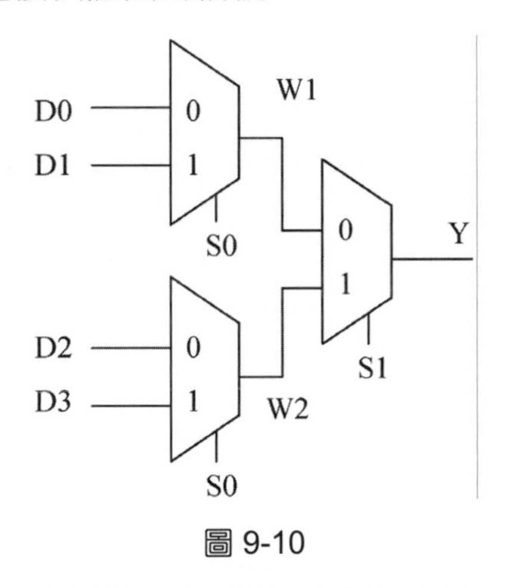


圖 9-10

```
// Ch09 mux4_1.v
// 四位元 4 對 1 多工器

// 父層電路模組
module mux4_1 (D0,D1,D2,D3,S,Y);
input   [3:0] D0,D1,D2,D3;      // 四位元輸入
input   [1:0] S;                // 二位元輸入
output  [3:0] Y;                // 四位元輸出
reg     [3:0] W1,W2,Y;          // 宣告為暫存器資料

always@ (D0 or D1 or D2 or D3 or S)
  begin
```

```
    W1 = mux(D1,D0,S[0]);
    W2 = mux(D3,D2,S[0]);
    Y  = mux(W2,W1,S[1]);
  end
//-------------------------------------------------------------------------------------------
// 設計函數 (四位元 2 對 1 多工器)
function [3:0] mux;
input [3:0] A,B;              // 四位元輸入
input S;                      // 一位元輸入
  mux = S ? A : B;
endfunction


endmodule
```

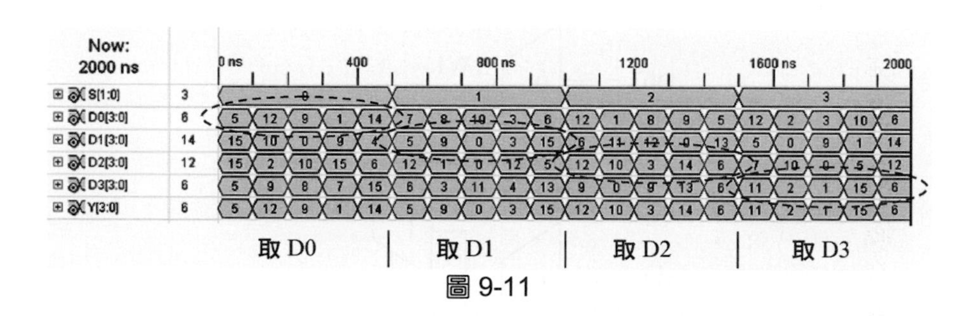


圖 9-11

## 9-5 任務

**任務**(Task)與前述的函數有一點類似，都是先建立常會重覆使用的程式碼，然後在父層電路模組中呼叫它們。

任務的基本使用格式如下所述：

```
task          任務名稱；
input         輸入信號宣告；
output        輸出信號宣告；
reg           暫存器資料宣告；
  begin
   // 電路描述；
  end
endtask
```

任務有以下特性：

1. 任務可以接受零至多個的輸入、輸出與雙向信號。輸出入信號的宣告順序須與父層電路模組內的例證一致。
2. 只能有一個等效的電路描述，所以必要時請使用關鍵字 begin…end 將多個敘述含括起來。
3. 任務程式部份請與父層程式模組放在同一個 .v 檔案內(或是使用 `include 編譯指令含括進來)。與父層程式模組的前後宣告順序無關緊要。
4. 任務可以再次呼叫子層任務或是子層函數。
5. 在任務中不可使用 negedge 或 posedge 觸發事件。

## 9-5-1 設計範例(一)，呼叫任務

以下介紹一個使用任務的範例程式。

首先，我們設計了一個 checker 任務，它是一個四位元全 0 全 1 檢查電路。然後在父層電路模組 all_zero_one 中呼叫二個 checker 例證最終構成一個八位元全 0 全 1 檢查器。整體電路的方塊圖如下所示。

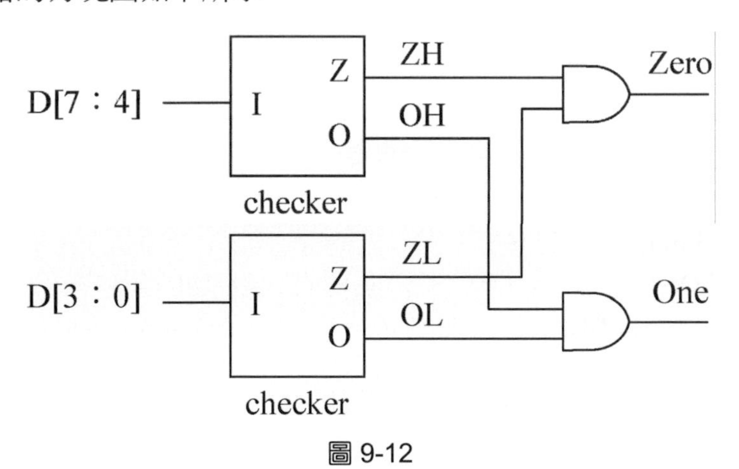


圖 9-12

我們在 checker 任務內使用精簡邏輯運算子反或～｜來比對輸入信號 I 的四個位元內容是否全爲‘0’，若是的話，輸出信號 Z 爲‘1’；否則，Z 爲‘0’。使用精簡邏輯運算子及&來比對輸入信號 I 的四個位元內容是否全爲‘1’，若是的話，輸出信號 O 爲‘1’；否則，O 爲‘0’。

父層電路模組輸入信號 D 的高位元組與低位元組分別送入二個 checker 任務例證中。依比對結果，checker 任務例證輸出暫存器資料 ZH、ZL、OH 與 OL。父層模組藉由及閘比對 ZH、ZL、OH 與 OL 後將結果接至輸出信號 Zero 與 One。當 ZH 及 ZL 爲 ‘1’ 時(D 的各位元皆爲 ‘0’ )，Zero 爲 ‘1’ ；否則，Zero 爲 ‘0’ 。當 OH 及 OL 爲 ‘1’ 時(D 的各位元皆爲 ‘1’ )，One 爲 ‘1’ ；否則，One 爲 ‘0’ 。

```
// Ch09 all_zero_one.v
// 八位元全 0 全 1 檢查器
module all_zero_one (D,Zero,One);
input   [7:0] D;                      // 八位元輸入
output  Zero,One;                     // 一位元輸出
reg     Zero,One,ZH,ZL,OH,OL;         // 宣告爲暫存器資料

// 父層電路模組
always@(D)
  begin
    checker (D[7:4], ZH, OH);
    checker (D[3:0], ZL, OL);
    Zero = ZH & ZL;
    One  = OH & OL;
  end
//-----------------------------------------------------------------------------------------------------------
// 設計任務 (四位元全 0 全 1 檢查器)
task checker;
input   [3:0] I;
output Z,O;
 {Z,O} =   {~|I, &I};
endtask


endmodule
```

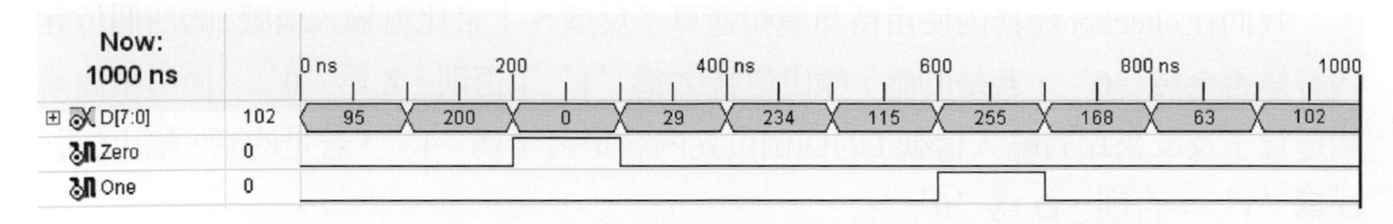


圖 9-13

## 9-5-2 設計範例(二)，任務呼叫任務與函數

任務可以呼叫子層任務或是子層函數，請參考以下範例程式。這是一個比較二個八位元 D1 與 D2 輸入信號是否相等的電路。當 D1 等於 D2 時，輸出信號 Eq 爲‘1’；否則，Eq 爲‘0’。

程式建構的流程如下：首先，設計一位元比較器函數 cmp1，然後在二位元比較器任務 cmp2 中呼叫兩次 cmp1 函數例證，再來四位元比較器任務 cmp4 中呼叫兩次 cmp2 任務例證，最後八位元比較器模組 eq8 中呼叫兩次 cmp4 任務例證。整體電路方塊圖如下所示。暫存器資料 W1 與 W2 用以連接 cmp4 例證間的信號。

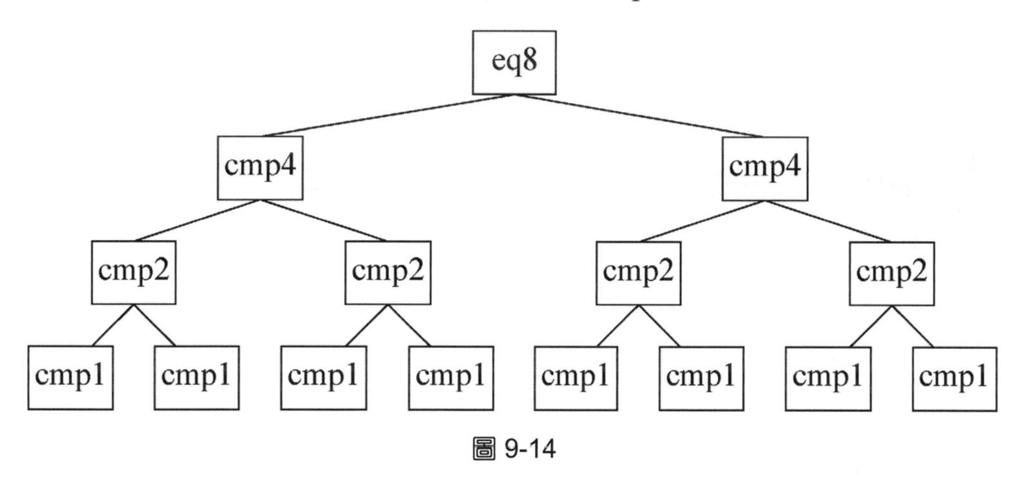


圖 9-14

```
// Ch09 eq8.v
// 比較是否相等

// 父層電路模組
module eq8 (D1,D2,Eq);
input   [7:0] D1,D2;                // 八位元輸入
output Eq;                          // 一位元輸出
reg     W1,W2,Eq;                   // 宣告爲暫存器資料

always@ (D1 or D2)
  begin
    cmp4 (D1[7:4],D2[7:4],W1);  // 呼叫任務 cmp4
    cmp4 (D1[3:0],D2[3:0],W2);  // 呼叫任務 cmp4
    Eq = W1 & W2;
  end
```

```
//------------------------------------------------------------------------------------------------------------
// 設計任務 (四位元比較器)
task cmp4;
input   [3:0] A,B;                    // 四位元輸入
output Y;                             // 一位元輸出
reg     Y,W1,W2;                      // 宣告爲暫存器資料
  begin
    cmp2 (A[3:2],B[3:2],W1);          // 呼叫任務  cmp2
    cmp2 (A[1:0],B[1:0],W2);          // 呼叫任務  cmp2
    Y = W1 & W2;
  end
endtask

//------------------------------------------------------------------------------------------------------------
// 設計任務 (二位元比較器)
task cmp2;
input [1:0] A,B;  // 二位元輸入
output Y;         // 一位元輸出
  Y = cmp1(A[1],B[1]) & cmp1(A[0],B[0]);          // 呼叫函數  cmp1
endtask

//------------------------------------------------------------------------------------------------------------
// 設計函數 (一位元比較器)
function cmp1;
input   A,B;      // 一位元輸入
  if (A == B)     cmp1 = 1;
  else            cmp1 = 0;
endfunction

endmodule
```

| Now: 2000 ns | | 0 ns | | | | 400 | | | | 800 ns | | | | 1200 | | | | 1600 ns | | | 2000 |
|---|---|---|---|---|---|---|---|---|---|---|---|---|---|---|---|---|---|---|---|---|---|
| D1[7:0] | 244 | 95 | 200 | 145 | 29 | 234 | 115 | 116 | 168 | 63 | 102 | 200 | 29 | 130 | 131 | 95 | 200 | 37 | 62 | 170 | 101 |
| D2[7:0] | 196 | 103 | 190 | 145 | 5 | 234 | 91 | 15 | 168 | 29 | 238 | 242 | 37 | 172 | 131 | 103 | 200 | 25 | 5 | 194 | 95 |
| Eq | 0 | | | | | | | | | | | | | | | | | | | | |

圖 9-15

## 練習題

1. 請使用模組例證方式設計符合如下描述的應用電路。

   H1.v 爲一個三位元上數計數器子層電路，時脈輸入信號 Clk，輸出計數值 Q。有一個同步上緣觸發清除信號 Clr。

   H2.v 爲一個判斷子層電路，當輸入信號 Q=“010”時，輸出信號 X 爲‘1’；其他 Q 值，X 爲‘0’。

   H.v 爲父層電路，呼叫 H1 與 H2 例證。
2. 請將**習題** 1 階層式應用電路中之 H2 子層電路部份改以自定邏輯電路設計方式。
3. 請將**習題** 1 階層式應用電路之 H2 子層電路部份改以函數方式設計。
4. 請將**習題** 1 階層式應用電路之 H2 子層電路部份改以任務方式設計。
5. 使用模組例證方式設計符合如下描述的應用電路。

   Add.v 爲一個四位元加法器子層電路，Sub.v 爲一個四位元減法器子層電路。

   Add_Sub.v 爲 Add 與 Sub 例證之父層電路，有二個四位元運算元輸入信號 A、B，依照一位元控制輸入信號 S 來決定進行加法或減法運算(1：加法，0：減法)，運算結果由五位元信號 Y 輸出。
6. 請將**習題** 5 階層式應用電路之 Add.v 加法器子層電路部份改以函數方式設計，而 Sub.v 減法器子層電路部份則改以任務方式設計。

Verilog

Chapter 10

# Verilog 應用範例

本章的內容介紹一些常見應用電路的 Verilog 程式範例。它們整合了前面幾章介紹的 Verilog 語法與子電路內容，構成一個更完整更有實用性的應用電路，主要目的在於提供學習者在完成前面數章基礎實作之後，能夠更進一步學習小型系統等級的 Verilog 程式撰寫技巧。

## 10-1 去彈跳電路

機械開關的切換常常會有所謂彈跳(Bounce)的問題；也就是說，開關接頭無法一次就到達定位，而會在原始位置與最終位置之間來回切換數次。彈跳的現象會造成輸入按鍵的電氣信號在邏輯‘1’與‘0’之間切換數次，形成許多暫態雜訊，如圖 10-1 所示。這些暫態信號往往會誤導後續電路以為使用者已執行過數次的按鍵動作而產生不正確的反應。**去彈跳電路**(Debouncing Circuit)就是特別為了清除這些暫態信號而設計的電路。

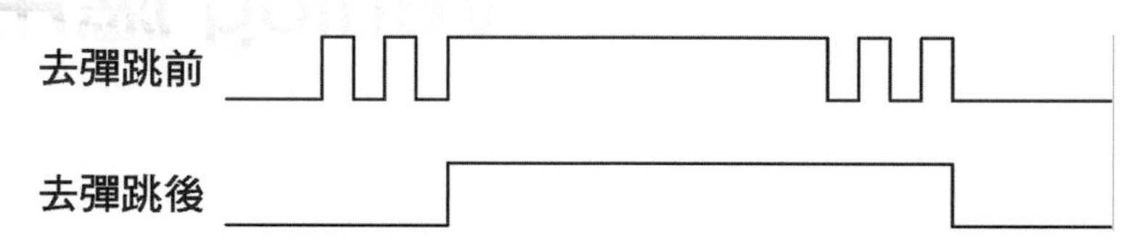


圖 10-1 彈跳現象與去彈跳

有些去彈跳電路會引入電阻、電容進行電壓充放電後再搭配單穩態電路、閂鎖器或史密特觸發電路的方式來處理。本小節介紹的範例程式則使用多重取樣再加判斷的方式來處理，免除了必須在電路中加入電阻或電容等被動元件的麻煩。取樣間隔時間一般以數個 ms 到數十 ms(頻率～100Hz 左右)為宜，以實務電路測試結果為準。

### 10-1-1 去彈跳電路(一)

以下 Verilog 去彈跳程式，我們假設取樣頻率為 100Hz，並由一位元輸入信號 Clk100 導入。一位元按鍵信號 Ki 在未按鍵時為‘0’，按下鍵後為‘1’。去彈跳後的一位元按鍵輸出信號為 Ko。

首先，設計電路將 Ki 以 100Hz 頻率持續取樣三次，依序儲存在三位元暫存器資料 Q 內，然後進行比對。若是連續三次均取樣到‘1’，則 Ko1 輸出為‘1’；否則，Ko1 輸出為‘0’。因此，Ko1 會是一個與 Ki 相似(但略短)而且已去除彈跳部份的信號。若是前面二次取樣為‘0’，第三次取樣為‘1’，則 Ko2 輸出為‘1’；否則，Ko2 輸出為‘0’。Ko2 是一個取到 Ki 上緣而且只持續一個取樣週期的脈波信號。若是前面二次取樣為‘1’，第三次取樣為‘0’，則 Ko3 輸出為‘1’；否則，Ko3 輸出為‘0’。Ko3 是一個取到 Ki 下緣而且只持續一個取樣週期的脈波信號。請參考模擬波形所示。

```
// Ch10 debounce1.v
// 去彈跳電路 1

module debounce1 (Clk100,Ki,Ko1,Ko2,Ko3);
input   Clk100,Ki;                  // 一位元輸入
output  Ko1,Ko2,Ko3;                // 一位元輸出
reg     Ko1,Ko2,Ko3;                // 宣告為暫存器資料
reg     [2:0] Q;                    // 宣告為暫存器資料

// 取樣頻率約 100 Hz, 連續取樣三次
always@ (posedge Clk100)
  begin
    Q[2] = Q[1];
    Q[1] = Q[0];
    Q[0] = Ki;
  end

// 產生去彈跳信號
always@ (Q)
  begin
    if (Q == 3'b111)                // 取前後緣
      Ko1 = 1;
    else
      Ko1 = 0;

    if (Q == 3'b001)                // 取前緣
      Ko2 = 1;
    else
      Ko2 = 0;

    if (Q == 3'b110)                // 取後緣
```

```
        Ko3 = 1;
    else
        Ko3 = 0;
  end

endmodule
```

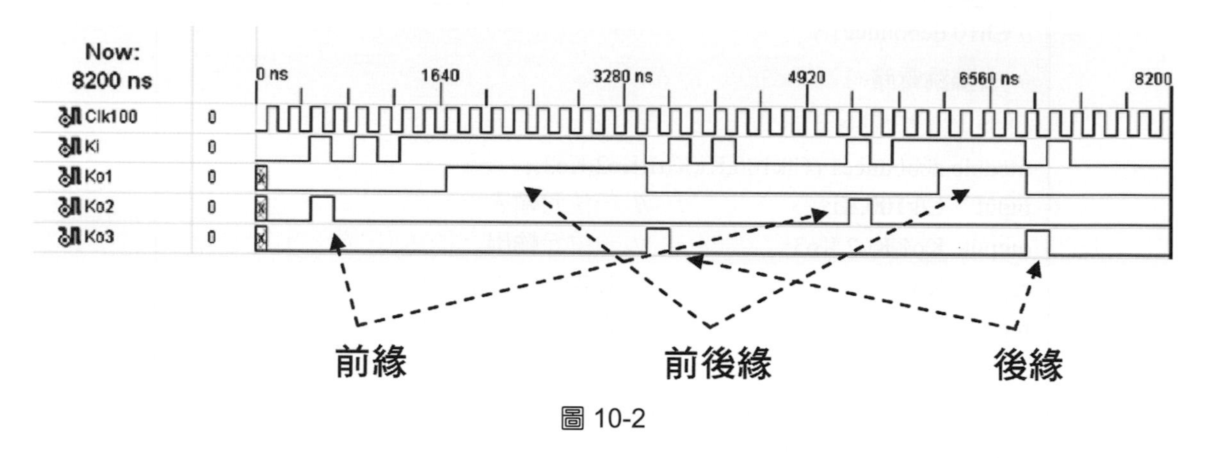


圖 10-2

## 10-1-2 去彈跳電路(二)

以下的 Verilog 程式使用頻率為 100Hz 的一位元時脈信號 Clk100 對一位元按鍵輸入信號 Ki 連續取樣二次，儲存於二位元暫存器資料 Q1 中。按鍵信號 Ki 未按鍵時為‘0’，按下鍵後為‘1’。現在，若是兩次取樣按鍵值均為‘1’，就會觸發 RS 閂鎖器的 S 接腳；若是兩次取樣按鍵值均為‘0’，則觸發 RS 閂鎖器的 R 接腳。因此，RS 閂鎖器輸出 Ko1 會是一個與 Ki 相似但已去除彈跳部份的信號。等效電路圖如下所示。

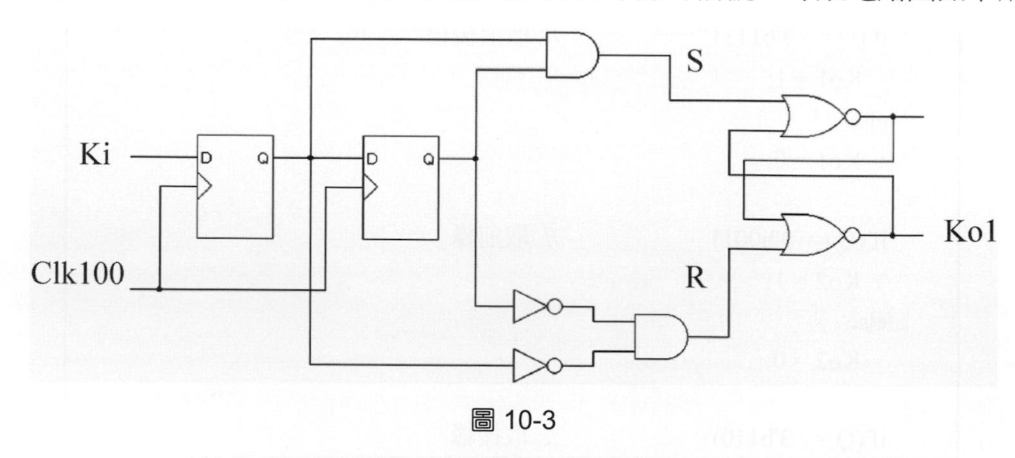


圖 10-3

可再對 Ko1 取樣儲存於二位元暫存器資料 Q2 內，若是得到前‘0’後‘1’值時(相當於微分操作)，將 Ko2 設為‘1’；否則，Ko2 設為‘0’。此時，Ko2 等同於一個取到 Ki 上緣而只持續一個取樣週期的脈波信號。請參考模擬波形所示。

```
// Ch10 debounce2.v
// 去彈跳電路 2

module debounce2 (Clk100,Ki,Ko1,Ko2);
input   Clk100,Ki;              // 一位元輸入
output  Ko1,Ko2;                // 一位元輸出
reg     Ko1,Ko2;                // 宣告為暫存器資料
reg     [1:0] Q1,Q2;            // 宣告為暫存器資料
reg     S,R;                    // 宣告為暫存器資料

// 按鍵信號取樣
always@ (posedge Clk100)        // 約 100 Hz
  begin
    Q1[1] = Q1[0];              // 連續取樣二次
    Q1[0] = Ki;
    if (Q1 == 2'b11)   S = 1;
    else               S = 0;
    if (Q1 == 2'b00)   R = 1;
    else               R = 0;
  end

// RS 閂鎖器
always@ (R or S)
  if (S == 1 && R == 0)
    Ko1 = 1;
  else if (S == 0 && R == 1)
    Ko1 = 0;

// 微分取得一週期的脈波
always@ (posedge Clk100)
  begin
    Q2[1] = Q2[0];              // 連續取樣二次
```

```
        Q2[0] = Ko1;
        if (Q2 == 2'b01)   Ko2 = 1;
        else               Ko2 = 0;
    end

endmodule
```

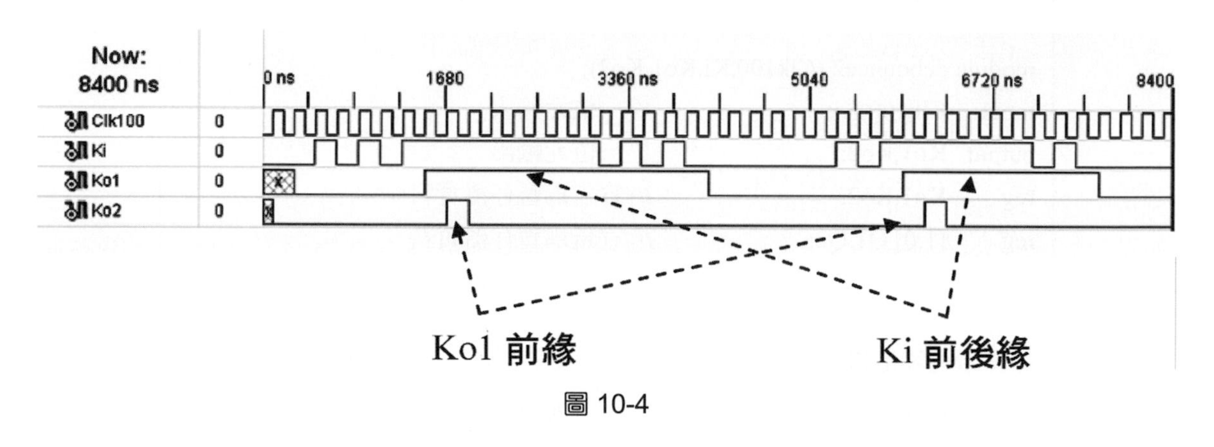


圖 10-4

## 10-2 BCD 除頻器

**除頻電路**會將一個高頻率信號依照設計師的要求轉化成較低頻率的信號。本小節 BCD 除頻器範例將會把原始高頻時脈信號 10MHz 依序除 10 轉化成 1M、100K、10K、1K、100、10 以及 1Hz 的輸出時脈信號。我們將以階層式電路的設計理念來完成它。首先，建立一個除 10 的子層電路 div10.v，然後在父層電路模組內以模組例證的方式呼叫七個 div10 例證依序除頻之。

子層電路 div10.v 的 Verilog 程式內容如下所示。一位元輸入時脈信號 Clk_i 頻率除 10 後產生一位元輸出時脈信號 Clk_o 的對稱方波。四位元暫存器資料 Q 構成一個 mod-10(除 10，BCD)計數器，有一個非同步上緣清除信號 Clr。

```
// Ch10 div10.v
// 除頻 /10

module div10 (Clk_i,Clr,Clk_o);
input    Clk_i,Clr;                // 一位元輸入
output   Clk_o;                    // 一位元輸出
reg      Clk_o;                    // 宣告爲暫存器資料
reg      [3:0] Q;                  // 宣告爲暫存器資料

// mod-10 (BCD) 除頻
always@ (posedge Clk_i or posedge Clr)
   if (Clr || Q == 9)   Q = 0;
   else                 Q = Q + 1;

// 形成對稱方波
always@ (Q)
   if (Q <= 4)   Clk_o   = 0;
   else          Clk_o   = 1;

endmodule
```

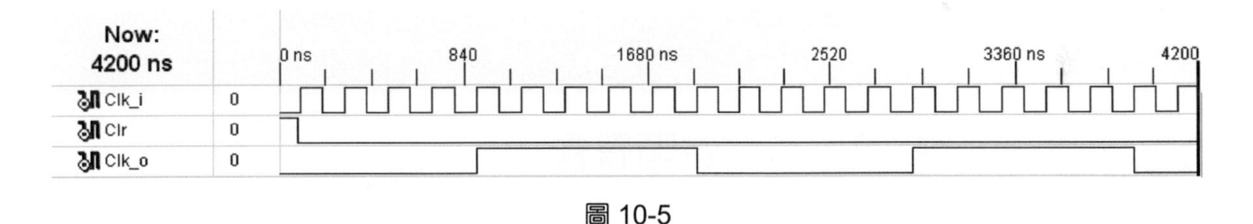


圖 10-5

再來，請在同一專案內新建立一個父層電路的 Verilog 檔案，名稱爲 clk_1Hz.v，其內容如下所示。本程式主要呼叫七個 div10 例證依序除頻成 1M Hz(Clk1M)、100K Hz(Clk100K)、10K Hz(Clk10K)、1K Hz(Clk1K)、100 Hz(Clk100)、10 Hz(Clk10)與 1 Hz(Clk1)這幾個輸出信號。

```
// Ch10 clk_1Hz.v
// 由 10M Hz 除頻至 1 Hz

module clk_1Hz (Clk10M,Clr,Clk1M,Clk100K,Clk10K,Clk1K,
                Clk100,Clk10,Clk1);
input   Clk10M,Clr;                                        // 一位元輸入
output Clk1M,Clk100K,Clk10K,Clk1K,Clk100,Clk10,Clk1;   // 一位元輸出

div10 D1 (Clk10M , Clr, Clk1M   );
div10 D2 (Clk1M   , Clr, Clk100K);
div10 D3 (Clk100K, Clr, Clk10K );
div10 D4 (Clk10K  , Clr, Clk1K   );
div10 D5 (Clk1K   , Clr, Clk100 );
div10 D6 (Clk100  , Clr, Clk10   );
div10 D7 (Clk10    , Clr, Clk1     );

endmodule
```

因為信號頻率相差較大(有百萬倍之多)，因此本 BCD 除頻電路範例在模擬操作上很難一次看出全貌，使用 FPGA 或 CPLD 實體電路搭配合適的輸入時脈頻率來進行觀察會比較合適。

## 10-3 使用蜂鳴器產生音階聲音

小喇叭(Speaker)與蜂鳴器(Buzzer)都是常見的發聲用電子元件，常用來發出警告音或提醒音通知使用者注意目前發生的狀況。

小喇叭的音源主要以類似正弦波這種連續的信號來推動，可以放出言語聲音或是音樂，所以相較於蜂鳴器而言會悅耳許多。但是由於小喇叭輸出信號的頻寬較寬，可發音的頻率響應也較低，往往需要擴音箱的輔助來增進低頻響應，故而在相同條件下，音量常常不如蜂鳴器。

**蜂鳴器**的音源主要由某一特定頻率的方波所驅動產生，這種單頻聲音聽起來當然就比較刺耳一些，不過做為警告音或提醒音的用途卻是綽綽有餘。

常見的蜂鳴器可以簡單分爲電磁式(Magnetic)及壓電式(Piezo)二大類。電磁式蜂鳴器由音頻信號驅動電流通過電磁線圈產生磁場，進而使膜片產生週期性的振動而發出聲音。壓電式蜂鳴器由音頻信號電壓驅使壓電陶磁片收縮伸張，這樣的張力會帶動黏合在一起的金屬片產生振動發生聲音。電磁式及壓電式蜂鳴器都可再分爲自激式(Self Drive)與他激式(External Drive)二種。所謂自激式就是元件內藏驅動電路，故而只需特定直流電壓或電流即可驅動發聲；他激式則必須由元件外部持續供給特定頻率的方波才能驅動發聲。

本範例將由分頻電路產生**音階信號**(Do、Re、…、Sol、Si)，然後就可以將它們送至驅動電路使他激式蜂鳴器發出聲音。各音階唱名對應的頻率如下表所示。假設系統時脈信號 Clk10M 的頻率爲 10M Hz，各音階頻率對應的除數 Cnt 也列在表內。

| 音階唱名 | 標準頻率(Hz) | Cnt(＝10M／音階頻率) |
|---|---|---|
| Do | 523 | 19120 |
| Re | 587 | 17036 |
| Mi | 659 | 15175 |
| Fa | 698 | 14327 |
| Sol | 784 | 12755 |
| La | 880 | 11364 |
| Si | 988 | 10121 |

電路設計上，首先有一個上緣觸發的 Up 按鍵可以驅使音階信號逐漸高亢(Do → Si)，最終停在 Si 音階；另外還有一個上緣觸發的 Down 按鍵可以驅使音階信號逐漸低沉(Si → Do)，最終停在 Do 音階。有一個非同步上緣觸發清除信號 Clr，可以使音階信號回到 Do。

由於引進按鍵信號，所以需要一個去彈跳子層電路 debounce.v，其 Verilog 程式內容如下所示。按鍵信號 Ki 經時脈信號 Clk 三次取樣後，取 Ki 的前緣產生一個取樣週期長度的脈波 Ko。

```
// Ch10 debounce.v
// 去彈跳電路

module debounce (Clk,Ki,Ko);
input  Clk,Ki;                    // 一位元輸入
output Ko;                        // 一位元輸出
```

```
reg     Ko;                          // 宣告為暫存器資料
reg     [2:0] Q;                     // 宣告為暫存器資料

// 連續取樣三次
always@ (posedge Clk)
  begin
    Q[2] = Q[1];
    Q[1] = Q[0];
    Q[0] = Ki;
  end

// 產生去彈跳信號
always@ (Q)
  if (Q == 3'b001)                   // 前緣
    Ko = 1;
  else
    Ko = 0;

endmodule
```

再來，請在同一專案內新建立一個父層電路模組的 Verilog 檔案，名稱為 buzzer.v，其內容如下所示。

首先，按鍵信號 Up 與 Down 經過去彈跳模組例證處理後成為 Up_d 與 Down_d 信號。時脈信號 Clk10M 導入一個 10M Hz 的方波信號。按鍵取樣頻率由 16 位元暫存器資料 Q1 除頻而得，取 Q1〔15〕約 10M／$2^{16}$≒156 Hz。

Up_d 與 Down_d 信號將驅動三位元暫存器資料 State 紀錄目前該發聲的音階代碼(0 為 Do、1 為 Re、…，6 為 Si)。依照題意，Up_d 使得 State 狀態上數加一，Down_d 使得 State 狀態下數減一，而且 State 的上下限制必須分別設定在 0 與 6 之間而不會循環，這些條件可由 if 敘述進行判斷來完成。

各音階對應的除數可透過 State 為索引指標查表而得，然後藉由 case 敘述以多工器電路的形式將它輸出到 15 位元暫存器資料 Cnt 內。現在，可以依據 10M Hz 信號 Clk10M 上緣將 15 位元暫存器資料 Q2 內容進行除頻操作(10M 除 Cnt 的值)，最後再將適當的高位元送至音階輸出 Clk_o 就完成了。注意，Do、Re 發聲時要取 Q2〔14〕，而 Mi～Si 時要取 Q2〔13〕(因為此時 Q2〔14〕永遠為邏輯‘0’態)。這個多工器機制可以使用 if 敘述判斷 State 的狀態來達成。

儘管取得的 Clk_o 並非是對稱方波，不過只要頻率正確，蜂鳴器就會發出準確的音階聲音。

```
// Ch10 buzzer.v
// 產生音階頻率

module buzzer (Clk10M,Clr,Up,Down,Clk_o,State,Cnt);
input    Clk10M,Clr,Up,Down;      // 一位元輸入
output   Clk_o;                   // 一位元輸出
output   [ 2:0] State;            // 三位元輸出
output   [14:0] Cnt;              // 15 位元輸出
reg      Clk_d,Clk_o;             // 宣告爲暫存器資料
reg      [15:0] Q1;               // 去彈跳除頻
reg      [14:0] Q2;               // 音階除頻
reg      [ 2:0] State;            // 0 ~ 6 : Do, Re .., Si
reg      [14:0] Cnt;              // Do, Re .., Si 的除數

// 產生計數值
always@ (posedge Clk10M or posedge Clr)
  begin
    if (Clr)
      Q1 = 0;
    else
      Q1 = Q1 + 1;
    Clk_d = Q1[15];               // ~ 156 Hz
//    Clk_d = Q1[1];              // 模擬用
  end

// 取得去彈跳後按鍵值, 前緣一週期
debounce d1 (Clk_d,    Up,     Up_d);
debounce d2 (Clk_d, Down, Down_d);

// 產生狀態值
always@ (posedge Clk_d or posedge Clr)
  if (Clr)
    State = 0;
  else if (Up_d)
    if (State == 6)                              // = Si ?
```

```
          State = State;              // 維持 Si
        else
          State = State + 1;          // 上數
      else if (Down_d)
        if (State == 0)               // = Do ?
          State = State;              // 維持 Do
        else
          State = State - 1;          // 下數

// 多工器, 由 State 取得除數 Cnt
always@ (State)
  case (State)
    0        : Cnt = 19120;     // Do  的除數
    1        : Cnt = 17036;     // Re  的除數
    2        : Cnt = 15175;     // Mi  的除數
    3        : Cnt = 14327;     // Fa  的除數
    4        : Cnt = 12755;     // Sol 的除數
    5        : Cnt = 11364;     // La  的除數
    6        : Cnt = 10121;     // Si  的除數
    default  : Cnt = 19120;
  endcase

// 除頻得音階頻率
always@ (posedge Clk10M)
  if (Clr || Q2 == Cnt)
    Q2 = 0;
  else
    Q2 = Q2 + 1;

// 多工器, 由 State 取得音階頻率 Clk_o
always@ (State)
  if (State <= 1)
    Clk_o = Q2[14];             // Do, Re 音階頻率
  else
    Clk_o = Q2[13];             // Mi ~ Si 音階頻率

endmodule
```

模擬操作上，因爲時脈信號差異過大，所以我們取 Clk_d＝Q1〔1〕以加速模擬，然後由 Up 與 Down 送入按鍵信號，可以見到 State 與對應的除數 Cnt 呈現如預期般的數值，可以證明多工除頻的機制設計正確。至於眞正的音階輸出信號 Clk_o，由於頻率相差萬倍以上，所以無法於這個模擬波形圖看出結果。

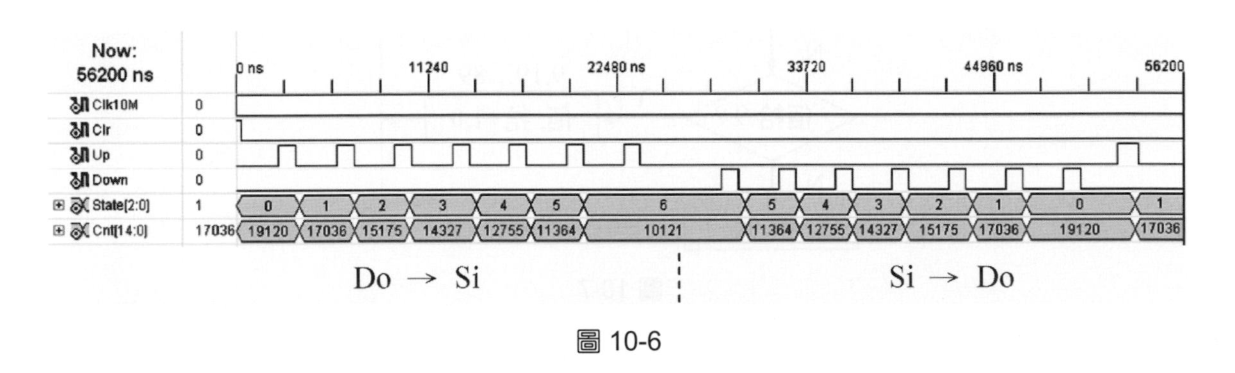


圖 10-6

## 10-4　0 到 999 之 BCD 上數計數器

本範例要進行**多位數 BCD 上數計數器電路**的設計，計數值由 0 到 999。首先介紹**同步電路的設計方式**，所有正反器的輸出都同時在時脈上緣時切換，因此各位數之間的時間差幾乎可以忽略，相對付出的代價就是合成的電路規模比非同步電路設計方式要大一些。再來介紹**非同步電路設計方式**，依照位數切開成幾個相同的電路模組，由於高位數模組是由低一位數模組產生的進位信號來驅動，所以多位數設計時高低位數之間會存在時間差。

### 10-4-1　同步電路設計

我們使用一個 12 位元的暫存器資料 Q 來存放計數值，Q〔11:8〕存放佰位數 BCD 值，Q〔7：4〕存放拾位數，而 Q〔3：0〕存放個位數。程式設計主要依據以下的流程圖，在符合的條件情況下時，在時脈信號 Clk 的上緣同時適切地更新 Q〔11：8〕、Q〔7：4〕與 Q〔3：0〕內容值。這種有優先權的判斷條件適合使用 if 敘述來完成。

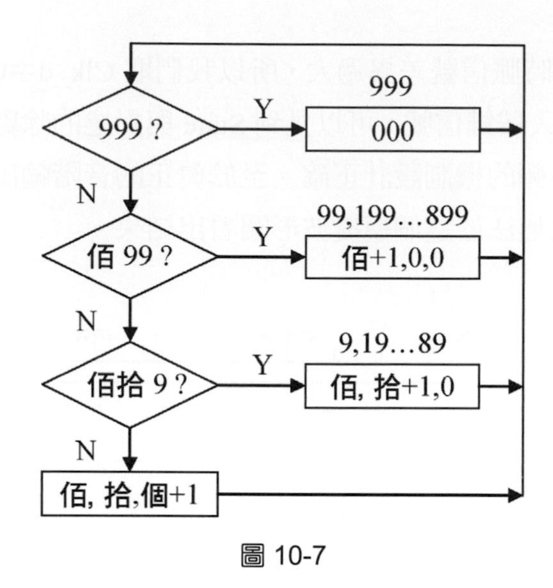


圖 10-7

```
// Ch10 BCD999_1.v
// 產生 0 ~ 999 計數值

module BCD999_1 (Clk,Clr,Q);
input    Clk,Clr;                    // 一位元輸入
output   [11:0] Q;                   // 十二位元輸出
reg      [11:0] Q;                   // 宣告為暫存器資料

// 產生計數值
always@ (posedge Clk)
  if (Clr || Q == 12'h999)           // 等於 999
    Q = 0;                           // 全部歸零
  else
    if (Q[7:0] == 8'h99)             // 99,199...899
      begin
        Q[11:8] = Q[11:8]+1;         // 百位數加一
        Q[7:0]=0;                    // 十位數與個位數歸零
      end
    else
      if (Q[3:0] == 4'h9)            // 9,19...89
        begin
          Q[7:4] = Q[7:4]+1;         // 十位數加一
          Q[3:0]=0;                  // 個位數歸零
        end
```

```
        else
            Q[3:0] = Q[3:0]+1;          // 個位數加一

endmodule
```

由 0 計數到 999，模擬時序比較漫長，以下是一些關鍵計數值的波形。BCD 計數值採十六進制顯示，觀察上比較方便。

**計數值** 000～014 **時**

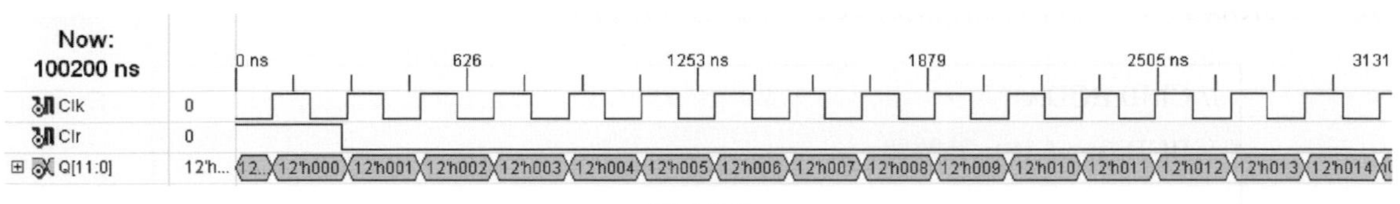


圖 10-8

**計數值** 095～109 **時**

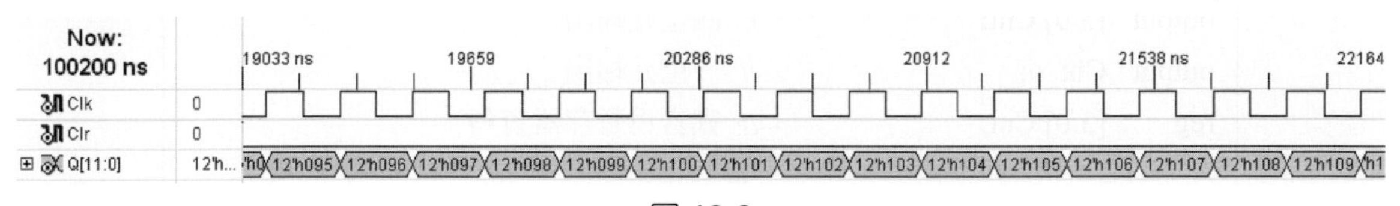


圖 10-9

**計數值** 192～203 **時**

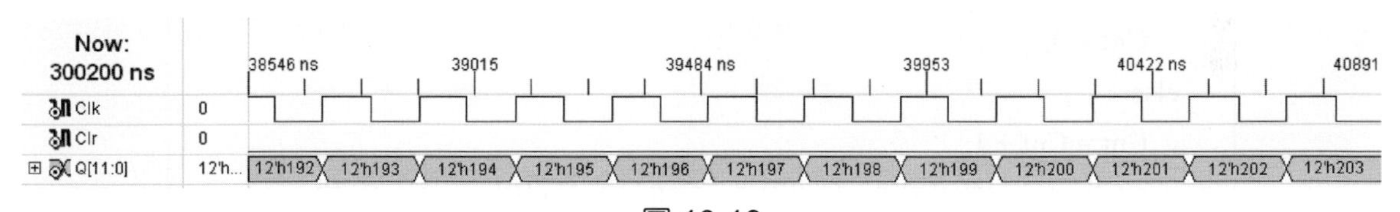


圖 10-10

**計數值** 992～003 **時**

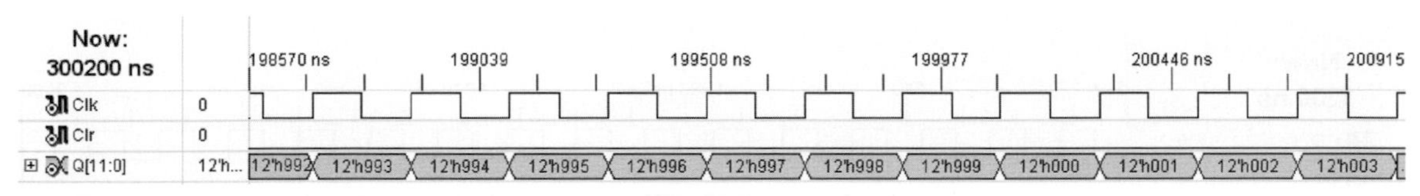


圖 10-11

## 10-4-2 非同步電路設計

本範例非同步電路設計方式的基本理念很簡單，每個位數都對應到一個BCD(mod-10)電路模組，然後在父層電路模組呼叫並串接三級 BCD 模組就可以了。

首先，我們設計一個 BCD 計數電路 BCD.v，程式碼如下所示。

四位元暫存器資料 Cnt 依時脈信號 Clk_i 的上緣往上計數，計數範圍為 0～9。在 Cnt 值為 9 時，產生一個低態進位信號 Clk_o。本級 BCD 計數器的 Clk_o 信號上緣將被使用來觸發下一級(更高位數)BCD 計數器的計數。

```
// Ch10 BCD.v
// BCD (mod-10) 計數器


module BCD (Clk_i, Clr, Cnt, Clk_o);
input   Clk_i,Clr;              // 一位元輸入
output  [3:0] Cnt;              // 四位元輸出
output  Clk_o;                  // 一位元輸出
reg     [3:0] Cnt;              // 宣告為暫存器資料

// 除 10   (0 ~ 9)
always@ (posedge Clk_i or posedge Clr)
   if (Clr || Cnt == 9)                                  // 除 10
      Cnt = 0;
   else
      Cnt = Cnt + 1;
assign Clk_o = ~(Cnt[3] & ~Cnt[2] & ~Cnt[1] & Cnt[0]);   // = 9 時

endmodule
```

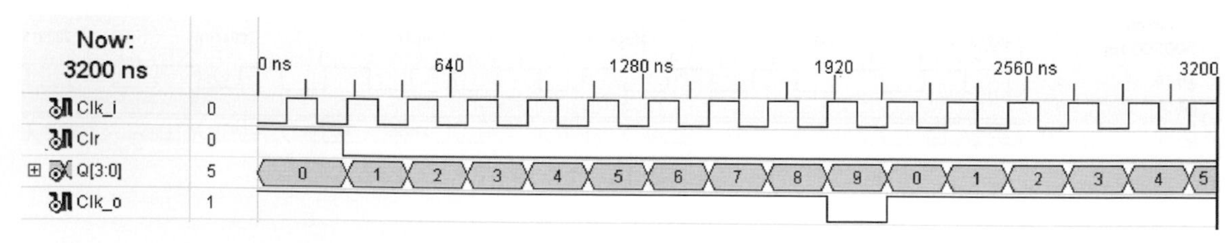


圖 10-12

現在開始建立父層電路模組 BCD999_2.v。基本上，BCD999_2.v 就是由三個 BCD.v 模組例證串接而成(BCD3、BCD2 與 BCD1)，如下圖所示。高位數例證由低一位數例證處取得計數的時脈信號。

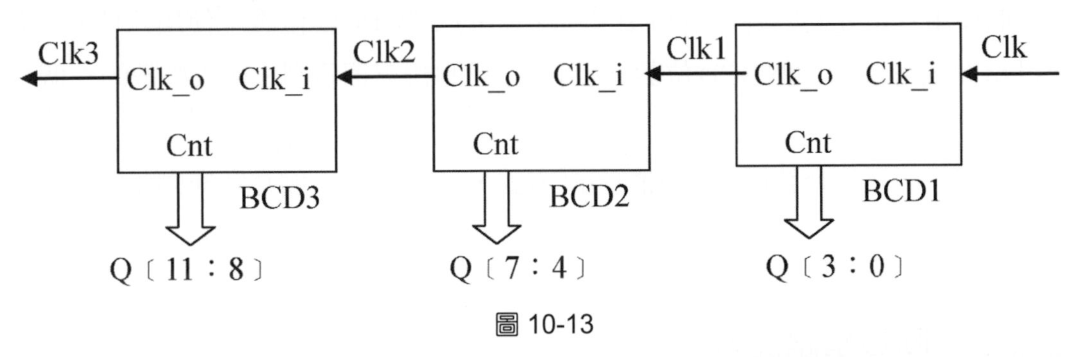


圖 10-13

12 位元的暫存器資料 Q 負責存放計數值，Q〔11：8〕存放佰位數 BCD 值，Q〔7：4〕存放拾位數，而 Q〔3：0〕存放個位數。由於行為模擬(Behavior Simulation)並不會把電路延遲時間含括進來，所以模擬波形會與前述之同步電路設計方式相同。

```
// Ch10 BCD999_2.v
// 產生 0 ~ 999 計數值

module BCD999_2 (Clk,Clr,Q);
input    Clk,Clr;                  // 一位元輸入
output   [11:0] Q;                 // 十二位元輸出
wire     Clk1,Clk2,Clk3;           // 宣告為連接線資料

// 產生計數值
BCD BCD1 (Clk , Clr, Q[ 3:0], Clk1);
BCD BCD2 (Clk1, Clr, Q[ 7:4], Clk2);
BCD BCD3 (Clk2, Clr, Q[11:8], Clk3);

endmodule
```

# 10-5 時分秒計時器

本範例要設計一個 24 **時制的時分秒計時器電路**，計時值由 00：00：00 到 23：59：59。我們使用八位元的暫存器資料 H 存放小時的二個 BCD 位數，使用八位元的暫存器資料M存放分鐘的二個BCD位數，使用八位元的暫存器資料S存放秒數的二個BCD位數。

以下第一個範例介紹**同步電路**的設計方式，而第二個範例介紹**非同步電路**的設計方式。

## 10-5-1 同步電路設計

首先，當然需要產生一個 1Hz 頻率的信號作為秒數的計時頻率，我們由一個 10MHz 的時脈信號搭配一個 24 位元的暫存器資料 Q 除以 10,000,000 得到 1Hz 信號 Clk1(＝Q〔23〕)，Clk1 不是一個對稱方波，但是並不會影響後續的計時動作。

本時分秒計時器的同步電路設計方式類似於前一範例 BCD999_1 計數器，透過優先權的條件判斷每個別位數是否需要加一或是歸零就可以完成整體設計了。為了使判斷條件式的程式碼精簡些，我們可以使用連接運算子｛｝將時、分、秒暫存器資料 H、M、S 連接起來。

```
// Ch10 timer1.v
// 計時器, 產生 0:0:0 ~ 23:59:59 計時值

module timer1 (Clk10M, Clr, H, M, S);
input    Clk10M,Clr;              // 一位元輸入
output   [7:0] H,M,S;             // 八位元輸出
reg      [7:0] H,M,S;             // 宣告為暫存器資料
reg      [23:0] Q;                // 宣告為暫存器資料
reg      Clk1;                    // 宣告為暫存器資料

// 除頻得 1Hz
always@ (posedge Clk10M)
  begin
    if (Clr || Q == 9999999)      // 除 10M
      Q = 0;
```

```
    else
      Q = Q + 1;
    Clk1 = Q[23];
  end

// 產生計時值
always@(posedge Clk1)                         // 時脈為 1 Hz
  if (Clr)                                    // 全部歸零
    begin  H = 0;  M = 0;  S = 0;  end
  else if ({H,M,S} == 24'h235959)             // 等於 23:59:59
    {H,M,S} = 0;
  else if ({H[3:0],M,S} == 20'h95959)         // 等於 X9:59:59
    begin
      H[7:4] = H[7:4] + 1;
      H[3:0] = 0;
      M = 0;  S = 0;
    end
  else if ({M,S} == 16'h5959)                 // 等於 XX:59:59
    begin
      H[3:0] = H[3:0] + 1;
      M = 0;  S = 0;
    end
  else if ({M[3:0],S} == 12'h959)             // 等於 XX:X9:59
    begin
      M[7:4] = M[7:4] + 1;
      M[3:0] = 0;
      S = 0;
    end
  else if (S == 8'h59)                        // 等於 XX:XX:59
    begin
      M[3:0] = M[3:0] + 1;
      S = 0;
    end
  else if (S[3:0] == 4'h9)                    // 等於 XX:XX:X9
    begin
      S[7:4] = S[7:4] + 1;
      S[3:0] = 0;
    end
  else
```

```
        S[3:0] = S[3:0] + 1;

endmodule
```

## 10-5-2 非同步電路設計

本時分秒計時器的非同步電路設計方式需要二個 mod-6 模組、二個 mod-10 模組與一個 mod-24 模組例證串接而成，如下圖所示。

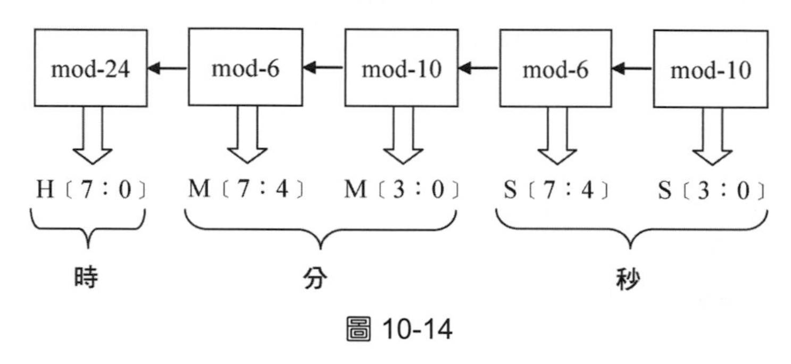


圖 10-14

以下是 mod-10 計數電路的 Verilog 程式 mod10.v，四位元暫存器資料 Q 依時脈信號 Clk_i 的上緣往上計數，計數範圍為 0～9。在 Q 值為 9 時，產生一個低態進位信號 Clk_o。

```
// Ch10 mod10.v
// mod-10 (BCD) 計數器


module mod10 (Clk_i, Clr, Q, Clk_o);
input    Clk_i,Clr;                          // 一位元輸入
output   [3:0] Q;                            // 四位元輸出
output   Clk_o;                              // 一位元輸出
reg      [3:0] Q;                            // 宣告為暫存器資料

// 除 10 (0 ~ 9)
always@ (posedge Clk_i or posedge Clr)
   if (Clr || Q == 9)                        // 除 10
      Q = 0;
   else
      Q = Q + 1;
```

```
assign Clk_o = ~(Q[3] & ~Q[2] & ~Q[1] & Q[0]);    // = 9 時

endmodule
```

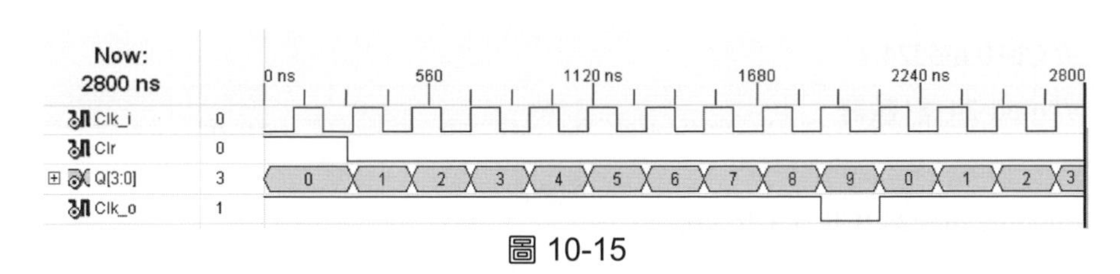


圖 10-15

以下是 mod6 計數電路的 Verilog 程式 mod6.v，四位元暫存器資料 Q 依時脈信號 Clk_i的上緣往上計數，計數範圍為 0～5。在 Q 值為 5 時，產生一個低態進位信號 Clk_o。

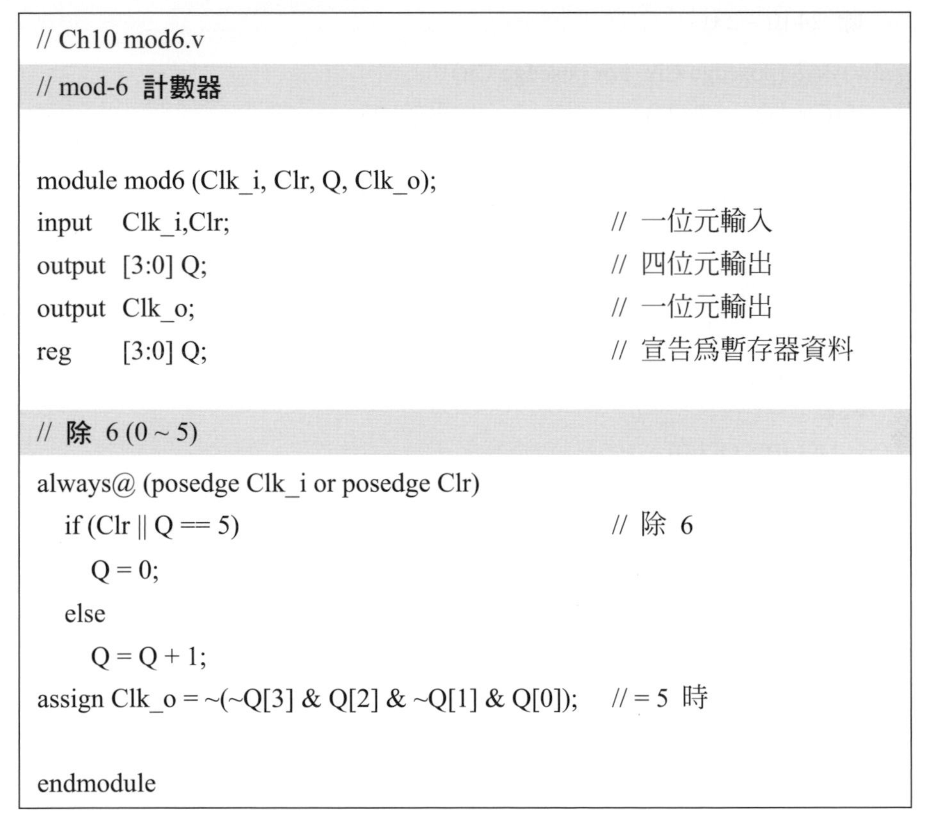

```
// Ch10 mod6.v
// mod-6 計數器

module mod6 (Clk_i, Clr, Q, Clk_o);
input   Clk_i,Clr;                              // 一位元輸入
output  [3:0] Q;                                // 四位元輸出
output  Clk_o;                                  // 一位元輸出
reg     [3:0] Q;                                // 宣告為暫存器資料

// 除 6 (0 ~ 5)
always@ (posedge Clk_i or posedge Clr)
  if (Clr || Q == 5)                            // 除 6
    Q = 0;
  else
    Q = Q + 1;
assign Clk_o = ~(~Q[3] & Q[2] & ~Q[1] & Q[0]);  // = 5 時

endmodule
```

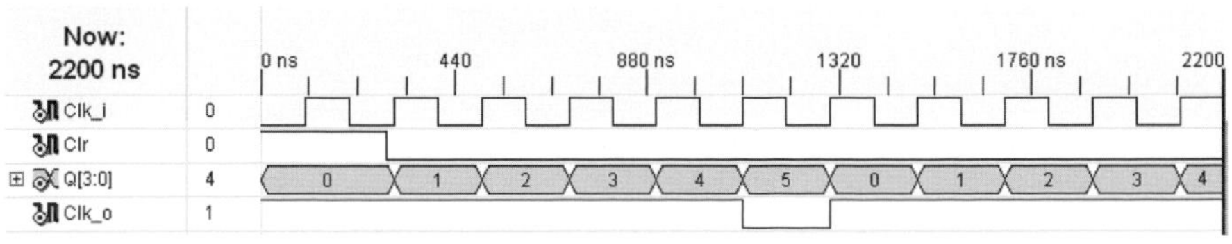


圖 10-16

以下是 mod24 計數電路的 Verilog 程式 mod24.v，採同步電路設計方式，八位元暫存器資料 Q 依時脈信號 Clk_i 的上緣往上計數，Q〔7：4〕對應小時的十位數，Q〔3：0〕對應小時的個位數，透過優先權的判斷就可以完成設計了。

```
// Ch10 mod24.v
// mod-24 計數器

module mod24 (Clk_i, Clr, Q);
input    Clk_i,Clr;                 // 一位元輸入
output   [7:0] Q;                   // 四位元輸出
reg      [7:0] Q;                   // 宣告爲暫存器資料

// 除 24 (0 ~ 23)
always@ (posedge Clk_i or posedge Clr)
  if (Clr || Q == 8'h23)            // 等於 23
    Q = 0;
  else if (Q[3:0] == 4'h9)          // 等於 X9
    begin
      Q[7:4] = Q[7:4] + 1;
      Q[3:0] = 0;
    end
  else
    Q[3:0] = Q[3:0] + 1;

endmodule
```

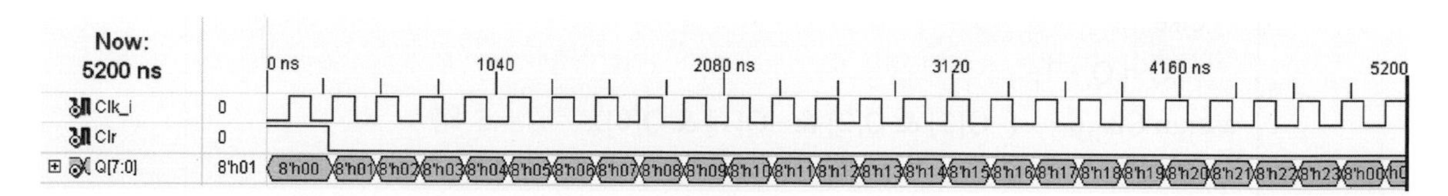


圖 10-17

最後是父層電路模組 timer2.v，呼叫各模組例證再串接起來就完成整體電路了。

```
// Ch10 timer2.v
// 計時器, 產生 0:0:0 ~ 23:59:59 計時值


module timer2 (Clk10M, Clr, H, M, S);
input   Clk10M,Clr;              // 一位元輸入
output  [7:0] H,M,S;             // 八位元輸出
reg     [7:0] H,M,S;             // 宣告爲暫存器資料
reg     [23:0] Q;                // 宣告爲暫存器資料
reg     Clk1;                    // 宣告爲暫存器資料
wire    Clk2,Clk3,Clk4,Clk5;     // 宣告爲連線資料

// 除頻得 1 Hz
always@ (posedge Clk10M)
  begin
    if (Clr || Q == 9999999)     // 除 10M
      Q = 0;
    else
      Q = Q + 1;
    Clk1 = Q[23];                // Clk1 – 1 Hz
  end

// 呼叫各模組例證
mod10  mod10_1  (Clk1,Clr,S[3:0],Clk2);
mod6   mod6_1   (Clk2,Clr,S[7:4],Clk3);
mod10  mod10_2  (Clk3,Clr,M[3:0],Clk4);
mod6   mod6_2   (Clk4,Clr,M[7:4],Clk5);
mod24  mod24    (Clk5,Clr,H[7:0]);

endmodule
```

## 10-6 七段多工顯示之時分秒計時器

本範例要將上一個範例 24 **時制的時分秒計時器電路**(同步電路設計方式)的計時結果**以七段顯示器顯示出來**。由於計時器程式部分是相同的，我們只需增加並說明七段解碼的部份。

本電路總共需要六個七段顯示器(時、分、秒各自有十位數與個位數)，如果每個七段顯示器都擁有獨立的解碼電路，那麼接腳數就會很龐雜，而且重複的電路部份相當浪費。其實由於人類的視覺暫留現象，只要依序點亮各個七段顯示器的頻率高於 20 Hz，我們就會見到這些七段顯示器的顯示字母是穩定的，這就是**七段多工掃描**的技巧。

我們使用如下圖所示的六個共陰七段顯示器，共通接腳爲邏輯‘0’態，該七段顯示器才能被點亮。由於各七段顯示器對應的 LED A～G 接在一起，只有共通接腳是區隔開的，所以設計工程師可以使用一個邏輯‘0’態掃描信號(S 信號)依次掃描過各個共陰七段顯示器的共通接腳，然後同步送出 LED A～G 對應的數值就可以在該七段顯示器顯示字母了。

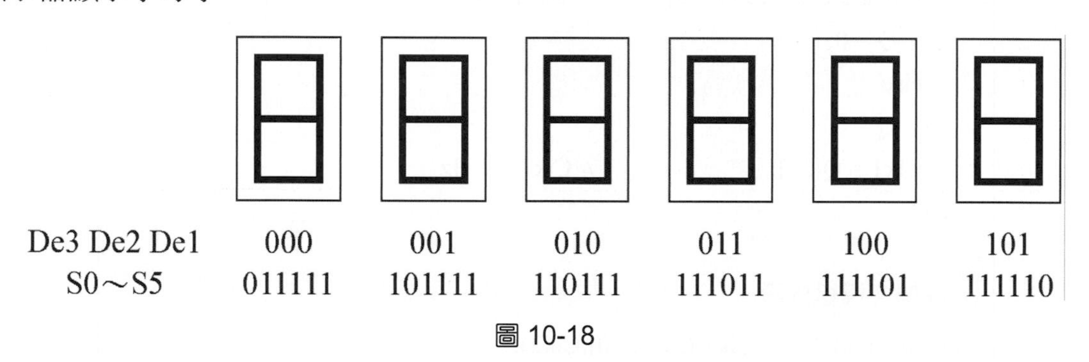


圖 10-18

假設設計中使用的 De3、De2、De1 信號是經過二進制編碼的七段顯示器多工掃描信號，實際的七段顯示器多工掃描信號 S0～S5 可以經 74138 解碼而成，因此 De〔3：1〕對應的七段顯示器如上圖所示：De＝“000”時爲最左邊的七段顯示器，而 De＝“101”時爲最右邊的七段顯示器。

如同前一個範例的設計，10 MHz 的時脈信號 Clk10M 經由 24 位元計數器 Q 除頻出 Clk1 這個 1 Hz 時脈信號，同時取出 De＝Q〔14：12〕作爲七段掃描頻率之用。由於 Q〔14〕信號的頻率約爲 10M Hz／$2^{15}$ ≒ 313 Hz，遠高於 20 Hz，可以輕易地完成多工掃描動作。在本範例中，De 爲“110”與“111”時沒有對應的七段顯示器，不過也無須進行額外處理。

現在使用 Clk1 信號驅動前一範例介紹的時分秒計時器電路，暫存器資料 H、M、S 的計時範圍為 00：00：00 到 23：59：59。現在，依照 De 的掃描狀態搭配 case 敘述就可以將 H、M、S 的對應資料從多工器電路輸出到四位元暫存器資料 Code 內。由於目前 Code 的內容仍然為二進制資料，所以必須再使用 case 敘述查表操作轉換為七段顯示碼 L，最後再使用 assign ｛A，B，C，D，E，F，G｝＝L；敘述分別接到電路模組的輸出埠 A～G。請參考以下的對應表格。

| De3 De2 De1 | Code |
|---|---|
| 0 0 0 | H〔7：4〕 |
| 0 0 1 | H〔3：0〕 |
| 0 1 0 | M〔7：4〕 |
| 0 1 1 | M〔3：0〕 |
| 1 0 0 | S〔7：4〕 |
| 1 0 1 | S〔3：0〕 |
| 其他 | 0000 |

| Code | | A B C D E F G | 十六進制值 |
|---|---|---|---|
| 0 0 0 0 | 顯示 0 | 1 1 1 1 1 1 0 | 7E |
| 0 0 0 1 | 顯示 1 | 0 1 1 0 0 0 0 | 30 |
| 0 0 1 0 | 顯示 2 | 1 1 0 1 1 0 1 | 6D |
| 0 0 1 1 | 顯示 3 | 1 1 1 1 0 0 1 | 79 |
| 0 1 0 0 | 顯示 4 | 0 1 1 0 0 1 1 | 33 |
| 0 1 0 1 | 顯示 5 | 1 0 1 1 0 1 1 | 5B |
| 0 1 1 0 | 顯示 6 | 1 0 1 1 1 1 1 | 5F |
| 0 1 1 1 | 顯示 7 | 1 1 1 0 0 1 0 | 72 |
| 1 0 0 0 | 顯示 8 | 1 1 1 1 1 1 1 | 7F |
| 1 0 0 1 | 顯示 9 | 1 1 1 1 0 1 1 | 7B |
| 其 他 | 不顯示 | 0 0 0 0 0 0 0 | 00 |

```
// Ch10 timer_7seg.v
// 計時器, 產生 0:0:0 ~ 23:59:59 計時值
// 使用七段多工顯示


module timer_7seg (Clk10M,Clr,De,A,B,C,D,E,F,G);
input    Clk10M,Clr;                          // 一位元輸入
```

```
output  [3:1]   De;                          // 多工掃描
output  A,B,C,D,E,F,G;                       // 一位元輸出, 七段顯示碼
reg     [7:0]   H,M,S;                       // 宣告爲暫存器資料
reg     [23:0] Q;                            // 宣告爲暫存器資料
reg     [3:0]   Code;                        // 宣告爲暫存器資料
reg     Clk1;                                // 宣告爲暫存器資料
reg     [6:0]   L;                           // 宣告爲暫存器資料

// 除頻得 1 Hz
always@ (posedge Clk10M)
  begin
    if (Clr || Q == 9999999)                 // 除 10M
      Q = 0;
    else
      Q = Q + 1;
    Clk1 = Q[23];
  end

// 取得多工顯示頻率 ~ 300 Hz
assign De = Q[14:12];

// 產生計時值
always@ (posedge Clk1)                       // 時脈爲 1 Hz
  if (Clr)                                   // 全部歸零
    begin   H = 0;   M = 0;   S = 0;   end
  else if ({H,M,S} == 24'h235959)            // 等於 23:59:59
    {H,M,S} = 0;
  else if ({H[3:0],M,S} == 20'h95959)        // 等於 X9:59:59
    begin
      H[7:4] = H[7:4] + 1;
      H[3:0] = 0;
      M = 0;   S = 0;
    end
  else if ({M,S} == 16'h5959)                // 等於 XX:59:59
    begin
      H[3:0] = H[3:0] + 1;
      M = 0;   S = 0;
    end
```

```
  else if ({M[3:0],S} == 12'h959)          // 等於 XX:X9:59
    begin
      M[7:4] = M[7:4] + 1;
      M[3:0] = 0;
      S = 0;
    end
  else if (S == 8'h59)                     // 等於 XX:XX:59
    begin
      M[3:0] = M[3:0] + 1;
      S = 0;
    end
  else if (S[3:0] == 4'h9)                 // 等於 XX:XX:X9
    begin
      S[7:4] = S[7:4] + 1;
      S[3:0] = 0;
    end
  else
    S[3:0] = S[3:0] + 1;

// 七段多工二進制碼，組合邏輯電路
always@ (De or H or M or S)
  case (De)
    3'b000   : Code = H[7:4];
    3'b001   : Code = H[3:0];
    3'b010   : Code = M[7:4];
    3'b011   : Code = M[3:0];
    3'b100   : Code = S[7:4];
    3'b101   : Code = S[3:0];
    default  : Code = 0;
  endcase

// 七段顯示，組合邏輯電路
always@ (Code)
  case (Code)
    0        : L = 7'h7e;
    1        : L = 7'h30;
    2        : L = 7'h6d;
    3        : L = 7'h79;
```

```
        4          : L = 7'h33;
        5          : L = 7'h5b;
        6          : L = 7'h1f;
        7          : L = 7'h70;
        8          : L = 7'h7f;
        9          : L = 7'h73;
        default    : L = 7'h00;
    endcase
assign {A,B,C,D,E,F,G} = L;

endmodule
```

## 10-7 電子骰子遊戲

將七個發光二極體 LED 適當排列，如下圖所示，就可以經由點亮對應的 LED 而形成電子骰子的數值(L6～L0 為 LED 之陽極輸入)。本**電子骰子遊戲**設計功能如下：當 Start 按鍵被按下時，骰子數值持續改變；當 Start 按鍵彈起後，骰子顯示速率逐漸變慢，最後終於停在某一數值。由於每次人手按下按鍵的持續時間不定，再加上機械開關的彈跳現象，骰子數值 1～6 將呈現亂數分佈。

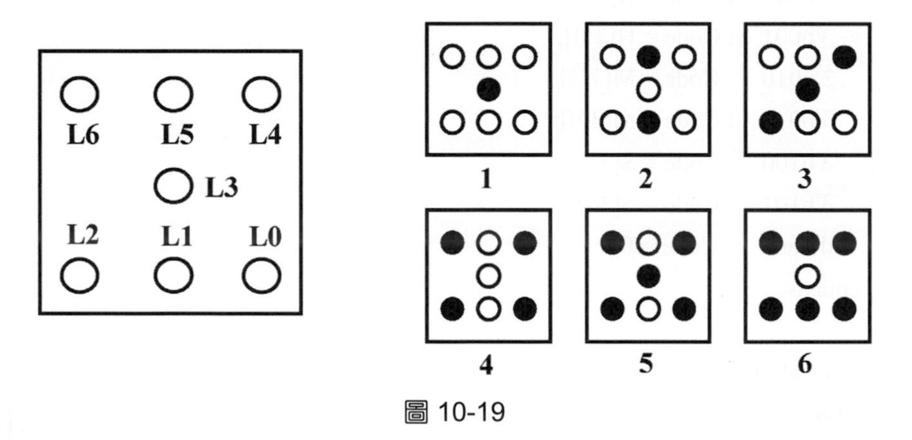


圖 10-19

| | L6 | L5 | L4 | L3 | L2 | L1 | L0 |
|---|---|---|---|---|---|---|---|
| 顯示 1 | 0 | 0 | 0 | 1 | 0 | 0 | 0 |
| 顯示 2 | 0 | 1 | 0 | 0 | 0 | 1 | 0 |
| 顯示 3 | 0 | 0 | 1 | 1 | 1 | 0 | 0 |
| 顯示 4 | 1 | 0 | 1 | 0 | 1 | 0 | 1 |
| 顯示 5 | 1 | 0 | 1 | 1 | 1 | 0 | 1 |
| 顯示 6 | 1 | 1 | 1 | 0 | 1 | 1 | 1 |

電路設計上，首先我們使用一個 21 位元二進制上數計數器 Cnt1 將 10 MHz 除頻後取出 Clk＝Cnt1〔15〕作爲 Start 按鍵的取樣信號。Clk 也是一個計時頻率，用以切換後續骰子的顯示頻率，爲了使肉眼可以見到骰子數值切換，Clk 頻率不宜過大。

要使骰子數值呈現逐漸減慢的現象，我們使用二位元暫存器資料 State 進行記錄。當 Start 按鍵按下(邏輯‘0’態)時，State 起始狀態設爲“11”並將計數器 Cnt2 歸零；當按鍵彈起後，Start 信號轉爲邏輯‘1’態，Cnt2 開始計數，每 64 個 Clk 周期後驅動 State 狀態由“11”→“10”→“01”→“00”，最終就停止在“00”狀態，此時骰子數值就定住了。注意，由於一般電路設計情況下，電源啓動之後，各暫存器的初值通常就是“00”，所以 State 的終止狀態就一定要設爲“00”，才不會一開機，骰子的 LED 就開始亂閃。

現在只要根據 State 狀態給定逐漸變小的骰子顯示頻率 Dice_clk 就可以完成設計了。當 State＝“11”時，Dice_clk 爲 Cnt1〔18〕；當 State＝“10”時，Dice_clk 爲 Cnt1〔19〕；當 State＝“01”時，Dice_clk 爲 Cnt1〔20〕；當 State＝“00”時，將 Dice_clk 時脈信號停止。我們會見到隨著顯示頻率的遞減，骰子數值顯示速率逐漸變慢直到終於停了下來。

我們假設各骰子LED的陰極均已接至低電壓，而我們的LED輸出信號接至各LED的陽極，所以輸出邏輯‘1’就可以點亮對應的 LED。現在，我們可以使用 Dice_clk 時脈信號驅動 case 敘述以狀態機器的方式控制七位元輸出信號 Led 的數值(Led〔6：0〕分別對應到骰子的 L6～L0 這七個 LED)，而骰子也就跟著顯示出由 1 至 6 循環上數的現象。

```
// Ch10 dice.v
// 擲骰子遊戲

module dice (Clk10M,Start,Led);
input   Clk10M,Start;              // 一位元輸入 (啓動)
output  [ 6:0] Led;                // 七位元輸出 (骰子七段)
reg     [ 6:0] Led;                // 宣告爲暫存器資料
reg     [20:0] Cnt1;               // 計數器 (除頻)
reg     [ 5:0] Cnt2;               // 計數器 (控制狀態)
reg     [ 1:0] State;              // 骰子顯示狀態
reg     Clk,Dice_clk;              // 骰子顯示的頻率

// 除頻電路
always@ (posedge Clk10M)
  begin
    Cnt1 = Cnt1 + 1;
    Clk = Cnt1[15];
  end

// 狀態機器
always@ (posedge Clk)
  if (Start == 0)                  // 骰子開始運轉
    begin
      State = 3;                   // 骰子顯示的起始狀態
      Cnt2   = 0;
    end
  else                             // 骰子顯示開始減速
    begin
      Cnt2 = Cnt2 + 1;
      if (Cnt2 == 6'b111111)
        case (State)
          3       : State = 2;     // 骰子顯示狀態遞減
          2       : State = 1;
          default : State = 0;
        endcase
    end
```

```
// 骰子顯示頻率依狀態遞減
always@ (State)
   case (State)
      3           : Dice_clk = Cnt1[18];
      2           : Dice_clk = Cnt1[19];
      1           : Dice_clk = Cnt1[20];
      default     : Dice_clk = 0;        // 骰子停止
   endcase

// 骰子 LED 的顯示值
always@ (posedge Dice_clk)
   case (Led)
      7'b0001000 : Led = 7'b0100010; // 2
      7'b0100010 : Led = 7'b0011100; // 3
      7'b0011100 : Led = 7'b1010101; // 4
      7'b1010101 : Led = 7'b1011101; // 5
      7'b1011101 : Led = 7'b1110111; // 6
      default    : Led = 7'b0001000; // 1
   endcase

endmodule
```

## 10-8 鍵盤輸入

在電子產品設計中，**小型鍵盤**(Keypad)是很常見的輸入介面，可以方便快速地將需要的輸入信號傳入設計中。由於一般應用電路使用的按鍵數目通常不會太少，所以每一個按鍵都給予一個對應接腳是不切實際的作法。實務上都是將它們排列成正方形或長方形的格局，然後依序送出行掃瞄信號，對應地讀回列掃描信號，現在只要比對當時的行列掃描信號就可以判斷得知是否有按鍵被按下以及被按下的是哪個按鍵了。

我們以下面 3×4 鍵盤為例再加以說明。

| | C1 | C2 | C3 |
|---|---|---|---|
| R1 | **1** | **2** | **3** |
| R2 | **4** | **5** | **6** |
| R3 | **7** | **8** | **9** |
| R4 | ✻ | **0** | # |

| R4 | R3 | R2 | R1 | C1 | C2 | C3 | 按鍵 |
|---|---|---|---|---|---|---|---|
| 1 | 1 | 1 | 0 | 0 | 1 | 1 | 1 |
| 1 | 1 | 1 | 0 | 1 | 0 | 1 | 2 |
| 1 | 1 | 1 | 0 | 1 | 1 | 0 | 3 |
| 1 | 1 | 0 | 1 | 0 | 1 | 1 | 4 |
| 1 | 1 | 0 | 1 | 1 | 0 | 1 | 5 |
| 1 | 1 | 0 | 1 | 1 | 1 | 0 | 6 |
| 1 | 0 | 1 | 1 | 0 | 1 | 1 | 7 |
| 1 | 0 | 1 | 1 | 1 | 0 | 1 | 8 |
| 1 | 0 | 1 | 1 | 1 | 1 | 0 | 9 |
| 0 | 1 | 1 | 1 | 0 | 1 | 1 | ✻ |
| 0 | 1 | 1 | 1 | 1 | 0 | 1 | 0 |
| 0 | 1 | 1 | 1 | 1 | 1 | 0 | # |

3×4 鍵盤的行數(Row)為 4，列數(Column)為 3。首先行掃描信號 R4～R1 依序由"1110"→"1101"→"1011"→"0111"→"1110"…產生鍵盤行掃描信號，然後適時地回抓 C1、C2、C3 信號。一般情況下，未按任何鍵時，C1～C3 信號會被拉高到邏輯'1'態；而在按鍵之後，對應的 C1～C3 信號會進入邏輯'0'態。各按鍵對應的 R4～R1 與 C1～C3 邏輯值請見上表所示。

## 10-8-1 3×4 鍵盤輸入

本範例將設計一個 **3×4 鍵盤讀取電路**，鍵盤上數字按鍵 0～9 的結果由輸出接腳以二進制數值顯示出來，如果是✻或是#鍵則顯示"1010"(十進制的 10)與"1011"(十進制的 11)。

在程式內容中，首先我們使用時脈信號 Clk 上緣驅動四位元循環移位暫存器(環形計數器)R 作為行掃瞄信號，然後由三位元輸入信號 C 讀入列掃描信號，再用一個 case 敘述來比對行與列的信號(等同於前面表格所示)，最後將判斷的按鍵結果存入四位元暫存器資料 N 內並輸出到設計電路外。有一個同步清除信號 Clr 可設定 R 的初值。注意，R 的初值只能允許一個'0'位元存在。

```
// Ch10 kb1.v
// 鍵盤掃描輸入

module kb1 (Clk, Clr, C, R, N);
input    Clk, Clr;                // 一位元輸入
input    [1:3]    C;              // 三位元輸入
output   [4:1]    R;              // 四位元輸出
output   [3:0]    N;              // 四位元輸出
reg      [4:1]    R;              // 宣告爲暫存器資料
reg      [3:0]    N;              // 宣告爲暫存器資料


// 產生行掃描信號 R, 循環移位
always@ (posedge Clk)
   begin
      if (Clr)
         R = 4'b1110;             // R 初值 (只能有一個 0)
      else
         R = {R[3:1],R[4]};       // 循環移位

// 比對行列資料, 按鍵結果存入 N
      case ({R,C})
         7'b1110011   : N = 4'b0001;      // 1
         7'b1110101   : N = 4'b0010;      // 2
         7'b1110110   : N = 4'b0011;      // 3
         7'b1101011   : N = 4'b0100;      // 4
         7'b1101101   : N = 4'b0101;      // 5
         7'b1101110   : N = 4'b0110;      // 6
         7'b1011011   : N = 4'b0111;      // 7
         7'b1011101   : N = 4'b1000;      // 8
         7'b1011110   : N = 4'b1001;      // 9
         7'b0111011   : N = 4'b1010;      // *
         7'b0111101   : N = 4'b0000;      // 0
         7'b0111110   : N = 4'b1011;      // #
         default      : N = N;            // 維持原狀
      endcase
   end

endmodule
```

模擬操作上，我們依據行掃描信號 R 的狀態手工設定列的掃描信號 C。由於我們給定 C 的週期為 R 的四倍，所以按鍵的讀入順序為直列跟著直列形式，讀入按鍵的順序為 1、4、7、＊、2、5、8、0、3、6、9、＃，由模擬所得的 N 數值可以判斷程式工作正確無誤。

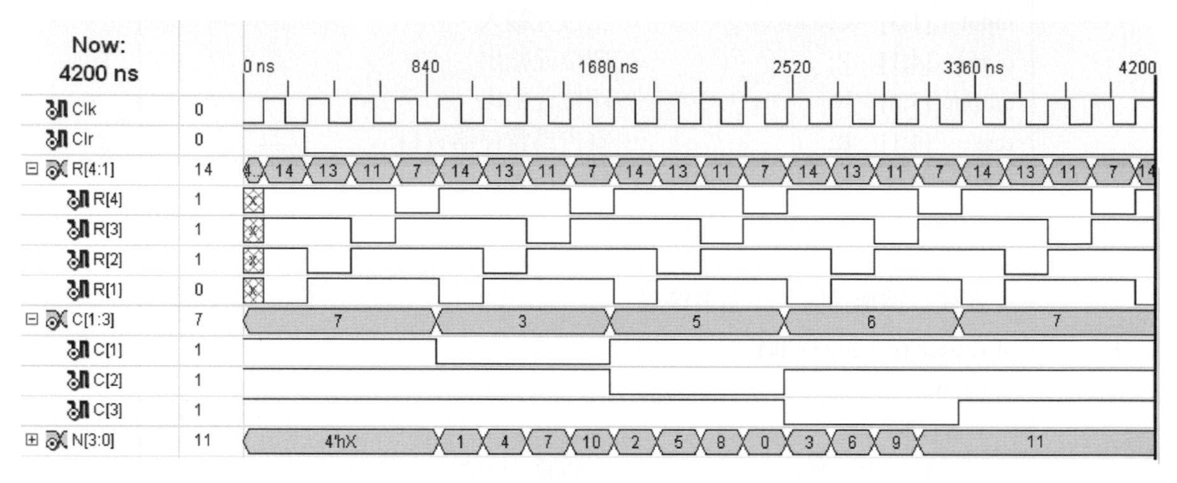


圖 10-20

## 10-8-2 鍵盤輸入七段顯示

前述 Verilog 程式示範如何取得小型鍵盤的按鍵值。其實在設計實際應用電路上，鍵盤的使用並沒有如此單純。

以下是一個比較接近眞實狀況的範例。本範例**由 3×4 鍵盤依序讀取六個按鍵值，並將它們由左而右依序多工顯示在六個共陰七段顯示器**上。

本示範電路會持續產生三位元二進制數值 De3、De2、De1，它們將被接至 74138 進行解碼而同時成為鍵盤的行掃描信號與七段顯示器的多工控制信號，請參考圖 10-21 鍵盤解碼與七段顯示器對應圖所示。我們將只讀取並顯示鍵盤上的數字按鍵 0～9，如果是＊鍵或是＃鍵則會存入一個空格。

現在有一些問題要解決。首先是產生鍵盤掃描與七段顯示器多工所需的信號 De〔3：1〕。我們假設系統時脈信號 Clk10M 是一個 10M Hz 的方波信號，然後建立一個 16 位元的計數器 Cnt 進行除頻。由於合適的鍵盤去彈跳取樣頻率約 100Hz 左右，而七段顯示器多工頻率需高於 20 Hz 才能有視覺暫留的效果，因此選取 De〔3：1〕＝Cnt〔15：13〕。此時鍵盤去彈跳取樣與七段顯示器多工的頻率約為 $10M／2^{16} ≒ 156$ Hz。

| De3 De2 De1 | Co1 | Co2 | Co3 |
|---|---|---|---|
| 0 0 0 | 1 | 2 | 3 |
| 0 0 1 | 4 | 5 | 6 |
| 0 1 0 | 7 | 8 | 9 |
| 0 1 1 | * | 0 | # |

| De3 | De2 | De1 | Co1 | Co2 | Co3 | 按鍵(顯示) |
|---|---|---|---|---|---|---|
| 0 | 0 | 0 | 0 | 1 | 1 | 1 |
| 0 | 0 | 0 | 1 | 0 | 1 | 2 |
| 0 | 0 | 0 | 1 | 1 | 0 | 3 |
| 0 | 0 | 1 | 0 | 1 | 1 | 4 |
| 0 | 0 | 1 | 1 | 0 | 1 | 5 |
| 0 | 0 | 1 | 1 | 1 | 0 | 6 |
| 0 | 1 | 0 | 0 | 1 | 1 | 7 |
| 0 | 1 | 0 | 1 | 0 | 1 | 8 |
| 0 | 1 | 0 | 1 | 1 | 0 | 9 |
| 0 | 1 | 1 | 0 | 1 | 1 | 空格(*鍵) |
| 0 | 1 | 1 | 1 | 0 | 1 | 0 |
| 0 | 1 | 1 | 1 | 1 | 0 | 空格(#鍵) |
| 其　他 | | | 其　他 | | | 無 |

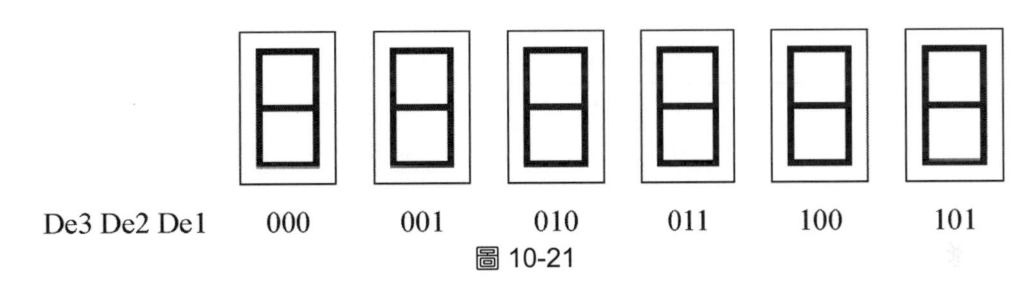


圖 10-21

鍵盤掃描最終只使用到 De=“000”～“011”這四個週期，而“100”～“111”這四個週期不動作。七段顯示器多工只使用到 De=“000”～“101”這六個週期，“110”～“111”這二個週期不動作。另外，由於必需在每個行掃描時作一些判斷，所以設定按鍵讀入電路的工作信號 Scan_clk=Cnt〔12〕，必須比 De〔1〕的頻率快一倍。

再來就是引用前一範例的按鍵讀入電路了。不過，由於按鍵讀入的頻率比人手按鍵速度快太多，每按下一鍵事實上一定會抓滿六次相同的按鍵值，因此必須加上一個偵測按下的鍵是否已彈起的機制，然後每次按下必須再彈起才紀錄此次的按鍵值。判斷是否有按鍵被按下其實很簡單，只要抓回的列掃描值 Co〔1：3〕不為“111”就是了，此時將按鍵值以二進制表示存入四位元暫存器資料 N 中，然後將暫存器資料 FN 設為‘1’，並把當時的 De 存放到暫存器資料 DD 內(紀錄有按鍵被按下的那一行編號)。後續的鍵盤讀入動作，只要發現 FN 為‘1’(有按鍵被按下)，就一定要等待到此按鍵彈起爲止。偵測按鍵彈起的條件必須 Co〔1：3〕爲“111”而且 De＝DD，此時再將 FN 設爲‘0’允許偵測新的按鍵輸入。

在 FN 信號的下緣處(此時按下的鍵盤鍵已彈起)，可以將數字按鍵的二進制值 N 存入 6∗4＝24 位元的暫存器資料 Acc 中。我們的設計從 Acc 的高位元組往低位元組存起，它們將分別對應到由左至右的六個七段顯示器。三位元暫存器資料 NC 負責記錄現在是第幾個按鍵值了；當紀錄到六個按鍵值後，就不再儲存後續的按鍵值(NC 不再加一)。隨時可以使用清除信號 Clr 清除 Acc 與 NC 內容後，重新紀錄新的六個按鍵值。由於按下∗鍵或是＃鍵會將“1111”存入 Acc 中，對應到七段顯示將完全不顯示(就是一個空格)。

最後要進行七段顯示器的多工操作。首先，透過 De 的多工器篩選取得對應的 Acc 位元組送到暫存器資料 DB〔3：0〕中，然後再使用 case 敘述查表將 DB 進行二進制對七段解碼就可以完成設計了。以下是產生 DB 與七段對應碼的表格。

| De3 | De2 | De1 | DB〔3：0〕 |
|---|---|---|---|
| 0 | 0 | 0 | Acc〔23：20〕 |
| 0 | 0 | 1 | Acc〔19：16〕 |
| 0 | 1 | 0 | Acc〔15：12〕 |
| 0 | 1 | 1 | Acc〔11：8〕 |
| 1 | 0 | 0 | Acc〔7：4〕 |
| 1 | 0 | 1 | Acc〔3：0〕 |
| 其他 | | | 1111 |

| DB〔3：0〕 | | A B C D E F G | 十六進制値 |
|---|---|---|---|
| 0 0 0 0 | 顯示 0 | 1 1 1 1 1 1 0 | 7E |
| 0 0 0 1 | 顯示 1 | 0 1 1 0 0 0 0 | 30 |
| 0 0 1 0 | 顯示 2 | 1 1 0 1 1 0 1 | 6D |
| 0 0 1 1 | 顯示 3 | 1 1 1 1 0 0 1 | 79 |
| 0 1 0 0 | 顯示 4 | 0 1 1 0 0 1 1 | 33 |
| 0 1 0 1 | 顯示 5 | 1 0 1 1 0 1 1 | 5B |
| 0 1 1 0 | 顯示 6 | 1 0 1 1 1 1 1 | 5F |
| 0 1 1 1 | 顯示 7 | 1 1 1 0 0 1 0 | 72 |
| 1 0 0 0 | 顯示 8 | 1 1 1 1 1 1 1 | 7F |
| 1 0 0 1 | 顯示 9 | 1 1 1 1 0 1 1 | 7B |
| 其他 | | 0 0 0 0 0 0 0 | 00 |

```
// Ch10 kb2.v
// 鍵盤掃描輸入，七段顯示輸出

module kb2 (Clk10M,Clr,Co,De,A,B,C,D,E,F,G,FN);
input   Clk10M,Clr;             // 一位元輸入
input   [1:3]   Co;             // 三位元輸入
output  [3:1]   De;             // 三位元輸出
output  A,B,C,D,E,F,G,FN;       // 一位元輸出
reg     [3:1]   De;             // 宣告爲暫存器資料
reg     [6:0]   L;
reg     [15:0] Cnt;
reg     [3:0]   N,DB;
reg     [23:0] Acc;
reg     [2:0]   NC,DD;
reg     FN,Scan_clk;

// 產生合適的掃描信號與取樣時脈信號
always@ (posedge Clk10M)
  begin
    if (Clr)
      Cnt = 0;
    else
    begin
    Cnt = Cnt + 1;
    De        = Cnt[15:13];     // 實際電路用這組
    Scan_clk = Cnt[12];
//  De        = Cnt[4:2];       // 模擬電路用這組
//  Scan_clk = Cnt[1];
    end
  end

// 以 Scan_clk 對鍵盤取樣
always@ (posedge Scan_clk or posedge Clr)
  begin
    if (Clr == 1)
      begin
```

```
        FN = 0;
        N   = 4'b1111;
        DD = 0;
      end
    else
      if (FN == 0)                // 按鍵彈起時
        begin
          case ({De,Co})
            6'b000011  : N = 4'b0001;  // 1
            6'b000101  : N = 4'b0010;  // 2
            6'b000110  : N = 4'b0011;  // 3
            6'b001011  : N = 4'b0100;  // 4
            6'b001101  : N = 4'b0101;  // 5
            6'b001110  : N = 4'b0110;  // 6
            6'b010011  : N = 4'b0111;  // 7
            6'b010101  : N = 4'b1000;  // 8
            6'b010110  : N = 4'b1001;  // 9
            6'b011101  : N = 4'b0000;  // 0
            default    : N = 4'b1111;
          endcase

          if (Co != 3'b111)       // 按鍵壓下
            begin
              FN = 1;             // 設定 FN
              DD = De;            // 儲存 De
            end

        end
      else                        // 有按鍵壓下時
        if (Co == 3'b111 && DD == De)       // 偵測按鍵彈起
          FN = 0;                 // 解除 FN
  end

// FN 下緣觸發，計數 NC 按鍵數，儲存 Acc 已按鍵值
always@ (negedge FN or posedge Clr)
  if (Clr)
    begin
```

```
      Acc = 24'hffffff;
      NC   = 0;
    end
  else
    if      (NC == 0)                 // 記錄到最左邊的位元組
      begin
        Acc = {N,Acc[19:0]};
        NC = NC + 1;
      end
    else if (NC == 1)                 // 記錄到左邊第二個位元組
      begin
        Acc = {Acc[23:20],N,Acc[15:0]};
        NC = NC + 1;
      end
    else if (NC == 2)
      begin
        Acc = {Acc[23:16],N,Acc[11:0]};
        NC = NC + 1;
      end
    else if (NC == 3)
      begin
        Acc = {Acc[23:12],N,Acc[7:0]};
        NC = NC + 1;
      end
    else if (NC == 4)
      begin
        Acc = {Acc[23:8],N,Acc[3:0]};
        NC = NC + 1;
      end
    else if (NC == 5)                 // 記錄到最右邊的位元組
      begin
        Acc = {Acc[23:4],N};
        NC = NC + 1;
      end

// 多工器, 依照 De 狀況將 Acc 部分分到 DB 內
always@ (De)
```

```
  case (De)
    0          : DB = Acc[23:20];
    1          : DB = Acc[19:16];
    2          : DB = Acc[15:12];
    3          : DB = Acc[11: 8];
    4          : DB = Acc[ 7: 4];
    5          : DB = Acc[ 3: 0];
    default    : DB = 4'b1111;
  endcase

// 二進制對七段解碼
always@ (DB)
  case (DB)
    0          : L = 7'b1111110;
    1          : L = 7'b0110000;
    2          : L = 7'b1101101;
    3          : L = 7'b1111001;
    4          : L = 7'b0110011;
    5          : L = 7'b1011011;
    6          : L = 7'b1011111;
    7          : L = 7'b1110000;
    8          : L = 7'b1111111;
    9          : L = 7'b1111011;
    default    : L = 7'b0000000;
  endcase

assign {A,B,C,D,E,F,G} = L;

endmodule
```

以下是模擬波形圖。由於頻率範圍相差太大，所以模擬時請使用下面這一組頻率：

```
De       = Cnt [4:2];    // 模擬電路用這組
Scan_clk = Cnt [1];
```

由 FN 信號可以驗證偵測按鍵壓下後彈起的機制。我們假設依序按下了 5、1、9 這三個按鍵，然後可以在 A～G 這幾個 LED 信號驗證到這三個按鍵確實被偵測到並儲存起來。

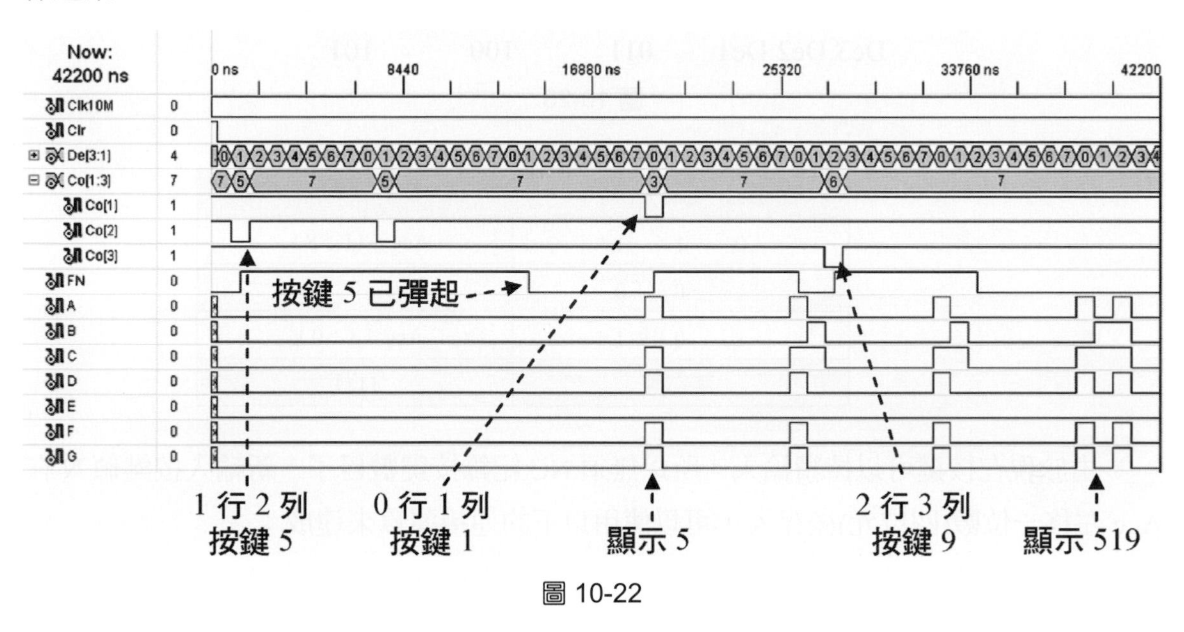


圖 10-22

## 10-9 叫號機

我們常在銀行或醫院這類場合見到**叫號機**。首先顧客在入門處或掛號處拿到號碼單，然後盯著房間門口、櫃檯或牆上叫號機顯示的號碼等待輪到自己的時候。

本範例將設計一個三位數叫號機的電路，使用 3×4 鍵盤讀取按鍵值並多工顯示在三個共陰七段顯示器上。一旦有了數字按鍵值 1～9，目前三位顯示值會先左移一位數，然後將目前按鍵值顯示在最右邊的七段顯示器上，這樣的輸入狀況可以一直持續下去。按下＃鍵會將目前顯示值加一，而按下＊鍵會將目前顯示值減一。另外有一個 Clr 輸入信號，可以清除目前的數字號碼。

本設計電路主要由前一範例 kb2.v 修改而得。以下我們僅就修改部分加以介紹說明。首先，由於只動用最右邊的三個共陰七段顯示器，所以紀錄按鍵值的暫存器資料 Acc 現在只需要 12 位元，向量表示為〔11：0〕。七段顯示器多工只用到 De＝“011”～“101”這三個週期，其他週期不動作，而 DB 取得的 Acc 位元組如下所示。

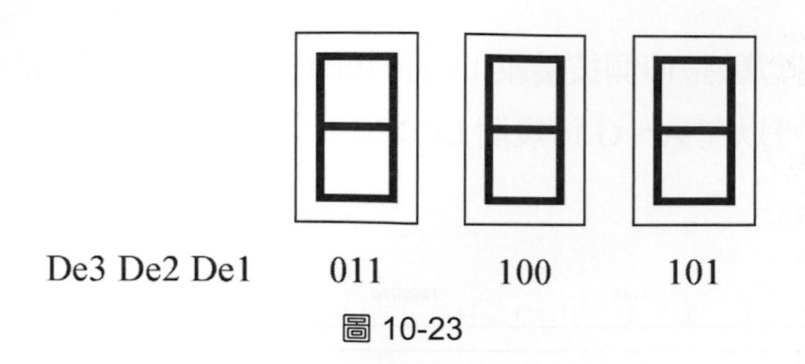

圖 10-23

| De3　De2　De1 | DB〔3：0〕 |
|---|---|
| 0　1　1 | Acc〔11：8〕 |
| 1　0　0 | Acc〔7：4〕 |
| 1　0　1 | Acc〔3：0〕 |
| 其　他 | 1111 |

由於現在按鍵可以持續輸入，所以無須 NC 紀錄按鍵數目了。新輸入按鍵值 N 在 Acc 左移一位數(四位元)後存入，可以使用以下的連接運算來達成：

Acc ＝｛Acc〔7：0〕，N｝；　　　// 左移四位元，再載入 N

最後，由於＃鍵與＊鍵現在有對應的動作，所以必須在按鍵讀入電路的 case 敘述內加以定義，然後在 FN 下緣時加以處理。按下＃鍵將對 Acc 加一，按下＊鍵將對 Acc 減一，三位數字的上數或下數動作可以使用**第 10-4 節**介紹的 BCD999 同步電路形式來完成。在 if 判斷敘述中，我們先處理＃鍵，再來＊鍵，最後才是數字鍵，這也是它們之間的優先權關係。

以下是本叫號機的完整 Verilog 程式。在主要的程式修改部分以灰底表示。

```
// Ch10 queue.v
// 叫號機, 鍵盤掃描輸入, 七段顯示輸出

module queue (Clk10M,Clr,Co,De,A,B,C,D,E,F,G,FN);
input   Clk10M,Clr;                   // 一位元輸入
input   [1:3]  Co;                    // 三位元輸入
output  [3:1]  De;                    // 三位元輸出
output  A,B,C,D,E,F,G,FN;             // 一位元輸出
reg     [3:1]  De;                    // 宣告爲暫存器資料
reg     [6:0]  L;
reg     [15:0] Cnt;
```

```
reg     [3:0]   N,DB;
reg     [11:0] Acc;
reg     [2:0]   DD;
reg     FN,Scan_clk;

// 產生合適的掃描信號與取樣時脈信號
always@ (posedge Clk10M)
  begin
    if (Clr)
      Cnt = 0;
    else
      begin
       Cnt = Cnt + 1;
       De = Cnt[15:13];                    // 實際電路用這組
       Scan_clk = Cnt[12];
//     De = Cnt[4:2];                      // 模擬電路用這組
//     Scan_clk = Cnt[1];
       end
  end

// 以 Scan_clk 對鍵盤取樣
always@ (posedge Scan_clk or posedge Clr)
  begin
    if (Clr == 1)
      begin
        FN = 0;
        N   = 4'b1111;
        DD = 0;
      end
    else
      if (FN == 0)                         // 按鍵彈起時
        begin
          case ({De,Co})
            6'b000011   : N = 4'b0001;    // 1
            6'b000101   : N = 4'b0010;    // 2
            6'b000110   : N = 4'b0011;    // 3
            6'b001011   : N = 4'b0100;    // 4
            6'b001101   : N = 4'b0101;    // 5
```

```
                6'b001110    : N = 4'b0110;    // 6
                6'b010011    : N = 4'b0111;    // 7
                6'b010101    : N = 4'b1000;    // 8
                6'b010110    : N = 4'b1001;    // 9
                6'b011011    : N = 4'b1010;    // A, * 鍵
                6'b011101    : N = 4'b0000;    // 0
                6'b011110    : N = 4'b1011;    // B, # 鍵
                default      : N = 4'b1111;
            endcase
            if (Co != 3'b111)                  // 按鍵壓下
              begin
                FN = 1;                        // 設定 FN
                DD = De;                       // 儲存 De
              end
          end
        else        // 有按鍵壓下時
          if (Co == 3'b111 && DD == De)  // 偵測按鍵彈起
            FN = 0;                      // 解除 FN
  end

// FN 上緣觸發, 依據 N 值處理
always@ (negedge FN or posedge Clr)
  if (Clr)
    Acc = 12'h000;                       // 初值 000
  else
    if   (N == 4'b1011)                  // # 鍵, 上數
      begin
        if (Acc == 12'h999)              // 999
          Acc = 12'h000;
        else if (Acc[7:0] == 8'h99)      // -99
          begin
            Acc[11:8] = Acc[11:8] + 1;
            Acc[ 7:0] = 8'h00;
          end
        else if (Acc[3:0] == 4'h9)// --9
          begin
            Acc[ 7:4] = Acc[7:4] + 1;
            Acc[ 3:0] = 4'h0;
```

```
            end
          else
            Acc[ 3:0] = Acc[3:0] + 1;
        end

      else if (N == 4'b1010)                // * 鍵, 下數
        begin
          if (Acc == 12'h000)               // 000
            Acc = 12'h999;
          else if (Acc[7:0] == 8'h00)       // -00
            begin
              Acc[11:8] = Acc[11:8] - 1;
              Acc[ 7:0] = 8'h99;
            end
          else if (Acc[3:0] == 4'h0)// --0
            begin
              Acc[ 7:4] = Acc[7:4] - 1;
              Acc[ 3:0] = 4'h9;
            end
          else
            Acc[ 3:0] = Acc[3:0] - 1;
        end

      else
        Acc = {Acc[7:0], N};                // 數字鍵, 左移四位元, 載入 N

// 多工器, 依照 De 狀況將 Acc 部分送到 DB 內
always@ (De)
  case (De)
    3         : DB = Acc[11: 8];
    4         : DB = Acc[ 7: 4];
    5         : DB = Acc[ 3: 0];
    default   : DB = 4'b1111;
  endcase

// 二進制對七段解碼
always@ (DB)
  case (DB)
```

```
        0           : L = 7'b1111110;
        1           : L = 7'b0110000;
        2           : L = 7'b1101101;
        3           : L = 7'b1111001;
        4           : L = 7'b0110011;
        5           : L = 7'b1011011;
        6           : L = 7'b1011111;
        7           : L = 7'b1110000;
        8           : L = 7'b1111111;
        9           : L = 7'b1111011;
        default     : L = 7'b0000000;
    endcase
assign {A,B,C,D,E,F,G} = L;

endmodule
```

## 10-10 三色點矩陣顯示器多工掃描

點矩陣顯示器是常見的顯示用電子元件，在一個密集排列的發光二極體 LED 矩陣內藉由各 LED 點亮與否構成設計師要求的字母或圖案。

以下我們將在一個 8×8 **三色點矩陣顯示器**上顯示一個‘位’字。三色點矩陣顯示器每個座標位置上都有一個紅色 LED 與一個綠色 LED，所以單獨點亮紅色 LED 會顯示紅色色彩，單獨點亮綠色 LED 顯示綠色色彩，而如果同時點亮紅色與綠色 LED 就會顯現橙色色彩。本範例將設計一個可以依序在點矩陣顯示器上顯示：全滅 → 紅色‘位’字 → 綠色‘位’字 → 橙色‘位’字 → 全滅......的應用電路。

如圖 10-22 所示，爲了節省使用的接腳數目，點矩陣顯示器各行(Row)與各列(Column)的 LED 都會共用信號，所以現在行與列各有 8 個輸入信號，分別命名爲 Row1～Row8 與 C1～C8。由於 Row1～Row8 信號爲同一行 LED 的陽極接腳，所以它爲邏輯‘1’態時，LED 才有點亮的機會；假設 C1～C8 信號先經過反相緩衝電路後才會成爲同一列 LED 的陰極接腳，所以它也是邏輯‘1’態時，LED 才有點亮的機會。總而言之，當某個位置 LED 的行與列信號同時爲邏輯‘1’態時，它就會被點亮。

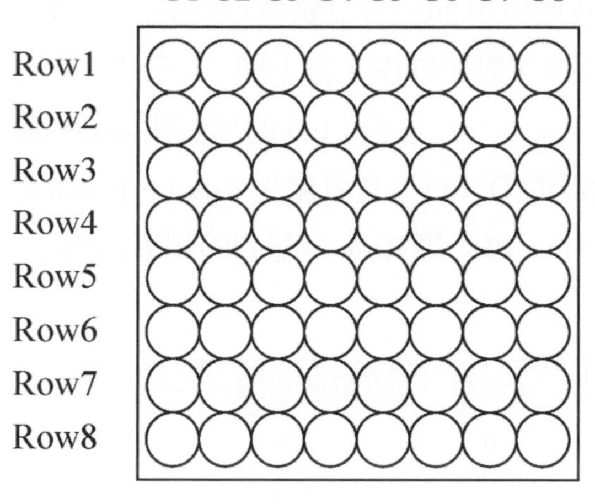


圖 10-24

要想顯示一個穩定的字母或圖形，我們必須使用**多工掃描**的技巧來依序點亮每一個 LED，此時行掃描信號 Row1～Row8 同一時間只有一個信號爲邏輯‘1’態，而且掃描頻率必須高於 20 Hz。

現在如果我們要顯示“位”字，行與列信號的編碼如圖 10-23 所示，我們將使用 case 敘述依時脈 Clk 上緣觸發產生 Row1～Row8 掃描信號，這部份是序向邏輯電路，其實就是一個循環左移移位暫存器。有了 Row1～Row8 信號之後，再使用 case 敘述來決定當時 C1～C8 的邏輯數值，這部份是組合邏輯電路，其實就是一個多工器。

| | Row1～Row8 | C1～C8 |
|---|---|---|
| Row1 | 10000000 | 00010000 |
| Row2 | 01000000 | 00100010 |
| Row3 | 00100000 | 01001000 |
| Row4 | 00010000 | 11011111 |
| Row5 | 00001000 | 01010001 |
| Row6 | 00000100 | 01001010 |
| Row7 | 00000010 | 01000100 |
| Row8 | 00000001 | 01011111 |

圖 10-25

至於色彩的切換，我們使用26位元計數器Q的最高二個位元(Q〔25〕與Q〔24〕)來判斷，如下表所示，依序在點矩陣顯示器上顯示：全滅 → 紅色 →綠色 → 橙色 → 全滅……。程式中的 Cr〔1：8〕爲紅色 LED 的列信號接腳，而 Cg〔1：8〕爲綠色 LED 的列信號接腳。Q 計數器的 Q〔11〕負責產生 Row1～Row8 掃描信號的工作頻率，約爲 10M Hz／$2^{12}$≒2.5K Hz，每一條 Row 分配到的頻率約爲 2.5K／8＝313 Hz，高於視覺暫留所需之 20 Hz。

| Q〔25〕 | Q〔24〕 | 綠色 LED | 紅色 LED | 顯示狀況 |
|---|---|---|---|---|
| 0 | 0 | 不亮 | 不亮 | 全滅 |
| 0 | 1 | 不亮 | 亮 | 紅色 |
| 1 | 0 | 亮 | 不亮 | 綠色 |
| 1 | 1 | 亮 | 亮 | 橙色 |

```
// Ch10 dot_mx.v
// 三色點矩陣

module dot_mx (Clk10M, Row, Cr, Cg);
input     Clk10M;                     // 一位元輸入
output    [1:8]   Row,Cr,Cg;          // 八位元輸出
reg       [1:8]   Row,Cr,Cg;          // 宣告爲暫存器資料
reg       [25:0] Q;                   // 宣告爲暫存器資料
reg       Clk;                        // 宣告爲暫存器資料

// 除頻電路
always@ (posedge Clk10M)
  begin
    Q = Q + 1;
    Clk = Q[11];
  end

// Row 掃描信號, 序向邏輯電路
always@ (posedge Clk)
  case (Row)
    8'b00000001 : Row = 8'b10000000;          // Row1
    8'b10000000 : Row = 8'b01000000;          // Row2
```

```
    8'b01000000 : Row = 8'b00100000;        // Row3
    8'b00100000 : Row = 8'b00010000;        // Row4
    8'b00010000 : Row = 8'b00001000;        // Row5
    8'b00001000 : Row = 8'b00000100;        // Row6
    8'b00000100 : Row = 8'b00000010;        // Row7
    default     : Row = 8'b00000001;        // Row8
  endcase

always@ (Q[24] or Q[25] or Row)
  begin
// 綠色 LED 顯示, 組合邏輯電路
    if (Q[24] == 1)
      case (Row)
        8'b10000000 : Cr = 8'b00010000;     // Row1
        8'b01000000 : Cr = 8'b00100010;     // Row2
        8'b00100000 : Cr = 8'b01000100;     // Row3
        8'b00010000 : Cr = 8'b11011111;     // Row4
        8'b00001000 : Cr = 8'b01010001;     // Row5
        8'b00000100 : Cr = 8'b01001010;     // Row6
        8'b00000010 : Cr = 8'b01000100;     // Row7
        8'b00000001 : Cr = 8'b01011111;     // Row8
        default     : Cr = 8'b00000000;
      endcase
    else
      Cr = 8'b00000000;

// 紅色 LED 顯示, 組合邏輯電路
    if (Q[25] == 1)
      case (Row)
        8'b10000000 : Cg = 8'b00010000;     // Row1
        8'b01000000 : Cg = 8'b00100010;     // Row2
        8'b00100000 : Cg = 8'b01000100;     // Row3
        8'b00010000 : Cg = 8'b11011111;     // Row4
        8'b00001000 : Cg = 8'b01010001;     // Row5
        8'b00000100 : Cg = 8'b01001010;     // Row6
        8'b00000010 : Cg = 8'b01000100;     // Row7
        8'b00000001 : Cg = 8'b01011111;     // Row8
```

```
            default     : Cg = 8'b00000000;
        endcase
    else
        Cg = 8'b00000000;
end

endmodule
```

## 10-11 LCD 液晶顯示模組

LCD(Liquid Crystal Display)**液晶顯示器**是一種日常生活很普遍很容易見到的顯示元件，譬如計算機、鬧鐘、家電面板以及電腦液晶螢幕等等都可以見到它的應用時機。

小型電子產品上用的 LCD 顯示器可以簡單地分為 LCD 七段顯示器與 LCD 點矩陣顯示器，而 LCD 點矩陣顯示器又可細分為文字型 LCD 點矩陣顯示器與繪圖型 LCD 點矩陣顯示器。LCD 七段顯示器就像常見的 LED 七段顯示器一樣，只能顯示日字型的七段再加上小數點共同組合成字母與圖形，有些 LCD 顯示器會額外再加上一些顯示線段以顯示更複雜的字母與圖形。儘管 LCD 七段顯示器可顯示的字母與圖形數目相當有限，但是卻頗適合應用在計算機或鬧鐘面板這一類簡單的顯示場合上。LCD 點矩陣顯示器就是將顯示區域規劃成點矩陣形式，然後再由個別的顯示點組合成合意的字母與圖形。由於它的掃描驅動電路比較複雜，所以通常供應商都將 LCD 點矩陣顯示器與掃描控制晶片組裝在一個模組上後才進行販售，這種模組就稱為 LCM(LCD Module)。

點矩陣 LCM 又可以分為文字型與繪圖型二種。所謂文字型就是將整個顯示區域平均切割成獨立的小塊區域，然後透過字元對應的方式將內建或自訂的字母或符號顯示出來，它大概就類似於個人電腦上的純文字工作模式。文字型繪圖型點矩陣 LCM 常見於各式家電(電視機、錄放影機、微波爐、洗衣機等等)的應用場合。至於繪圖型點矩陣 LCM 就是將整個顯示區域都視為一體，各顯示點都有一個獨立對應的記憶體空間。它通常應用於需要大面積顯示的場合，譬如筆記型電腦與液晶螢幕。由於所有顯示字母或圖形都是由許許多多的顯示點組合而成，所以它的顯示畫面不會像文字型點矩陣 LCM 一樣受到既有字型的限制。

以下 Verilog 程式介紹如何使用一個 **LCD 液晶顯示模組**，它是文字型點矩陣 LCM，使用的控制晶片為 HITACHI 公司的 HD44780，具有以下這些使用特性：

1. 與 4 位元或 8 位元 CPU 直接資料傳輸的介面電路。
2. 內建 160 個 5×7 點矩陣字型與 32 個 5×10 點矩陣字型的字型唯讀記憶體(Character Generator ROM：CG ROM)。其中 20H～7FH 部分的編碼與 ASCII 編碼相同，為 5×7 點矩陣字型。

表 10-1　HD44780　可顯示字母對照表

| Lower 4 Bits \ Upper 4 Bits | 0000 | 0001 | 0010 | 0011 | 0100 | 0101 | 0110 | 0111 | 1000 | 1001 | 1010 | 1011 | 1100 | 1101 | 1110 | 1111 |
|---|---|---|---|---|---|---|---|---|---|---|---|---|---|---|---|---|
| xxxx0000 | CG RAM (1) | ▶ | | 0 | @ | P | ` | p | Б | α | ▌▌ | ° | À | Ð | à | ð |
| xxxx0001 | (2) | ◀ | ! | 1 | A | Q | a | q | Д | ♪ | ¡ | ± | Á | Ñ | á | ñ |
| xxxx0010 | (3) | “ | " | 2 | B | R | b | r | Ж | Γ | ¢ | ² | Â | Ò | â | ò |
| xxxx0011 | (4) | ” | # | 3 | C | S | c | s | З | π | £ | ³ | Ã | Ó | ã | ó |
| xxxx0100 | (5) | ⏫ | $ | 4 | D | T | d | t | И | Σ | ¤ | ₧ | Ä | Ô | ä | ô |
| xxxx0101 | (6) | ⏬ | % | 5 | E | U | e | u | Й | σ | ¥ | µ | Å | Õ | å | õ |
| xxxx0110 | (7) | ● | & | 6 | F | V | f | v | Л | ♫ | ¦ | ¶ | Æ | Ö | æ | ö |
| xxxx0111 | (8) | ↵ | ' | 7 | G | W | g | w | П | τ | § | · | Ç | × | ç | ÷ |
| xxxx1000 | (1) | ↑ | ( | 8 | H | X | h | x | У | 🔔 | ƒ | ω | È | Φ | è | ø |
| xxxx1001 | (2) | ↓ | ) | 9 | I | Y | i | y | Ц | θ | © | ¹ | É | Ù | é | ù |
| xxxx1010 | (3) | → | * | : | J | Z | j | z | Ч | Ω | ª | º | Ê | Ú | ê | ú |
| xxxx1011 | (4) | ← | + | ; | K | [ | k | { | Ш | δ | « | » | Ë | Û | ë | û |
| xxxx1100 | (5) | ≤ | , | < | L | \ | l | \| | Щ | ∞ | Ю | ¼ | Ì | Ü | ì | ü |
| xxxx1101 | (6) | ≥ | - | = | M | ] | m | } | Ъ | ♥ | Я | ½ | Í | Ý | í | ý |
| xxxx1110 | (7) | ▲ | . | > | N | ^ | n | ~ | Ы | ε | ® | ¾ | Î | Þ | î | þ |
| xxxx1111 | (8) | ▼ | / | ? | O | _ | o | ⌂ | Э | ∩ | ‛ | ¿ | Ï | ß | ï | ÿ |

3. 有 8 個位元組的字型隨機存取記憶體(Character Generator RAM：CG RAM)，必要時可自行建立 8 個 5×7 點矩陣字型，位址為 00H～07H。
4. 有 80 位元組的顯示資料記憶體(Display Data RAM：DD RAM)，所以最多可同時顯示 80 個字母。不過因為本模組使用的 LCD 螢幕最多只能呈現 2 行×16 字母，所以只有 32 個顯示資料記憶體位址可以對應而顯示出來，請見後續功能設定指令的說明。
5. 透過指令暫存器(Instruction Register：IR)寫入控制字組就可以適當地控制 LCM 的顯示狀況。

要讓 LCM 顯示字母或符號之前，必須有一定的啓動程序，包括二次功能設定(Function Set)指令、一次顯示啓閉(Display ON／OFF)指令、一次進入模式設定(Entry Mode Set)指令。

啓動完成後才可以依照設計工程師的需求在特定位置顯示合意的文字，常搭配的指令有顯示器清除(Display Clear)指令、寫入 DD RAM 位址指令、寫入 DD RAM 資料指令等等。

其實 LCM 的控制指令還有許多，而且一般應用都是搭配 CPU 作為主控電路，使用上才會比較方便，本範例只是一個使用 Verilog 程式來控制 LCM 顯示的簡單示範。

以下是一些常用控制指令的說明：

1. 功能設定(Function Set)指令

| RS | R/W | D7 | D6 | D5 | D4 | D3 | D2 | D1 | D0 |
|---|---|---|---|---|---|---|---|---|---|
| 0 | 0 | 0 | 0 | 1 | DL | N | F | * | * |

DL：Data Length，選擇介面資料長度。DL＝1 表示使用 8 位元資料。DL＝0 表示使用 4 位元資料，此時一個 8 位元字元組資料就必須讀寫二次才會完整。

N：Number of Display Line，選擇顯示的行數。N＝1 表示雙行顯示；N＝0 表示單行顯示。

F：Font，選擇顯示字型。F＝1 表示使用 5×10 字型；F＝0 表示使用 5×7 字型。

在後續 Verilog 範例程式中，我們將把功能設定指令設定為 8’b00111000＝8’h38，表示將使用 8 位元資料介面、雙行顯示並採用 5×7 字型。

經過如此設定之後，顯示資料記憶體 DD RAM 的位址將被定義如下所示，共有 80 個有效位址。不過因爲本模組使用的 LCD 螢幕最多只能呈現 2 行×16 字母，所以眞實使用狀態下只有 32 個顯示資料記憶體位址可以被對應而顯示出來，分別是第一行的 00H～0FH 與第二行的 40H～4FH。

| | 1 | 2 | 3 | 4 | 5 | 6 | | 39 | 40 |
|---|---|---|---|---|---|---|---|---|---|
| 第一行 | 00H | 01H | 02H | 03H | 04H | 05H | …… | 26H | 27H |
| 第二行 | 40H | 41H | 42H | 43H | 44H | 45H | …… | 66H | 67H |

2. 顯示啓閉(Display ON／OFF)指令

| RS | R/W | D7 | D6 | D5 | D4 | D3 | D2 | D1 | D0 |
|---|---|---|---|---|---|---|---|---|---|
| 0 | 0 | 0 | 0 | 0 | 0 | 1 | D | C | B |

D：Display。D＝1 表示 LCD 顯示幕開啓。D＝0 表示顯示幕關閉，但是顯示資料仍然保留在 DD RAM 中。

C：Cursor。C＝1 表示游標顯示在位址計數器所指定的位置。C＝0 表示游標關閉不顯示。在 5×7 字型中，游標是第 8 行五個點所組成。在 5×10 字型中，游標是第 11 行五個點所組成。

B：Blink。B＝1 表示游標位置的字母會閃爍。B＝0 表示游標位置的字母不會閃爍。閃爍方式爲點亮 409.6 mS，然後熄滅 409.6 mS，持續不止。

我們在本 Verilog 範例程式中將把此指令設定爲 8'b00001110＝8'h0E，表示 LCD 顯示幕開啓、游標開啓並且不閃爍。

3. 進入模式設定(Entry Mode Set)指令

| RS | R/W | D7 | D6 | D5 | D4 | D3 | D2 | D1 | D0 |
|---|---|---|---|---|---|---|---|---|---|
| 0 | 0 | 0 | 0 | 0 | 0 | 0 | 1 | I/D | S |

I/D：I/D＝1 表示讀寫到 DD RAM 後，位址計數器將自動加一，游標位置將右移一格。I/D＝0 表示讀寫到 DD RAM 後，位址計數器將自動減一，游標位置將左移一格。

S：S＝1 表示寫入 DD RAM 後，顯示資料左移一格 (I/D＝1)或顯示資料右移一格(I/D＝0)，但游標位置不改變。S＝0 表示寫入 DD RAM 後，顯示資料位置不改變。

我們在本 Verilog 範例程式中將把此指令設定爲 8'b00000110＝8'h06，表示讀寫到 DD RAM 後，位址計數器將自動加一，游標位置將右移一格；寫入 DD RAM 後，顯示資料位置不改變。

4. 顯示器清除(Display Clear)指令

| RS | R/W | D7 | D6 | D5 | D4 | D3 | D2 | D1 | D0 |
|---|---|---|---|---|---|---|---|---|---|
| 0 | 0 | 0 | 0 | 0 | 0 | 0 | 0 | 0 | 1 |

此一指令將把 DD RAM 全部寫入空白字元 8'b00100000＝8'h20，顯示畫面全空。位址計數器清除爲 0。游標會移回到最左上的位置。

5. 寫入 DD RAM 位址指令

| RS | R/W | D7 | D6 | D5 | D4 | D3 | D2 | D1 | D0 |
|---|---|---|---|---|---|---|---|---|---|
| 0 | 0 | 1 | A | A | A | A | A | A | A |

將 DD RAM 位址資料載入位址計數器內，注意 DD RAM 位址只由後七個位元組成。

在本 Verilog 範例程式中，我們將把此指令設定爲 8'b11000100(8'hC4)，表示後續將在 DD RAM 位址 8'b01000100(8'h44)處顯示字母，這個位置爲下行左邊數來第五個位置。

6. 寫入 DD RAM 資料指令

| RS | R/W | D7 | D6 | D5 | D4 | D3 | D2 | D1 | D0 |
|---|---|---|---|---|---|---|---|---|---|
| 1 | 0 | D | D | D | D | D | D | D | D |

將待顯示資料寫入 DD RAM 中。我們在本 Verilog 範例程式中將把此指令設定爲 8'b01000001＝8'h41，這是大寫字母‘A’的編碼。

綜合以上所述，假設本範例將在 LCM 面板下面一行左邊數過來第五個位置(DD RAM 位址 8'h44＝8'b01000100)顯示一個英文大寫字母‘A’(由 HD44780 可顯示字母對照表查出其編碼爲 8'h41＝8'b01000001)。

我們將使用 Verilog 狀態機器語法來控制整個寫入指令的流程。狀態圖如下所示：

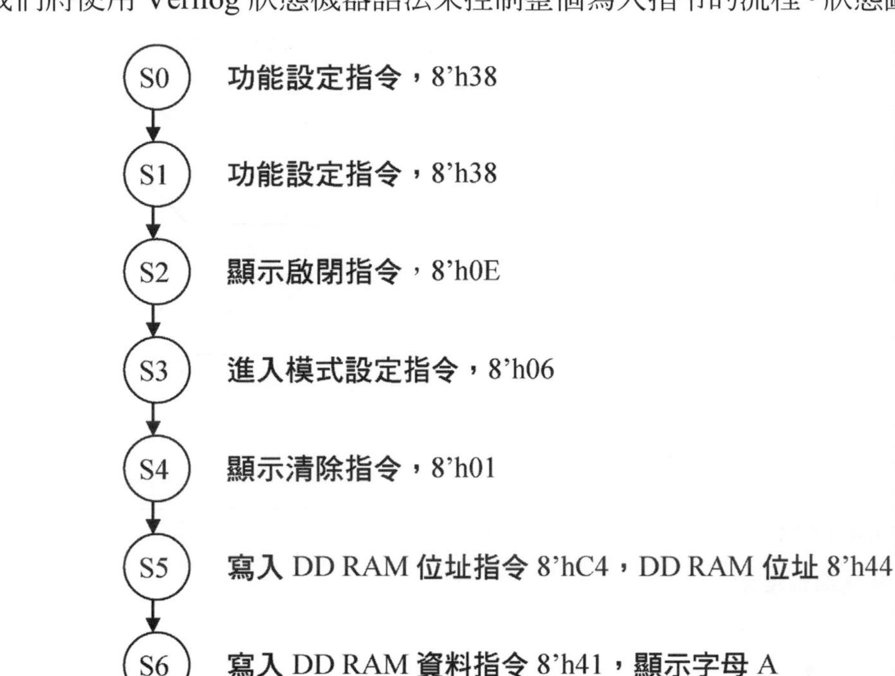


圖 10-26

以下介紹本 LCM 範例的 Verilog 程式。

首先，假設主時脈信號 Clk10M 為一個 10M Hz 的方波信號，經過 24 位元暫存器資料 Cnt 除頻成頻率較低的信號 Clk。模擬時我們可以使用較高的頻率，而實際應用時可以依需要採用較低頻率的時脈信號。為了可以清楚地見到狀態機器中各狀態之間的轉換情況，我們特別把時脈信號降到 10 MHz $\div 2^{24}$ 約 1 Hz，然後透過外接 LED 進行觀察。另外，由一個二位元暫存器 Cn 構成一個 mod-3 的計數器產生 Clk_en 信號，它們是 LCM 所需要 EN 信號的原形。

再來，就是建立一個 Moore 狀態機器，本範例使用二進制編碼方式，三位元暫存器資料 Cs 紀錄現在的狀態，三位元暫存器資料 Ns 紀錄下一次的狀態。現在依照前面介紹的狀態圖規劃依序傳送 LCM 所需要的八位元輸出信號 D。

程式使用多工器來控制 EN 與 RS 信號，而 RW 信號永遠接低電壓。以下是 LCM 寫入指令的時序圖，設計工程師必須自行設計電路來產生這些控制信號：

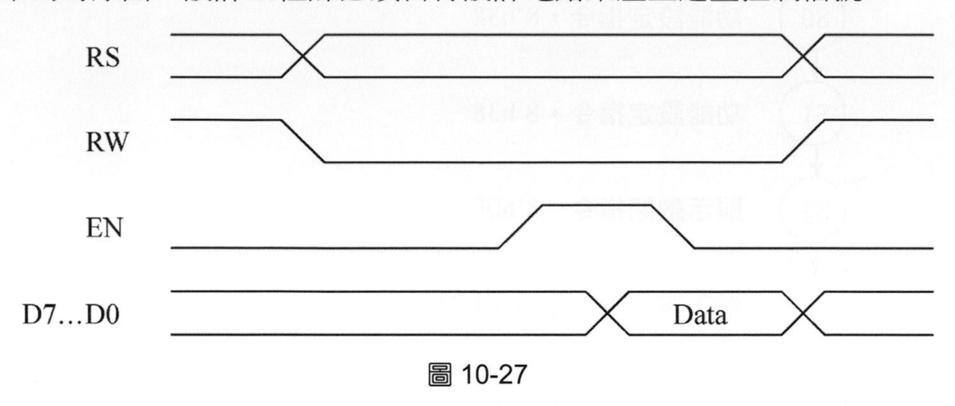


圖 10-27

```
// Ch10 LCM.v
// 液晶顯示模組

module LCM (Clk10M,Clr,EN,RS,RW,D,Cs);
input    Clk10M,Clr;              // 一位元輸入
output  EN,RS,RW;                 // 一位元輸出
output  [7:0] D;                  // 八位元輸出
output  [2:0] Cs;                 // 二位元輸出
reg       Clk,Clk_en;             // 宣告爲暫存器資料
reg       [7:0] D;                // 宣告爲暫存器資料
reg       [23:0] Cnt;             // 宣告爲暫存器資料
reg       [1:0] Cn;               // 宣告爲暫存器資料
reg       [2:0] Cs, Ns;           // 宣告爲暫存器資料
parameter [2:0]                   // 宣告狀態參數, 二進制編碼
  S0 = 3'b000, S1 = 3'b001, S2 = 3'b010, S3 = 3'b011,
  S4 = 3'b100, S5 = 3'b101, S6 = 3'b110, S7 = 3'b111;

// 除頻
always@ (posedge Clk10M or posedge Clr)
   begin
     if (Clr)
        Cnt = 0;
     else
        Cnt = Cnt + 1;
```

```
    Clk = Cnt[23];              // 實際電路用
//  Clk = Cnt[0];               // 模擬用
  end

// 取得 Clk_state, Clk_en
always@ (posedge Clk or posedge Clr)
  begin
    if (Clr)
      begin
        Cn = 0;
        Cs = 3'b000;
      end
    else if (Cn == 2'b10)
      begin
        Cn = 0;
        Cs = Ns;
      end
    else
      Cn = Cn + 1;
    Clk_en = Cn[0];
  end

// 決定次一狀態 Ns 與輸出 Q, 組合邏輯電路
always@ (Cs)
  case (Cs)
    S0 : begin
           Ns = S1;
           D = 8'b00111000;     // 8'h38
         end
    S1 : begin
           Ns = S2;
           D = 8'b00111000;     // 8'h38
         end
    S2 : begin
           Ns = S3;
           D = 8'b00001110;     // 8'h0E
         end
```

```
        S3 : begin
                Ns = S4;
                D = 8'b00000110;      // 8'h06
            end
        S4 : begin
                Ns = S5;
                D = 8'b00000001;      // 8'h01
            end
        S5 : begin
                Ns = S6;
                D = 8'b11000100;      // 8'hC4, DD RAM ADDRESS 8'h44
            end
        S6 : begin
                Ns = S7;
                D = 8'b01000001;      // DD RAM DATA 8'h41='A'
            end
        S7 : begin
                Ns = S7;
                D = 8'b00000000;
            end
    endcase
assign EN = (Cs == S7)   ? 0 : Clk_en;
assign RS = (Cs == S6)   ? 1 : 0;
assign RW = 0;

endmodule
```

以下是本範例電路的模擬波形圖。由 Cs〔2..0〕波形可以見到目前狀態機器的工作狀態，搭配 EN、RS、RW 控制信號將對應的 D〔7：0〕寫入 LCM 內。

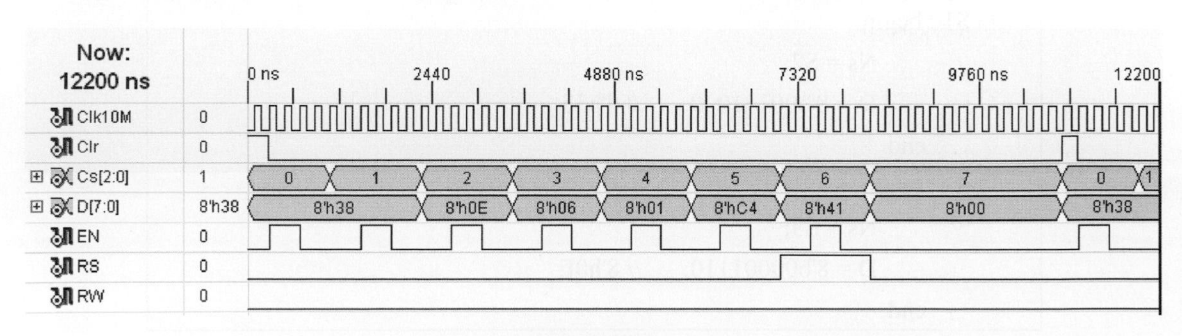


圖 10-28

## 10-12 DAC 數位類比轉換器

當微處理機在處理測試或控制系統時，常會面臨到數位信號(Digital Signal)與類比信號(Analog Signal)之間轉換的問題。這是因爲一般常見的自然現象信號或儀器測控信號都是波形平滑而連續的類比信號，如果我們要將這類信號送入微處理機進行計算處理，就必須先將類比信號轉換爲數位信號，這就是類比數位轉換器(Analog to Digital Converter：ADC)的應用場合。如果我們需要將處理過後的數位信號再轉換爲測試控制用的類比信號，就必須透過**數位類比轉換器**(Digital to Analog Converter：DAC)的協助。請參考下圖所示。

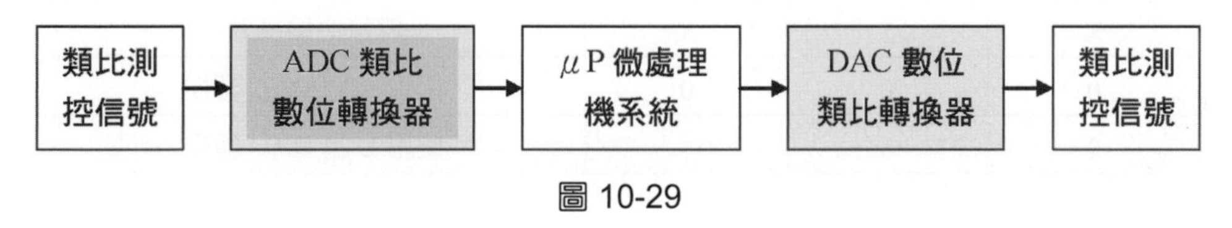


圖 10-29

本範例示範如何控制一顆 DAC IC，它的元件編號是 AD7528，爲 Analog Devices 公司所生產的 CMOS 雙 8 位元緩衝式 DAC。

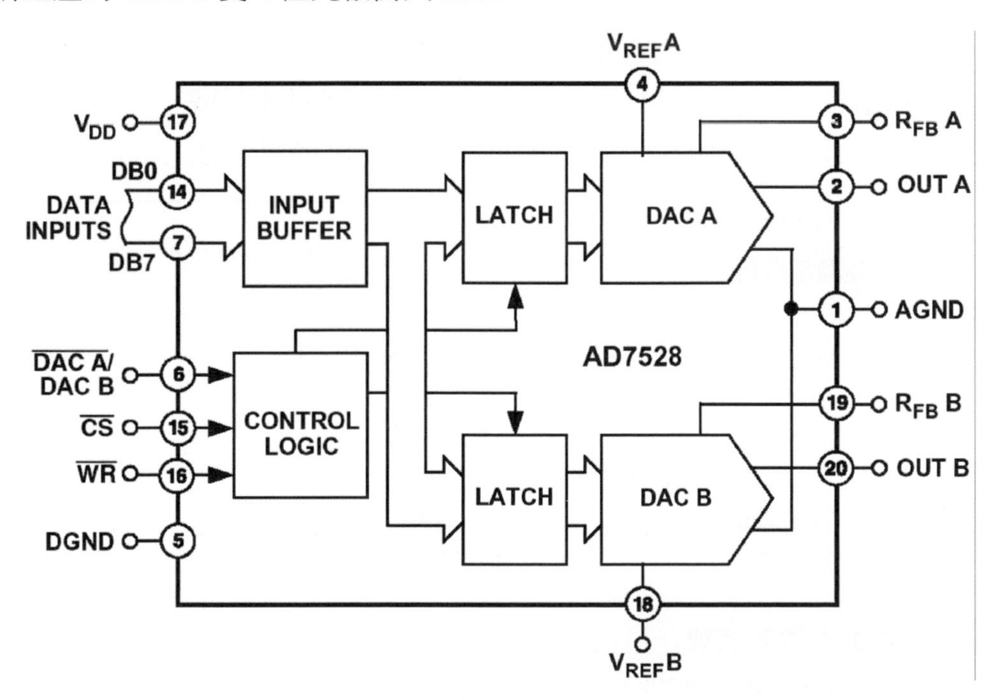


圖 10-30

AD7528 由 DB7～DB0 八位元接腳負責接收數位信號，然後配合／CS(低態致能)、／WR(低態寫入信號)、／DACA(A、B 組 DAC 的選擇信號)將數位信號存入內部閂鎖器電路中。

AD7528 共有二組獨立的 DAC 輸出，由／DACA 接腳控制；當／DACA 為 0 時，數位信號閂鎖在 A 組閂鎖器進行 DAC 轉換；當／DACA 為 1 時，數位信號閂鎖在 B 組閂鎖器進行 DAC 轉換。

／CS、／WR、／DACA 三條控制信號組合後的功能說明請見下表所示：

| ／CS | ／WR | ／DACA | 說明 |
|---|---|---|---|
| 1 | X | X | 維持原轉換值 |
| X | 1 | X | 維持原轉換值 |
| 0 | 0 | 0 | 使用 A 組 DAC 轉換 |
| 0 | 0 | 1 | 使用 B 組 DAC 轉換 |

本範例將由八位元輸入信號 Din 導入數位數值，然後選取 AD7528 的 A 組 DAC 轉換為類比信號。對於控制信號的處理很單純：／CS 固定接邏輯‘0’態將 AD7528 永遠致能，／DACA 固定接邏輯‘0’態使用 A 組 DAC 進行轉換，然後／WR 固定使用 1K Hz 的脈波(由輸入信號 Clk10K 的 10K Hz 時脈除頻而得)來啓動 DAC 轉換動作；也就是說，持續每 1 ms 就會對 D 取樣並產生對應的類比輸出信號。

複雜一點的 DAC 控制狀況可能必須動用狀態機器的程式寫法。

```
// Ch10 LCM.v
// 液晶顯示模組

module DAC (Clk10K, Clr, Din, N_CS, N_WR, N_DACA);
input    Clk10K,Clr;             // 一位元輸入
input    [7:0] Din;              // 八位元輸入
output   N_CS,N_WR,N_DACA;       // 一位元輸出
reg      [3:0] Cnt;              // 宣告為暫存器資料
reg      N_WR;                   // 宣告為暫存器資料

// 產生 N_WR 信號
always@ (posedge Clk10K)
   if (Clr || Cnt == 9)
      begin
```

```
            Cnt = 0;
            N_WR = 0;
         end
      else
         begin
            Cnt = Cnt + 1;
            N_WR = 1;
         end

// 產生 N_CS, N_DACA 信號
assign N_CS      = 1;
assign N_DACA = 1;

endmodule
```

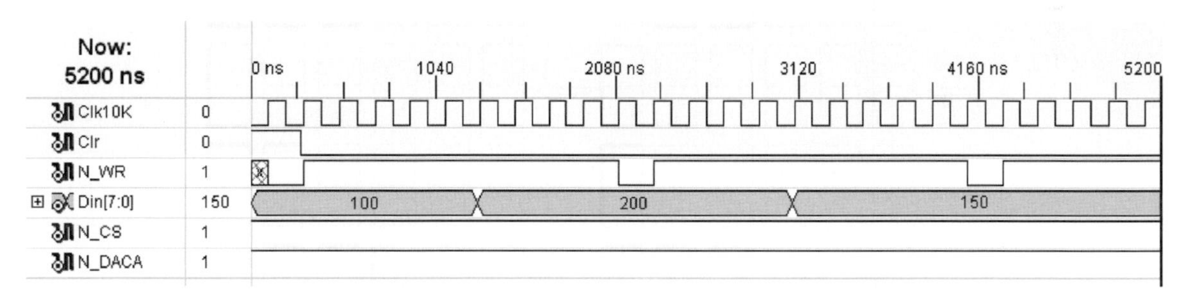


圖 10-31

## 練習題

1. 請參考擲骰子遊戲電路，設計一個發光二極體 LED 構成的電子轉盤遊戲。由 L1～L12 十二個 LED 排成環型，每次只依序點亮其中一個 LED。當一位元輸入信號 Start 為‘0’時，電子轉盤開始運轉；當 Start 輸入為‘1’時，電子轉盤慢慢停止，最終停在 L1～L12 其中之一，並啓動蜂鳴器發聲 Do 約三秒。
2. 請設計一個可以顯示分、秒、百分之一秒的計時馬錶，使用六個共陰七段顯示器。有一個上緣觸發清除信號 Clr 可以將計時值清空。有一個起始信號 Start，當 Start 為‘1’時開始計時功能，當 Start 為‘0’時暫停計時功能，當 Start 再次為‘1’時繼續計時功能。
3. 請使用六個共陰七段顯示完成器移動蛇電路設計，顯示情況如圖 10-32 所示，每一秒前進一步。

4. 請完成以下電路：按觸鍵盤 1 鍵，點矩陣顯示器就顯示出紅色字母 1。按觸鍵盤 5 鍵，點矩陣顯示器就顯示出綠色字母 5。按觸鍵盤 9 鍵，點矩陣顯示器就顯示出橙色字母 9。其他鍵盤按鍵沒有作用。
5. 請完成以下電路：輸入信號 S 為 '1' 時，只在 LCD 第一行最左邊顯示 Hi；輸入信號 S 為 '0' 時，只在 LCD 第二行最右邊顯示 Ko。

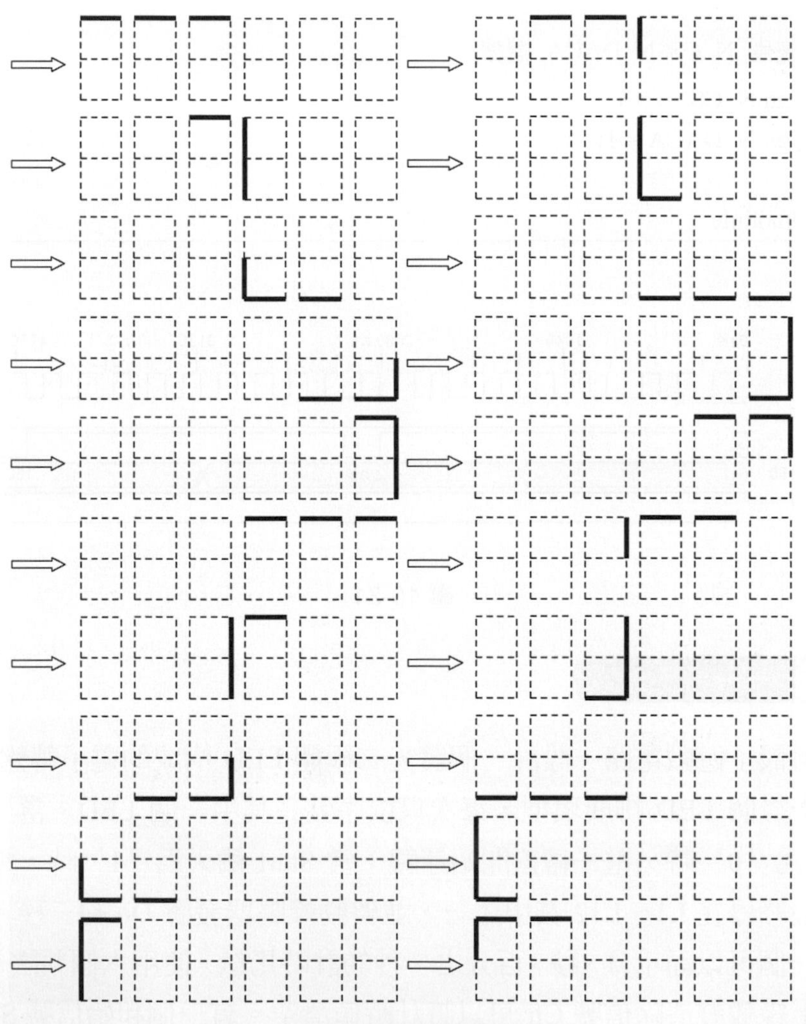

圖 10-32　移動蛇電路顯示狀況

Verilog

Chapter 11

# 編譯指令與系統任務

本章介紹一些模擬操作中常用的相關編譯指令與系統任務，它們能夠有效地協助測試平台程式達到模擬驗證所設計電路的要求。

## 11-1 編譯指令

**編譯指令**(Compiler Directive)就是一些針對 Verilog 編譯程式所下的指令，提供 Verilog 程式設計與模擬時更大的彈性與效率。所有編譯器指令都是以左上撇號 ` 開頭(鍵盤左上方，與 ~ 同一個鍵，不是這個右上撇號 ')附加一個關鍵字。常用的編譯指令有 `include、`timescale、`define、`undef、`resetall 與條件編譯指令，以下將有簡單的介紹與示範。

### 11-1-1 `include 指令

`include 編譯指令可以將其他程式片斷、函數或任務程式碼以及標頭檔(內含信號、變數、參數等等宣告與定義)包含進目前的模組檔案內，類似於 C 語言中的 #include。以下是一個使用範例。

```
`include   "header.v"            // 含括標頭檔案
`include   "div10.v"             // 將 div10.v 程式片斷含入

module   模組名稱(輸出入信號條列)；
   .........
   Verilog 電路敘述
   .........
endmodule
```

在一個需要多個電路模組、函數或任務的設計中，常常會將各個子電路分散到幾個設計檔案 .v 內，然後再透過 `include 編譯指令將它們整合起來。以下是一個使用範例，在 Tinclude.v 程式碼內使用 `include 指令將 div10.v 的程式碼部分含括進來。

以下是子層電路模組 div10.v 的程式碼部分，這是一個除 10(mod-10)的除頻電路。

```
// Ch10 div10.v
// 除頻 /10

module div10 (Clk_i,Clr,Q);
input    Clk_i,Clr;              // 一位元輸入
output   [3:0] Q;                // 四位元輸出
reg      [3:0] Q;                // 宣告為暫存器資料

// MOD-10 (BCD) 除頻
always@ (posedge Clk_i or posedge Clr)
   if (Clr || Q == 9)   Q = 0;
   else                 Q = Q + 1;

endmodule
```

以下是主要電路模組 Tinclude.v 的程式碼部分，它將 div10.v 送來的計數值 Q 整形成對稱方波。

```
// Ch11 Tinclude.v
// 除頻 /10 對稱方波

// 將 div10.v 含括進來
`include "div10.v"

module Tinclude (Clk_i,Clr,Clk_o,Q);
input    Clk_i,Clr;              // 一位元輸入
output   Clk_o;                  // 一位元輸出
output   [3:0] Q;                // 四位元輸出
reg      Clk_o;                  // 宣告為暫存器資料
reg      [3:0] Q;                // 宣告為暫存器資料

// MOD-10 (BCD) 除頻, 呼叫 div10 例證
div10 div_0 (Clk_i, Clr, Q);

// 形成對稱方波
always@ (Q)
```

```
  if (Q <= 4)   Clk_o   = 0;
  else          Clk_o   = 1;

endmodule
```

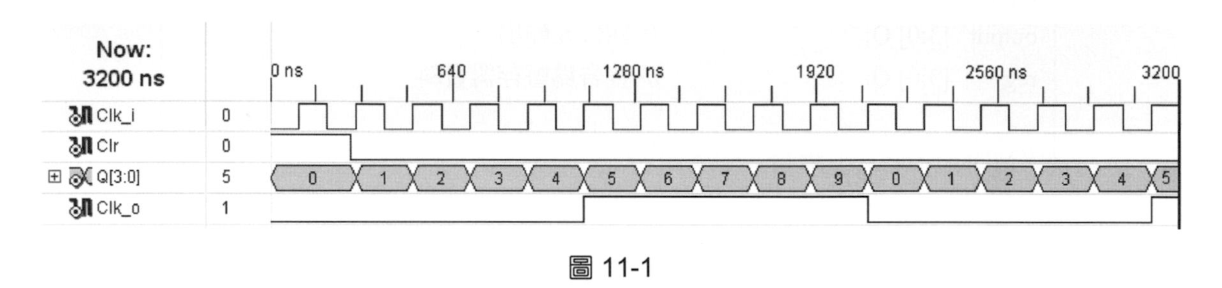


圖 11-1

## 11-1-2 `timescale 指令

`timescale 編譯指令用以設定模擬時間的基本單位與精準度，基本使用語法如下所示。

---

`timescale　<時間單位>/<時間精確度>

時 間 單 位：模擬時間與延遲時間的基本單位。應爲 0 以上之整數。附加時間單位可爲 s、ms、us、ns、ps、fs。

時間精確度：模擬時間與延遲時間的精確度，其數值不得大於時間單位。

---

定義了 `timescale 之後，在測試平台程式中就可以使用 **#數字**的方式來定義某一模擬敘述與前一時間的時間間隔(**數字×時間單位**)。以下是一個使用範例，首先定義時間單位爲 10ns 且時間精確度爲 1ns，然後示範如何計算各模擬信號產生的確切時間。

```
// Ch11   Ttimescale.v
// 'timescale 之使用

`timescale   10ns/1ns              // 時間單位 10 ns, 時間精確度 1 ns

module   Ttimescale;
integer   A;
initial
  begin
```

```
    #1   A = 1;                 // 10 ns (1*10 ns) 時,  A 設為 1
    #2   A = 3;                 // 30 ns (1+2) 時,  A 設為 3
    #3   A = 5;                 // 60 ns (3+3) 時,  A 設為 5
    #1   A = 7;                 // 70 ns (6+1) 時,  A 設為 7
  end
endmodule
```

## 11-1-3 `define 與`undef 編譯指令

`define 編譯指令可將一個字串定義為巨集變數，然後就可以在程式內使用這個巨集變數來替代這個字串。`undef 編譯指令可以取消這個巨集變數定義。

以下是一個使用範例，定義 Word 巨集變數等同於 15：0 這個字串。

```
`define   Word   15:0             //  定義 Word 等同於 15:0


module   Tdefine；
input             [ `Word ]   A;   //  與 input [15:0] A；  等義
output            [ `Word ]   B;   //  與 output [15:0] B；  等義
  …….
  `undef   Word                    //  取消 Word 定義
endmodule
```

## 11-1-4 條件編譯指令

設計工程師有時候希望某些部份的程式在某些條件下才進行編譯執行，而在其他條件下又不要它們被編譯執行，這就需要條件編譯指令的協助了。**條件編譯指令**會依據是否使用了 `define 來定義巨集變數為條件進行判斷。條件編譯指令有以下這些：`ifdef(定義了巨集變數時執行)、`ifndef(沒有定義了巨集變數時執行)、`else(否則就執行)、`elsif(否則然後定義了新巨集變數就執行)、`endif(結束這組判斷敘述)。使用方式很類似 if 敘述，也可以允許巢狀(多層次)的結構。

以下是兩個使用範例，首先是 if-else 結構：

```
`ifdef          巨集變數
  敘述 1 ...                    // 有定義巨集變數時執行
`else
  敘述 2 ...                    // 沒有定義巨集變數時執行
`endif
```

以下是巢狀(多層次)if 的結構。

```
`ifdef          巨集變數 A
  敘述 1 ...                    // 有定義巨集變數 A 時執行
`elsif          巨集變數 B
  敘述 2 ...                    // 沒有定義巨集變數 A 但定義了巨集變數 B 時執行
`else
  敘述 3 ...                    // 沒有定義巨集變數 A 與 B 時執行
`endif
```

### 11-1-5 `resetall 編譯指令

使用 `resetall 編譯器指令可以將所有編譯器指令回歸到其預設值。

## 11-2 程序結構區塊與模擬用系統任務

### 11-2-1 initial 與 always 程序結構區塊

Verilog 語言的模擬敘述擁有 initial 與 always 二種**程序結構區塊**，所有模擬敘述都必須要在這二種區塊之內描述才算合法。

initial 區塊只會在真正模擬操作開始進行前執行一遍，主要用以設定各信號初值、觀察信號數值與波形等等工作。由 initial 關鍵字起頭，initial 區塊內只能有一個敘述，若是有多個敘述必須以 begin…end 含括起來。可以有多個 initial 區塊，它們會各自於模擬前執行一遍。

有別於 initial 區塊，always 區塊的內容敘述會持續被執行，因此常被用來產生時脈信號，如下面的示範。必要時，可以使用 $finish 或是 $stop 任務來永久停止或暫時停止 always 區塊內的敘述。

```
always                    // always 區塊
   #5   Clk=～Clk；       // 持續地每 5 時間單位將 Clk 信號反相，不會停止
```

## 11-2-2　$stop 與$finish 任務

$stop 任務會暫停模擬動作並轉為使用者交談模式。

$finish 任務則會結束整個模擬動作並將控制權交還給作業系統。若是使用 $finish(n)任務，則此 n 值會決定列印的偵錯訊息內容：當 n=0 時，不列印訊息；當 n=1 時，列印模擬時間與停止時正在模擬電路的位置；當 n=2 時，列印模擬時間、停止時正在模擬電路的位置、統計模擬中使用的記憶體與 CPU 使用狀況。預設 n 值為 1。

## 11-2-3　$display 與$write 任務

$display 任務與 $write 任務可用以在適當模擬時間將關心的信號輸出到螢幕以字串、表示式或是數值方式顯示出來，顯示格式的使用方式與 C 語言的 printf 相似，如下表所示。$display 任務會自動補上跳行，而 $write 任務不會。

| 格式 | 說明 |
|---|---|
| %d　或　%D | 十進制顯示 |
| %b　或　%B | 二進制顯示 |
| %o　或　%O | 八進制顯示 |
| %h　或　%H | 十六進制顯示 |
| %c　或　%C | ASCII 字元顯示 |
| %s　或　%S | 字串顯示 |
| %f　或　%F | 浮點數顯示 |
| %e　或　%E | 科學格式顯示 |
| %g　或　%G | 短浮點數顯示 |
| %t　或　%T | 目前時間 |
| %m　或　%M | 階層式名稱 |
| %v　或　%V | 電壓強度 |

$display 與$write 任務有幾種衍生類型，預設的顯示格式如下表所示。

| $display | 十進制顯示 |
|---|---|
| $displayb | 二進制顯示 |
| $displayo | 八進制顯示 |
| $displayh | 十六進制顯示 |

| $write | 十進制顯示 |
|---|---|
| $writeb | 二進制顯示 |
| $writeo | 八進制顯示 |
| $writeh | 十六進制顯示 |

以下是一個$display 與$write 任務的使用範例。

```
// Ch11    Tdisplay_write.v
// $display 與 $write 之使用


module    Tdisplay_write;
reg [3:0]    A;
//--------------------------------------------------------------------------------------------------
initial
   begin
      A = 4'b1010;
      $display ("Hi, I'm Fine");                    // 顯示 Hi, I'm Fine
      $display ("%2d %b %h",5,A,8'ha5);             // 顯示 5 1010 a5
      $write (4'b1010," ");                         // 顯示 10    14
      $write (14,"\n");
   end

endmodule
```

模擬輸出結果如下所示。

```
Hi, I'm Fine
5 1010 a5
10              14
```

## 11-2-4 $time、$stime 與$realtime 任務

$time、$stime 與 $realtime 任務都可以用來取得目前的模擬時間，由於使用 `timescale 定義的單位時間，因此真實的模擬時間就是傳回的數值乘以單位時間。

$time 任務傳回 64 位元的無號整數，小數部分或太大的值採四捨五入方式處理。$stime 任務傳回 32 位元的無號整數，小數部分採四捨五入方式處理，太大的值採無條件捨棄方式處理。$realtime 任務傳回浮點數格式的時間值，允許有小數存在。以下是一個 $time、$stime 與 $realtime 任務的使用範例。

```
// Ch11    Ttime.v
// $time, $stime 與 $realtime 之使用

// 時間單位 1 ns, 精準度 100 ps
`timescale    1ns/100ps
module    Ttime;
parameter    T = 2.6;
//-----------------------------------------------------------------------------------------------
initial
   #T
      begin
         $display ("$time                = ", $time);
         $display ("$stime               = ", $stime);
         $display ("$realtime            = ", $realtime);
      end
endmodule
```

模擬的輸出結果如下所示。

```
$time =                               3
$stime =                  3
$realtime = 2.6
```

## 11-2-5　$timeformat 任務

$timeformat 任務設定使用 %t 來顯示時間數值時的格式，影響所及包含如 $display、$write…等等可以顯示時間的任務。其基本使用格式如下：

---

$timeformat ＜時間單位＞＜精確度＞＜字根字串＞＜字元空間＞

時間單位：爲 0～－15 的整數，代表 10 的負幾次方秒。譬如－8 就代表 10 的負八次方秒，相當於 10 ns。預設值爲 `timescale 定義之時間單位。

精 確 度：爲一個整數，代表小數位數。譬如 3 就代表數值取至小數三位。預設值爲 0。

字根字串：爲一個字串，顯示時會附加在顯示值之後。預設值爲空字串。

字元空間：爲一個整數，代表儲存包括空白部分所需要的字元空間。若設定得太小無法存放數值時，將被忽略掉。預設值爲 20。

---

以下是一個$timeformat 的使用範例。

```
// Ch11    Ttimeformat.v
// $timeformat 之使用

// 時間單位 100 ps, 精準度 10 ps
`timescale    100ps/10ps
module    Ttimeformat;
//--------------------------------------------------------------------------------------------
// 時間單位 ns, 取小數二位
initial
   $timeformat (-9, 2, " * 1 ns", 20);
//--------------------------------------------------------------------------------------------
initial
   begin
      #1    $display ("%t", $time);
      #1    $display ("%t", $time);
   end
endmodule
```

模擬的輸出結果如下所示。

```
          0.10 * 1 ns
          0.20 * 1 ns
```

## 11-2-6 $monitor 任務

使用 $monitor 任務可以監控關心的信號，使用方法類似於 $display 任務。但有別於 $display 一個敘述只在設定的時間點觸發一次顯示輸出，一個 $monitor 敘述可持續在信號發生變化時就觸發顯示輸出。監控任務可由 $monitoron 任務啓動而由 $monitoroff 關閉。進行模擬動作時，預設狀況下 $monitoron 爲啓動狀態。每個測試平台檔案內只能有一個 $monitor 敘述。以下一個使用範例，在 60 時間單位後才開始監控模擬時間與變數 A，於 80 時間單位後模擬結束。

```
// Ch11    Tmonitor.v
// $monitor 之使用

module   Tmonitor;
integer   A;
//------------------------------------------------------------------------------------------
initial
   begin
      A = 1;                            // A 初值爲 1
      forever                           // 無限迴圈
         #10   A = A + 1;               // 每 10 單位時間，A 加一
   end
//------------------------------------------------------------------------------------------
initial
   #80   $finish;                       // 80 單位時間時，模擬結束
//------------------------------------------------------------------------------------------
initial
   begin
      #10   $monitoroff;                // 10 單位時間時，關閉監控
      #50   $monitoron;                 // 60 單位時間時，開啓監控
   end
//------------------------------------------------------------------------------------------
initial
   $monitor ($time,"    A=%2d",A);                          // 監控時間與 A

endmodule
```

模擬的輸出結果如下所示。

```
         0  A=1
        60  A=7
        70  A=8
```

## 11-2-7 $strobe 任務

$strobe 任務會將單位時間內信號的最終穩定值輸出，其使用方法類似於 $display 任務。注意，$display 任務會將執行時間當下的信號值輸出，而 $strobe 任務會等待單位時間內信號已趨穩定不再改變後再將其值輸出顯示，請參考以下範例。

```
// Ch11   Tstrobe.v
// $strobe 之使用

module   Tstrobe;
integer   A;
initial
   begin
      A = 1;
      #1
         A = 2;
         $display ("A=%2d", A);      // 將顯示 A＝2
         $strobe ("A=%2d", A);       // 將顯示 A＝3，不是 2
         A = 3;
      #1
         $finish;
   end

endmodule
```

## 11-2-8 $random 任務

$random 任務會產生隨機亂數資料，可用以模擬真實電路運作場合，對於分析電路效能也很有幫助。其基本使用格式如下：

$random
$random(**種子數值**)
**種子數值：** 不同的種子數值會產生不同的亂數序列，而使用相同的種子數值每次執行都會產生相同的亂數序列。種子數值可以是 reg、integer 或 time 變數資料。預設值為 0。

$random 任務會回應一個 32 位元的有號整數，設計工程師可以依需求取用全部位元或是部份位元進行模擬。以下是一個使用 $random 任務的範例，我們宣告並設定種子 Seed 為 2，然後每隔一個單位時間產生一個亂數存入 32 位元暫存器資料 A 中並顯示在螢幕上。

```
// Ch11    Trandom1.v
// $random 之使用

module   Trandom1;
integer   Seed;
reg   [31:0]   A;                    // 宣告 A 為 32 位元暫存器資料
//--------------------------------------------------------------------------------------------
initial
   Seed = 2;                         // 種子數值設為 2
//--------------------------------------------------------------------------------------------
always
   #1                                // 每一單位時間取一個亂數值
      begin
         A = $random(Seed);          // 依種子值取亂數
         $display ($time,"    ",A);  // 顯示亂數值
      end
//--------------------------------------------------------------------------------------------
initial
   #5                                // 5 單位時間後結束模擬
      $finish;

endmodule
```

以下是執行結果。

```
1  2147621888
2  3098672241
3  3931696340
4   416079665
5   540214080
```

有時候設計工程師需要的亂數值有特定範圍，這時可以參考以下範例的處理方法。我們將產生一組範圍為－20 到＋20 的有號數亂數，另外還透過連接運算子的協助產生一組範圍為 0 到＋59 的正整數亂數。範圍限定必須透過取餘數運算子%的協助。雖然取餘數運算無法電路合成，但是可以在電路模擬操作上是可以被接受的。

```
// Ch11    Trandom2.v
// $random 之使用

module   Trandom2;
integer   Seed;
integer   A,B;                          // 宣告 A,B 為整數資料
//------------------------------------------------------------------------------------------
initial
   Seed = 2;                            // 種子數值設為 2
//------------------------------------------------------------------------------------------
always
   #1                                   // 每一單位時間取一個亂數值
      begin
// 依種子值取亂數 -20 ~ +20
         A = $random(Seed) % 21;
// 依種子值取亂數 0 ~ 59
         B = {$random(Seed)} % 60;
// 顯示亂數值
         $display ($time,"    A = %4d \t    B = %4d",A,B);
      end
//------------------------------------------------------------------------------------------
initial
   #10                                  // 10 單位時間後結束模擬
```

```
    $finish;

endmodule
```

以下是執行結果。

```
 1   A = -5        B = 21
 2   A = -20       B = 5
 3   A = 0         B = 8
 4   A = 12        B = 57
 5   A = -5        B = 46
 6   A = -15       B = 32
 7   A = -15       B = 5
 8   A = -10       B = 17
 9   A = 2         B = 39
10   A = 18        B = 6
```

## 11-3 檔案處理系統任務

### 11-3-1 $fopen 與$fclose 任務

模擬結果不只可以顯示在螢幕上，也可以存入檔案中以供以後的存取與應用。使用檔案，首先必須使用 $fopen 任務開啓一個空白的文字檔案並加以命名，再用後續介紹的寫入檔案任務將模擬結果存入這個檔案內，最後再用 $fclose 任務將該檔案關閉。如下所示：

```
integer   檔案代碼;                          // 檔案代碼爲一個整數
檔案代碼  = $fopen   (“檔名”);              // 開啓檔案，傳回檔案代碼
    ……
    寫入檔案;
    ……
$fclose   (檔案代碼);                        // 關閉檔案
```

$fopen 任務可同時開啓之檔案數目由作業系統決定，一般可至 32 個檔案之多。開啓檔案時會傳回一個 32 位元的無號整數做爲檔案代碼，如果傳回值爲 0 就表示該檔案無法成功開啓。這 32 個位元分別是開啓檔案的代號，位元 0 爲標準輸出(記錄檔與螢幕)，其他 31 位元分別對應到 31 個開啓中的檔案。第一次開啓檔案成功會傳回 2(位元 1 爲 1)，第二次開啓檔案成功會傳回 4(位元 2 爲 1)，依此類推。這樣的設計允許設計師將某個輸出訊息一次傳遞到多個開啓中的檔案內，只要先將它們的檔案代碼 OR 起來就可以了。

$fclose 任務會關閉檔案代碼對應的檔案，不再允許寫入的動作。該檔可再次經由 $fopen 任務開啓後再進行寫入動作。原則上，程式結束前設計工程師應該自己關閉所有開啓中的檔案，雖然編譯系統最後也會代勞。

## 11-3-2 $fdisplay 與$fwrite 任務

$fdisplay 與 $fwrite 任務可以將模擬輸出或是訊息以十進制形式送至開啓的文字檔案內，使用方法大致上與 $display 與 $write 任務相同，只是要加上檔案代碼而已。$fdisplay 任務的輸出會自動換行；$fwrite 任務不會自動換行，得自行加上 \n 換行控制字元。同樣地，$fdisplay 與 $fwrite 任務也有幾種衍生類型，預設的顯示格式如下表所示。

| $fdisplay | 十進制顯示 |
|---|---|
| $fdisplayb | 二進制顯示 |
| $fdisplayo | 八進制顯示 |
| $fdisplayh | 十六進制顯示 |

| $fwrite | 十進制顯示 |
|---|---|
| $fwriteb | 二進制顯示 |
| $fwriteo | 八進制顯示 |
| $fwriteh | 十六進制顯示 |

以下是 $fopen、$fclose、$fdisplay 與 $fwrite 任務的使用範例。

```
// Ch11    Tfile.v
// $fopen, $fclose, $fdisply 與 $fwrite 之使用


module   Tfile;
reg [3:0]    A;
integer    Tx;
//-----------------------------------------------------------------------------------------------
```

```
initial
   begin
      A = 4'b1010;
      Tx = $fopen("result.txt");                // 開啓檔案, 檔名 result.txt, 檔案代碼 Tx
      $fdisplay(Tx,"Hi, I'm Fine");             // 存入 Hi, I'm Fine
      $fdisplay(Tx,"%2d %b %h",5,A,8'ha5); // 存入 5 1010 a5
      $fwrite(Tx,4'b1010," ");                  // 存入 10    14
      $fwrite(Tx,14,"\n");
      $fclose(Tx);                              // 關閉檔案
   end

endmodule
```

result.txt 檔案的內容如下所示。

```
Hi, I'm Fine
5 1010 a5
10              14
```

## 11-3-3 $fmonitor 與$fstrobe 任務

$fmonitor 任務可以將監控關心的信號送至開啓的文字檔案內，使用方法大致上與 $monitor 任務相同，只是要加上檔案代碼而已。

$fstrobe 任務會將單位時間內信號的最終穩定值輸出至開啓的文字檔案內，其使用方法類似於 $strobe 任務，只是要加上檔案代碼而已。

## 11-3-4 $readmemb 與$readmemh 任務

$readmemb 與 $readmemh 任務可以將文字檔案內容依序讀入存放到 Verilog 程式建立的記憶體內，成爲該記憶體模擬時的初始值。$readmemb 任務與 $readmemh 任務分別以二進制或十六進制格式讀入資料，所以文字檔案內容也必須以二進制或十六進制格式建立才可以。其基本使用語法如下所示：

---

$readmemb ＜檔案名稱＞＜記憶體名稱＞＜起始位址＞＜結束位址＞
$readmemh ＜檔案名稱＞＜記憶體名稱＞＜起始位址＞＜結束位址＞

檔案名稱　：爲資料來源檔案名稱，各資料間可以空格、Tab 或換行字元隔開。
記憶體名稱：爲 Verilog 程式中所建立記憶體的名稱。
起始位址　：讀入資料存放於記憶體的起始位址。可以不設定。
結束位址　：讀入資料存放於記憶體的結束位址。可以不設定。

---

文字資料檔案內允許使用‘x’、‘X’、‘z’、‘Z’、‘-’來代表未知的邏輯狀態。若資料數目與記憶體空間不一致時，模擬環境會給出警告訊息。

在文字資料檔案內也可以使用@＜十六進制數值＞的方式來設定以下資料要存放的記憶體起始位置。譬如以下範例就表示，“000”資料會被存入位址 1a(相當於十進制的 26)的記憶體內，而“001”資料會被存入位址 1b(相當於十進制的 27)的記憶體內，依此類推。

```
@1a
000   001   010   011
100   101   110   111
```

下面是一個 $readmemb 任務的使用範例。首先，假設 data.txt 檔案的內容如下所示，有八組四位元資料，以空格與換行字元區隔。

```
000   001   010   011
100   101   110   111
```

以下 Verilog 程式宣告 A 爲八組四位元記憶體，然後使用 $readmemb 任務由 data.txt 內讀出 4 組資料分別存入 A〔2〕、A〔3〕、A〔4〕與 A〔5〕的記憶體內，最後使用 for 迴圈與 $display 任務將記憶體 A 的全部內容通通顯示在螢幕上。

```
// Ch11 Treadmem.v
// $freadmem 之使用

module  Treadmem;
reg   [3:0]   A [0:7];                   // 宣告 A 爲 8 組四位元的記憶體
integer   i;
//---------------------------------------------------------------------------------------
```

```
initial
   begin
// 由 data.txt 讀入資料, 放置於 A[2] ~ A[5]
      $readmemb ("data.txt", A, 2, 5);
// 顯示記憶體內容
      for (i=0; i<=7; i=i+1)
         $display ("Memory [%2d] : %b", i, A[i]);
   end
endmodule
```

模擬後螢幕顯示如下，可以見到讀入的五組四位元資料存入到記憶體位址 2～5 的位置內，其他位址的記憶體內容爲未知狀態。

```
Memory [0] : xxxx
Memory [1] : xxxx
Memory [2] : 0000
Memory [3] : 0001
Memory [4] : 0010
Memory [5] : 0011
Memory [6] : xxxx
Memory [7] : xxxx
```

## 11-4 產生重複性模擬信號

在 Verilog 中要產生具有重複性質的模擬波形，可以使用**迴圈敘述**，共有 for 敘述、while 敘述、forever 敘述與 repeat 敘述這四種敘述可用，它們的使用語法可見**第 6-6 節**的內容說明。所有迴圈敘述都必須放置在 initial 或 always 區塊內。

以下範例使用 for 敘述在每 10 個時間單位將整數 A 加一，共執行五次迴圈。A 的初值設爲 5。我們使用 $monitor 任務將各時間單位數值與其對應的 A 數值顯示出來。

```
// Ch11    Tfor.v
// for 之使用

module Tfor;
```

```
  integer A,i;
//-------------------------------------------------------------------------------------------
  initial
    begin
      A = 5;                        // A 初值爲 5
      for (i=0; i<5; i=i+1)         // 迴圈 5 次
        #10 A = A + 1;              // 每 10 單位時間，A 加一
    end
//-------------------------------------------------------------------------------------------
  initial
    $monitor ($time,"    A=%2d",A); // 監控時間與 A

endmodule
```

模擬後螢幕顯示如下；

```
 0   A=5
10   A=6
20   A=7
30   A=8
40   A=9
50   A=10
```

Verilog

# 附錄

## Xilinx ISE 發展環境簡介

## A-1 下載新版 Xilinx ISE

Integrated Software Environment(ISE)是 Xilinx 公司特別為其產品開發所提供的發展環境，各系列都支援 Verilog 程式設計、編譯與模擬工作。其中 WebPACK 系列可以在上網註冊後下載免費使用，適合於讀者在家安裝並學習 Verilog 硬體描述語言程式設計之用。

Xilinx 公司對於其產品發展環境的開發更新速度相當迅速而頻繁。目前 ISE WebPACK 發展環境程式為 14.7 版本，本書的各個範例都可以在這一版環境下正常運作。Xilinx ISE 系列的產品開發環境已經停止更新，Xilinx 轉而推薦其下一世代的 Vivado 開發環境。Vivado 開發環境主要為 Xilinx 公司的 7 系列以及後續系列的 FPGA 與 CPLD 而設計研發出來的。

如果各位讀者要取得 ISE WebPACK 最新版本程式，可以上網際網路連線到 Xilinx 公司的官方網站(網址為 http://www.xilinx.com)，依照本小節示範操作步驟進行註冊之後下載。

首先，**Xilinx 公司的官方網站**畫面如圖 A-1 所示，請選取 Surport 標籤頁後點選 Downloads and Licensing 欄位的 Downloads 選項，進入如圖 A-2 所示的 Downloads 下載畫面。請如圖 A-2 這般在 ISE 標籤頁按觸左上方 Version 14.7 選項一下，再拉下畫面選擇合意的下載選項進入如圖 A-3 所示的 ISE download survey 畫面。完整單一檔案的 ISE 14.7 約占 7.78G Bytes，請留下足夠的硬碟空間，而且在心理預期下載所需要的時間不會太短。ISE download survey 畫面是一頁問卷，詢問下載的目的、選取晶片編號與下載頻率等等資訊。填完問卷後，請按觸畫面下方的 Continue with Download 按鈕開啓如圖 A-4 所示的 Sign in to Download File 畫面。

現在需要一個 **Xilinx 帳號與密碼**。如果以前已經申請過 Xilinx 帳號，只要在 User ID 欄位輸入帳號，在 Password 欄位輸入密碼，然後按觸 Sign in 鈕就可以進入後續下載的網頁畫面。如果有過帳號但忘記密碼或是根本不確定是否曾經註冊過帳號，可以按觸 Forgot your password？選項進入如圖 A-5 所示的 Reset password 畫面，然後在 Corporate Email 欄位輸入 E-mail 帳號後按觸 Reset password 鈕，系統會回應一封 E-mail，內為 Xilinx 帳號與密碼的相關資料。

圖 A-1　下載檔案網頁

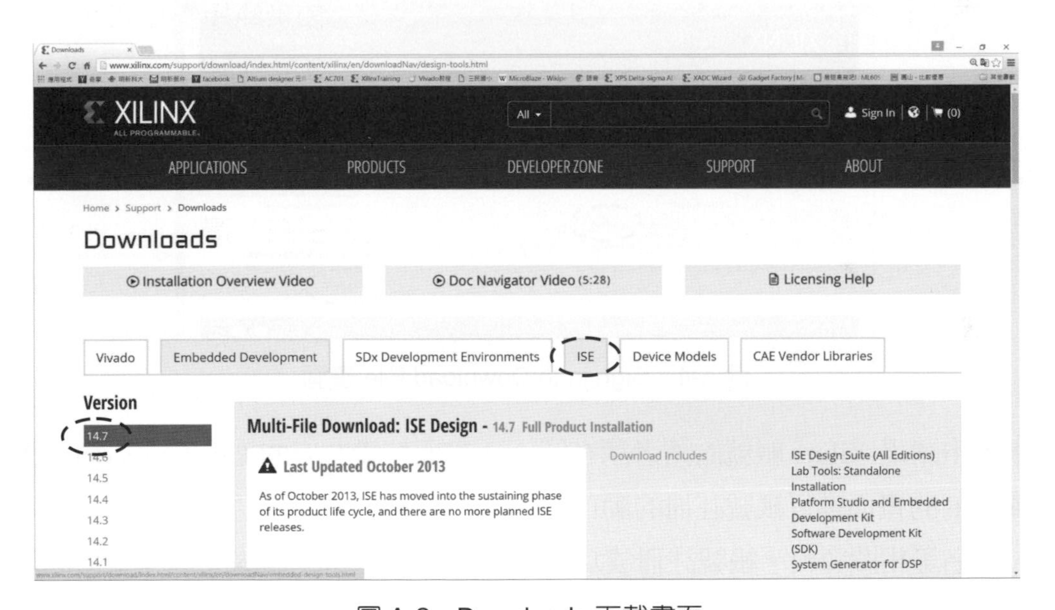


圖 A-2　Downloads 下載畫面

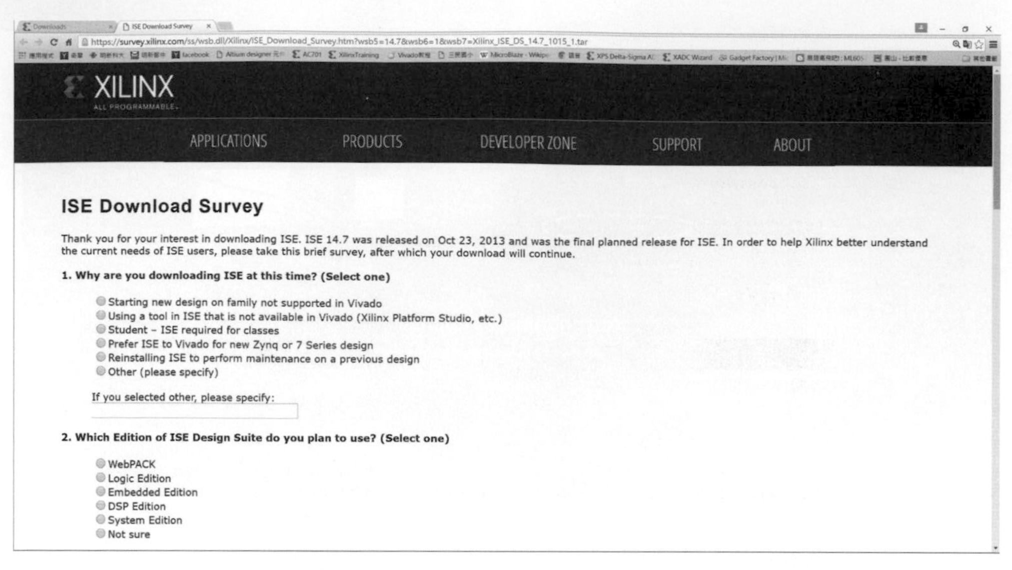


圖 A-3　ISE download survey 畫面

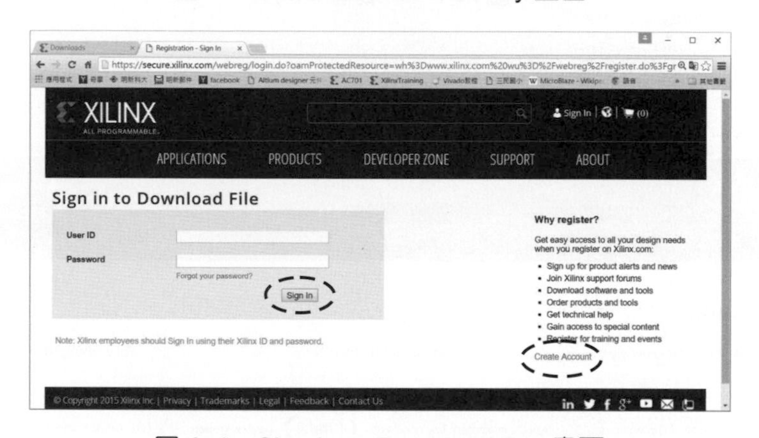


圖 A-4　Sign in to Download File 畫面

未曾申請過 Xilinx 帳號的讀者請在圖 A-4 畫面按觸右方的 Create account 選項開啓如圖 A-6 的畫面進行帳號註冊的動作，需要依序輸入 Xilinx 帳號名稱、E_mail 帳號、密碼、姓名等相關資料。帳號註冊成功後，系統會回應一封 E-mail，內爲 Xilinx 帳號與密碼的相關資料，現在讀者可以登入帳號後繼續下載操作。

成功登入帳號之後，首先會先出現一個核對個人資料的畫面，在確認資料正確無誤之後，請按觸下方的 Next 鈕開啓一個 Windows 環境的另存新檔對話盒詢問想要存放下載檔案的硬碟路徑。

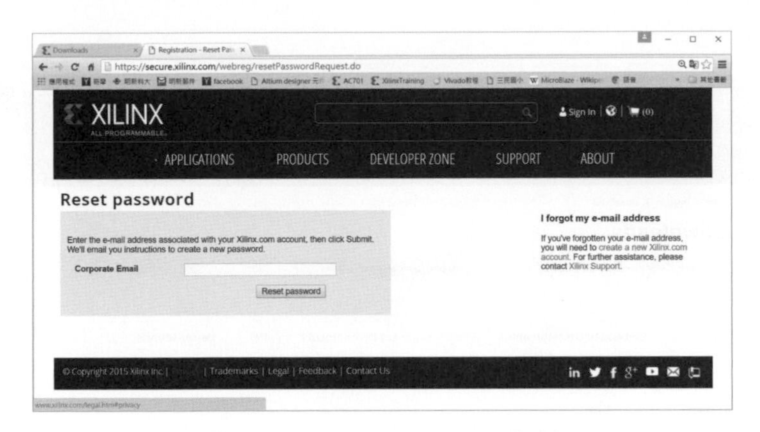


圖 A-5　Reset password 畫面

現在設定好儲存的硬碟機編號、檔案夾名稱與存檔檔名之後，就會入進眞正的下載動作了，如圖 A-6 所示。

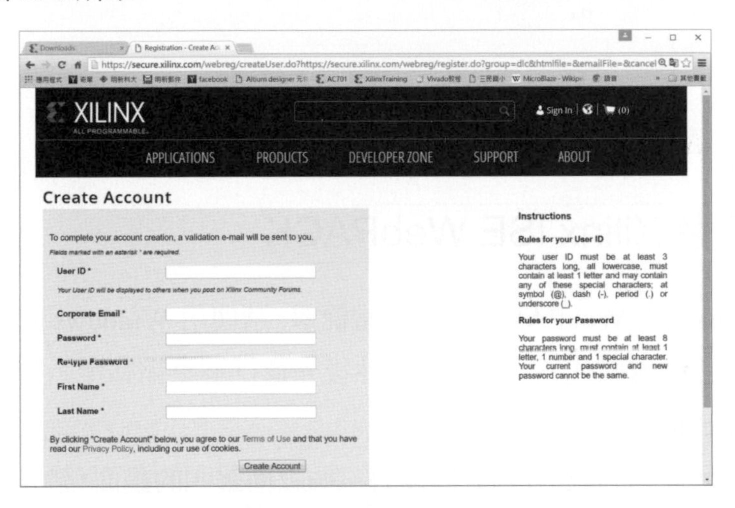


圖 A-6　帳號註冊畫面

愈是新版的 Xilinx ISE 所需要的系統資源就愈龐大，而且新版本的 ISE 已經完全把模擬波形編輯功能拿掉了，現在模擬測試只能完全由文字檔形式的測試平台程式做起。如果讀者的學習目標只是 Verilog 程式設計與功能模擬，要求的電路功能不會太大也沒有需要眞正合成實體電路，可以考慮使用舊一點的 ISE 版本。請在如前面圖 A-2 的畫面選取左下方的 Archive 選項開啓如圖 A-7 所示的畫面，這裡有一系列 ISE 以前的版本可供下載。

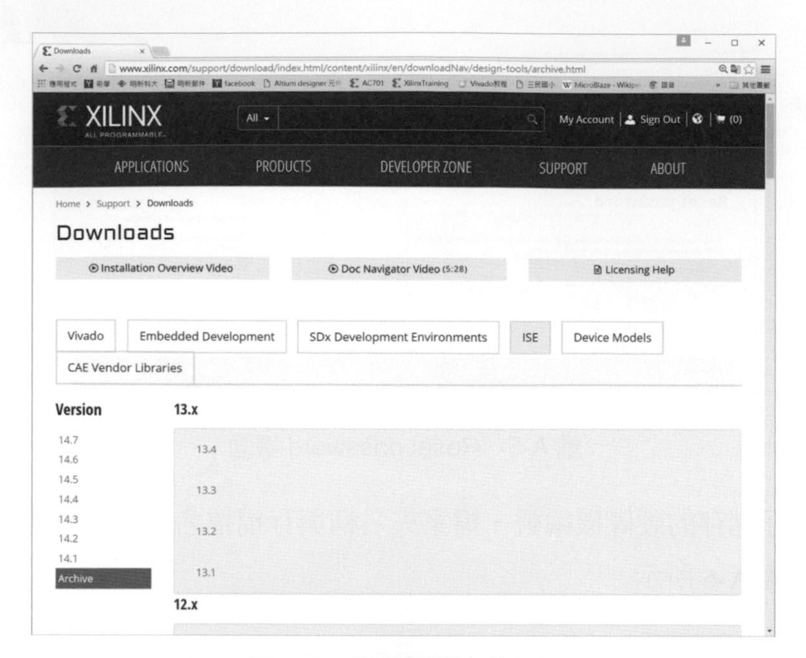


圖 A-7　下載舊版本的 ISE

## A-2 安裝 Xilinx ISE WebPACK

要**安裝 Xilinx ISE WebPACK 程式**相當簡單，請使用 Windows 的檔案總管程式切換到下載檔案所在的磁碟代號與檔案夾，然後先進行解壓縮動作，再到解壓縮完後的檔案夾內執行 xsetup.exe 檔案就可以了。

首先是一個歡迎詞的說明畫面，然後有二個版權聲明的畫面，請先勾選 I accept and agree to the terms and conditions above.後按觸 Next 鍵進入如圖 A-8 所示的 Select Edition to Install 畫面。此時請注意，請選擇最上方的 **ISE WebPACK** 選項，再按觸 Next 鍵進入如圖 A-9 所示的 Select Installation Options 畫面，此時就用預設選項就可以了。

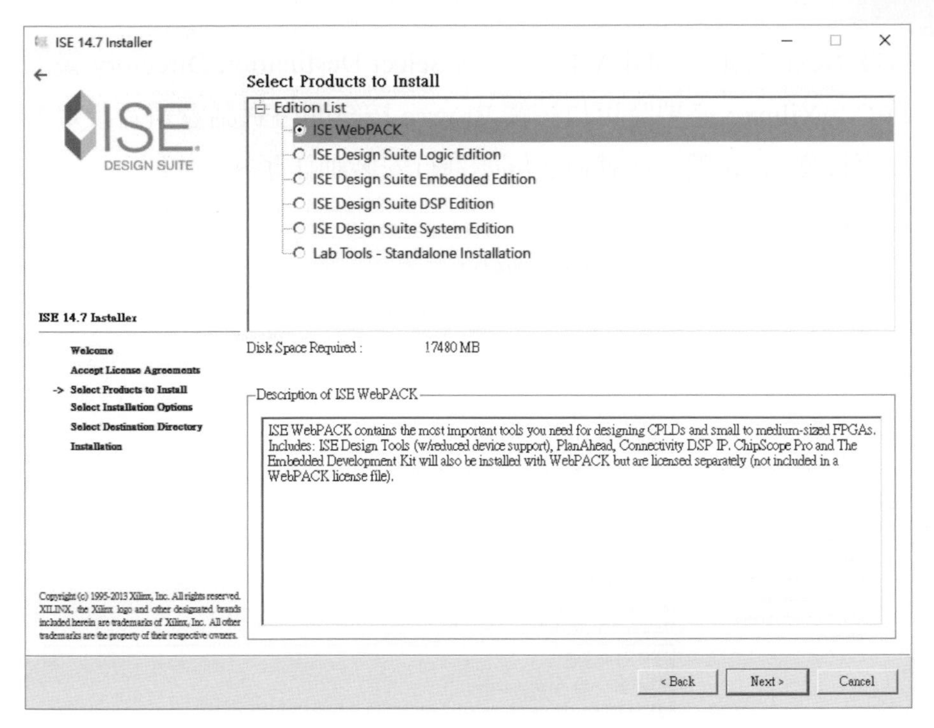


圖 A-8　Select Edition to Install 畫面

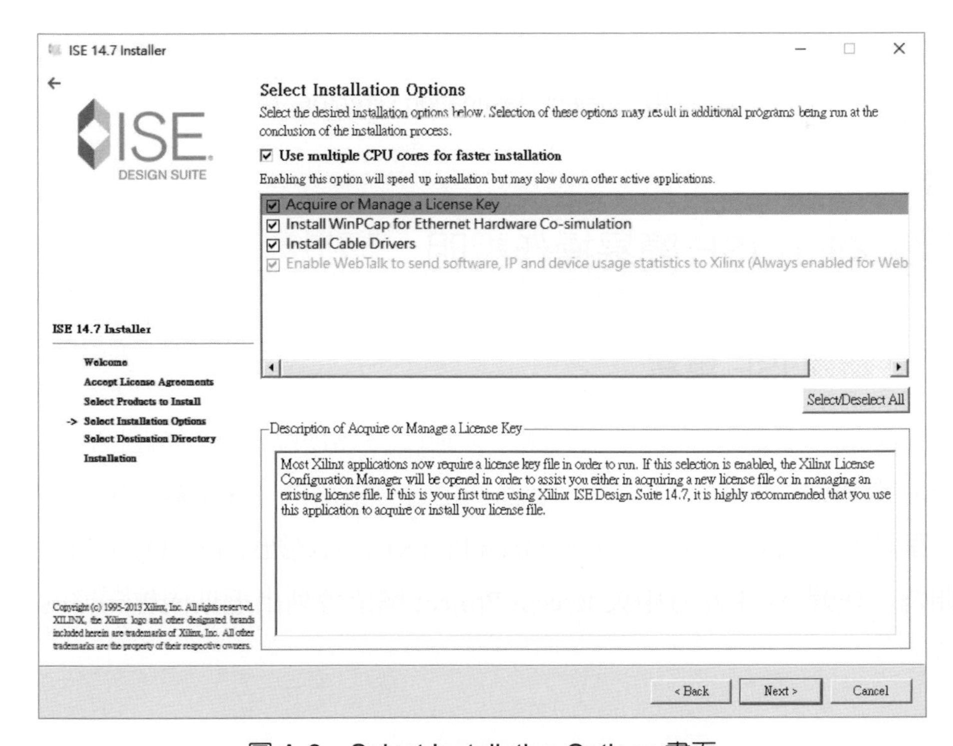


圖 A-9　Select Installation Options 畫面

現在按觸 Next 鍵進入如圖 A-10 所示的 Select Destination Directory 畫面，預設安裝檔案夾爲 C：\Xilinx，必要時可以按觸 Browse 按鈕開啓對話盒重新設定 ISE 的安裝路徑。現在再按觸 Next 鍵一次就眞正開始進行安裝動作了。

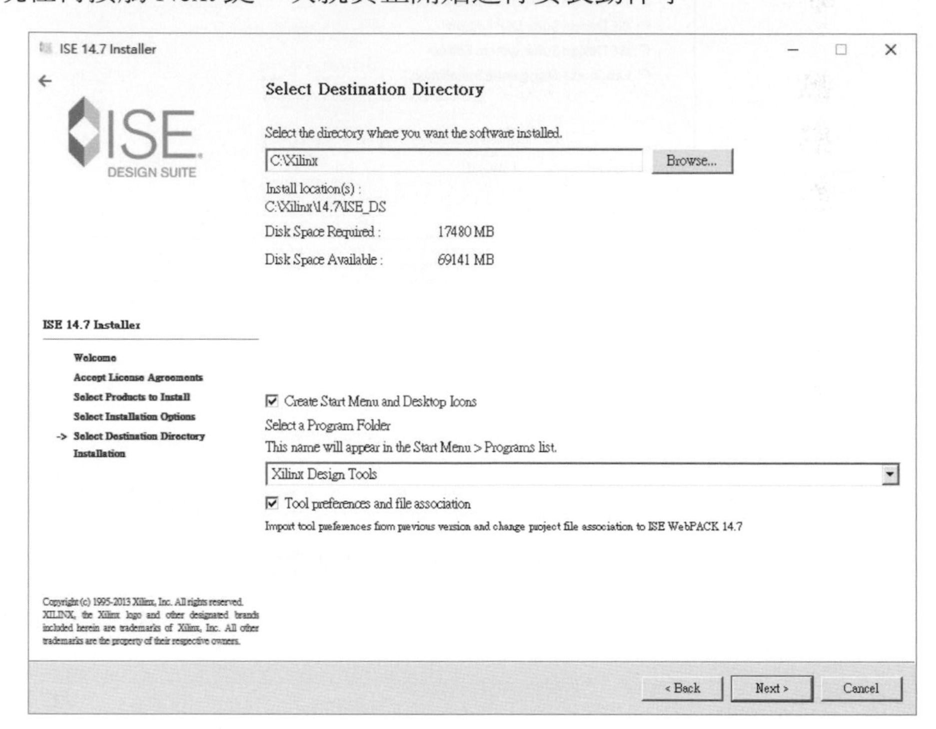


圖 A-10　Select Destination Directory 畫面

## A-3　Xilinx ISE 簡易操作說明

### A-3-1　新建 ISE 專案

由 Windows 的開始選單或是桌面圖示啓動後的 ISE 視窗畫面如圖 A-11 所示。

在 ISE 環境建立的每一個電路設計都一定會有對應的 **ISE 專案**(Project)。**開啓已存在的專案**請使用圖 A-11 中左上方的 Open Project…工具鈕或 File\Open Project…功能選項來開啓。在圖 A-11 左方中央 Recent Project 欄位會列出近期內曾開啓的專案名稱以供選取。

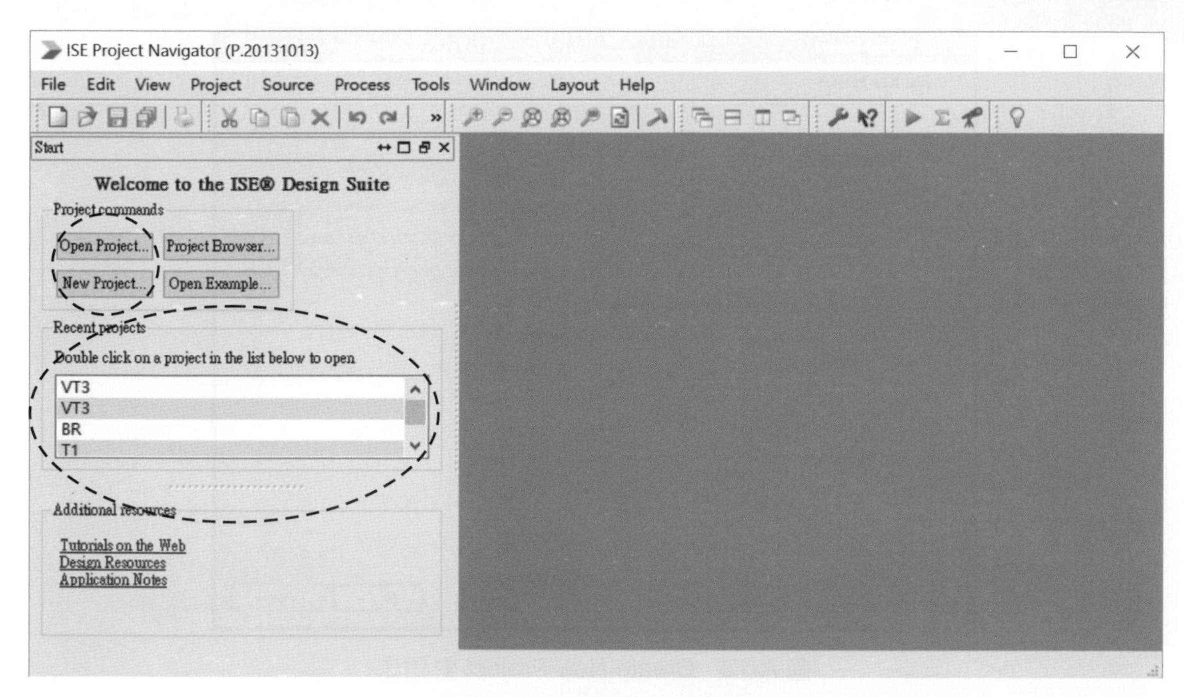


圖 A-11　新開啓的 ISE 視窗

**新建一個專案**請使用圖 A-11 中左上方的 New Project...工具鈕或 File\New Project...功能選項來開啓如圖 A-12 所示的 New Project Wizard 對話盒。請在 Location：欄位選好專案的檔案夾路徑，然後在 Name：欄位輸入本專案的名稱，Location：欄位會將輸入的專案名稱也顯示出來。Top-level source type：欄位請維持預設值 HDL，因爲本書所有電路設計都是使用硬體描述語言程式來完成的。現在請按觸 Next 鈕進入如圖 A-13 所示的 Project Settings 對話盒。請使用預設選項，直接按 Next 鈕就可以了。

請確認圖 A-13 的 Project Settings 對話盒中，Synthesis Tool、Simulator 與 Preferred Language 三個欄位都選取了 Verilog 選項。

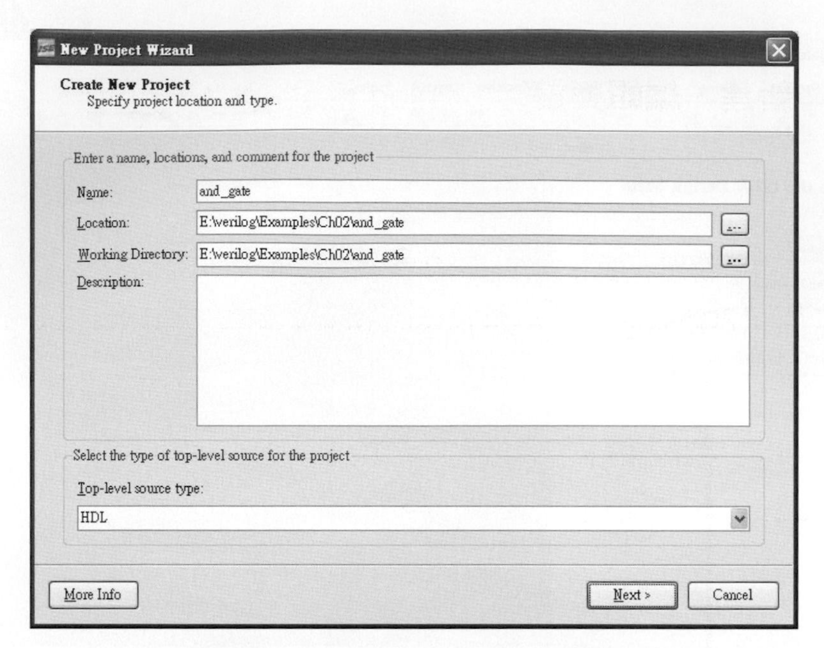


圖 A-12　Create New Project 對話盒

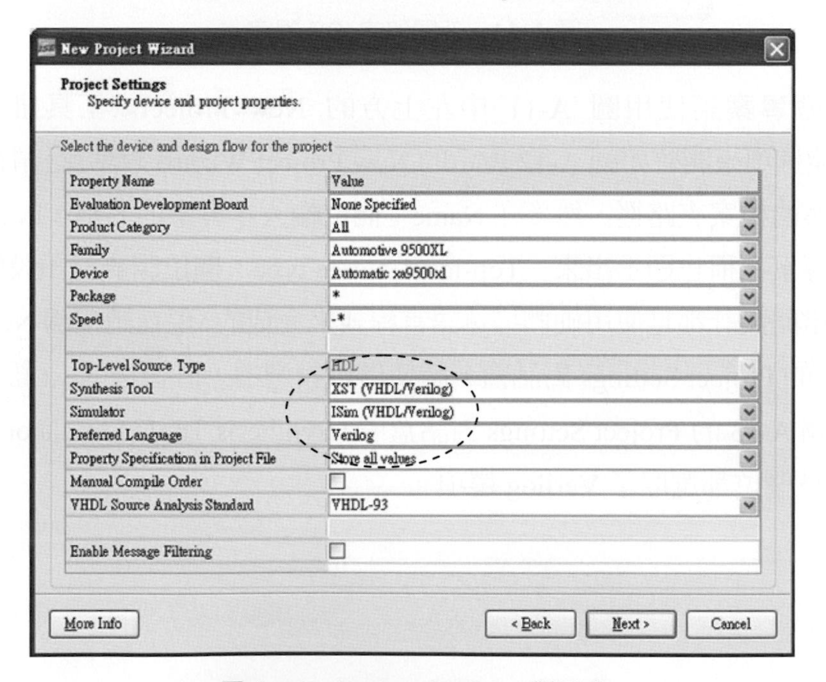


圖 A-13　Project Settings 對話盒

## A-3-2　新建、編輯與儲存 Verilog 檔案

Verilog 程式是純文字檔案，可以直接使用 Windows 的記事本程式來建立與編輯，副檔名為 .v。

要在 ISE 環境**新建一個 Verilog 文字檔案**，請使用 File\New…功能選項或快速鍵 Ctrl+N 或 工具鈕開啓如圖 A-14 所示的 New 對話盒，請選擇 Text File 選項後按觸 OK 鈕，就可以在 ISE 環境畫面右半邊開啓一個空白的文字檔案編輯畫面。

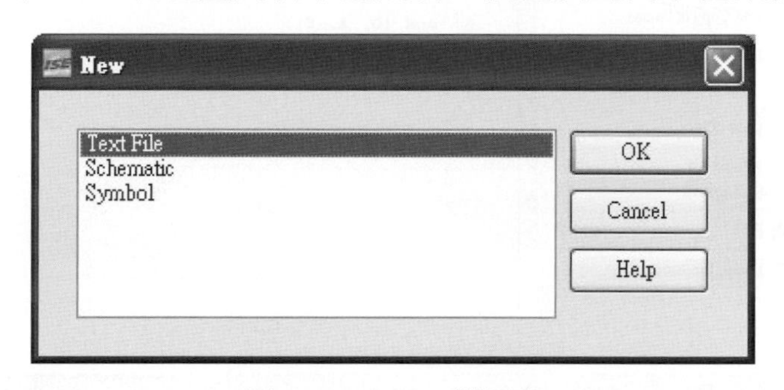


圖 A-14　New 對話盒

現在請依 Verilog 語法的要求輸入程式，然後使用 File\Save 功能選項或是快速鍵 Ctrl+S 或是 File\Save As 功能選項或是主工具列的 鈕開啓一個另存新檔對話盒，在檔名(N)：欄位內輸入合意的檔案名稱，按觸 OK 鈕就可以將這個新建的文字檔案命名後存檔了。注意，副檔名請設為 .v。

ISE 提供的文字編輯程式是一個全畫面的編輯程式，其編輯操作和一般視窗版文字編輯程式大同小異。如圖 A-15 所示就是一個編輯中的 Verilog 檔案畫面，檔名為 and_gate.v。

文字編輯程式會自動依照註解(Comments)、關鍵字(Keywords)、使用者輸入字元等等分別使用不同的色彩來顯示，譬如預設狀態下註解使用綠色、保留字使用藍色，而使用者輸入字元使用了黑色。分色顯示可以讓我們更輕易地找出輸入時的語法錯誤以及錯別字，十分方便。

存檔後的 Verilog 程式檔案必須有一個**歸檔**的動作，使專案與該程式檔建立關係。請如上圖 A-15 所示，在畫面左方 Hierarchy 欄位根目錄下按觸滑鼠右鍵開啓快速選項，然後使用 Add Source…選項開啓 Add Source 對話盒，再選取歸檔的 Verilog 程式

檔。現在 Hierarchy 欄位內應該會以樹狀結構列出這個已歸檔的程式檔名，如圖 A-16 所示。

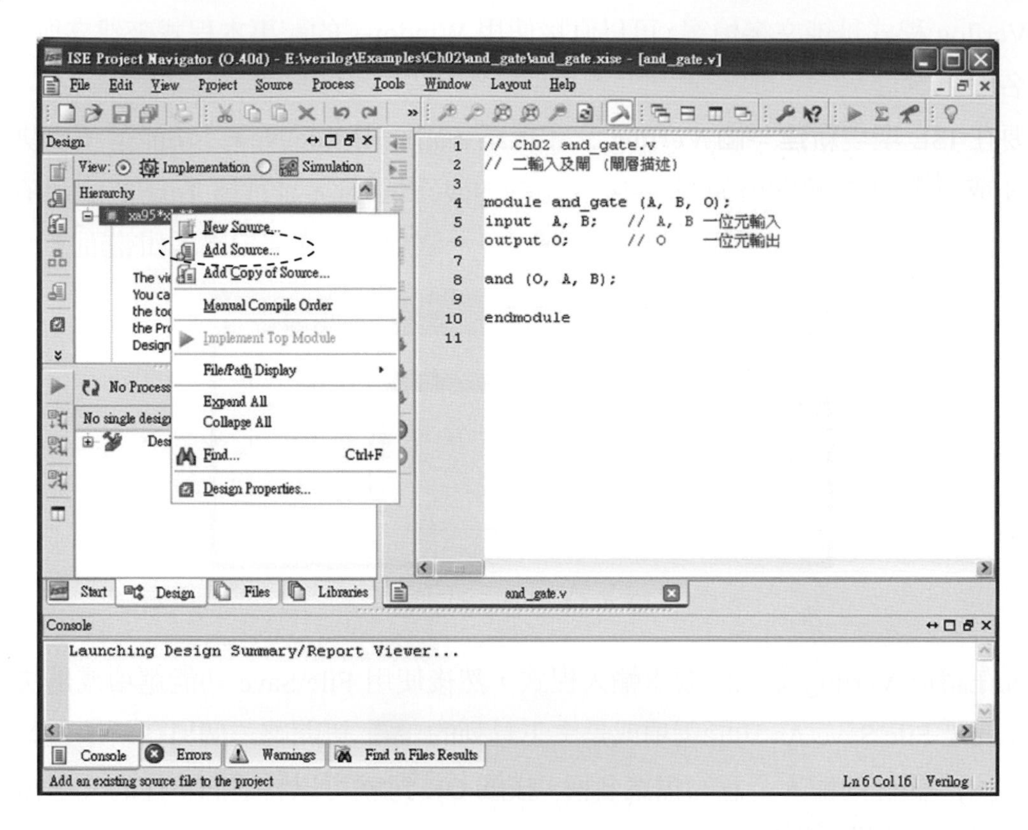


圖 A-15　程式編輯畫面

## A-3-3　語法檢查

**語法檢查**(Syntax Check)操作主要查核程式內使用的敘述語法是否符合 Verilog 標準的規範。請在如圖 A-16 所示開啓的專案檔案內，選取 Check Syntax 選項進行語法檢查操作。檢查結果會以圖示表現：綠勾表示通過，紅叉表示有誤。同時在最下方的訊息顯示區也顯示出對應的英文訊息，有語法錯誤時也會告知可能出錯的行號與發生原因。

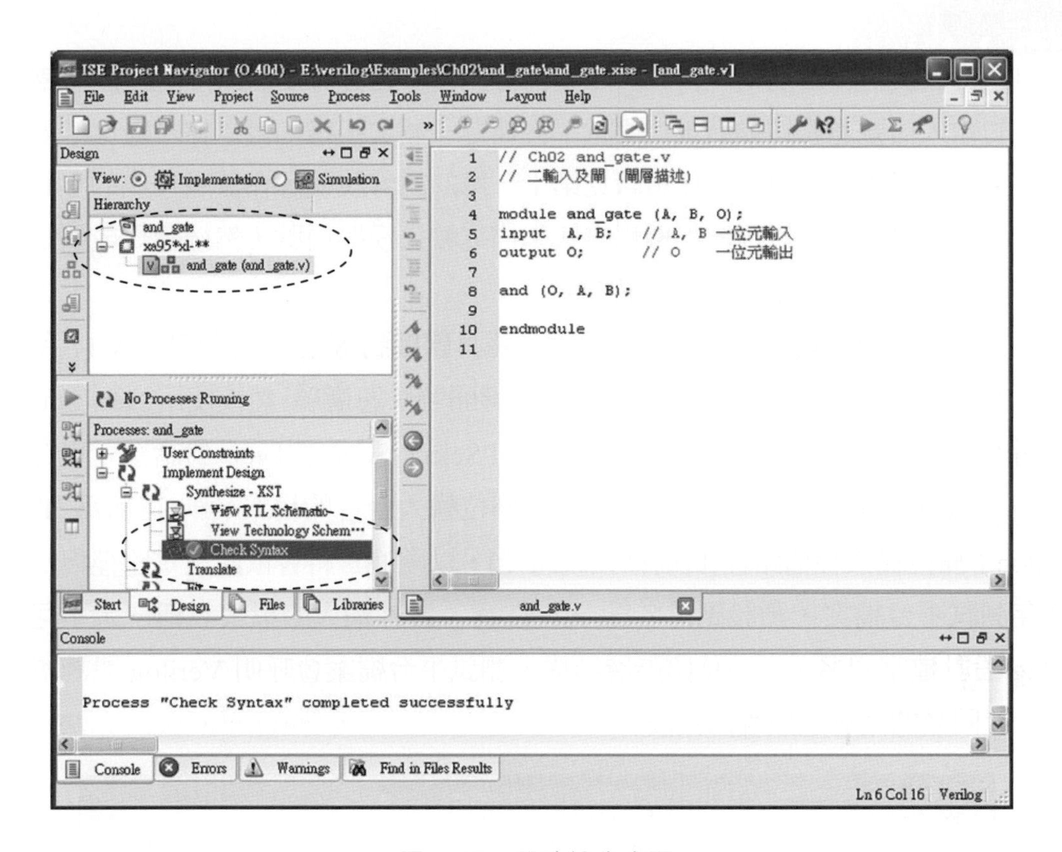


圖 A-16　語法檢查畫面

## A-3-4　行為模擬

對應用電路進行**軟體模擬**，最主要的理由就是想在實際花時間與金錢進行實體驗證之前，先找出絕大部分的設計疏失或是錯誤，如此可大幅度節省在硬體層次偵錯所消耗的時間與精力，並且延長驗證元件的使用壽命。如果電路的複雜度更高，使用軟體模擬的理由就更明確了，因爲完整的硬體驗證已經是不可能的事情了。

ISE 環境提供的 Verilog 軟體模擬功能可分爲兩大類，分別是**行為模擬**(Behavior Simulation)與時序模擬 (Timing Simulation)。行爲模擬又稱爲功能模擬(Functional Simulation)，模擬時不考慮諸如元件延遲、連線延遲等等非理想效應，純粹驗證設計電路的邏輯轉換正確與否，輸出波形的切換時間會與對應的輸入信號或是時脈信號切齊。時序模擬又稱爲後期模擬(Post-Simulation)，模擬時會考慮諸如元件延遲、連線延遲等等非理想效應，所以比較接近眞實電路的運作情況，輸出波形的切換時間會與對應的輸入信號或是時脈信號存有時間差。本書的內容定位因爲暫時不牽扯到實際硬體層次，所以只進行了行爲模擬。

要進行模擬操作之前得先由設計師準備好**測試平台**(Test Bench)檔案，內容為待模擬電路的輸入信號邏輯轉換狀況。測試平台檔是一個文字檔，可以在一般文字編輯程式內撰寫，常用的敘述與系統任務請見**第十一章**的內容說明。在舊版一些的 ISE 環境提供了波形編輯程式可以用線上編輯方式來描述輸入模擬信號，然後轉化成測試平台檔案，簡易操作請見本小節內容的最後部份。

要在 ISE 環境**新建文字測試平台檔案並將其歸檔到專案**內，請如圖 A-17 所示在畫面左方 Hierarchy 欄位根目錄下按觸滑鼠右鍵開啓快速選項，然後使用 New Source... 選項開啓如圖 A-18 所示 New Source Wizard/Select Source Type 對話盒。現在選取 Verilog Test Fixture 選項，在 File name：欄位輸入合意的檔案名稱(目前為 T)並在 Location：欄位輸入存檔路徑(目前為預設路徑)，以後 ISE 將會依此設定路徑與檔案名稱儲存測試平台檔案，預設副檔名為 .v。注意，這裡輸入的檔案名稱一定**不可以與 Verilog 設計檔案同名**，因為依照階層結構，測試平台檔案會呼叫 Verilog 設計檔案例證，二者同名的話會造成編譯錯誤。

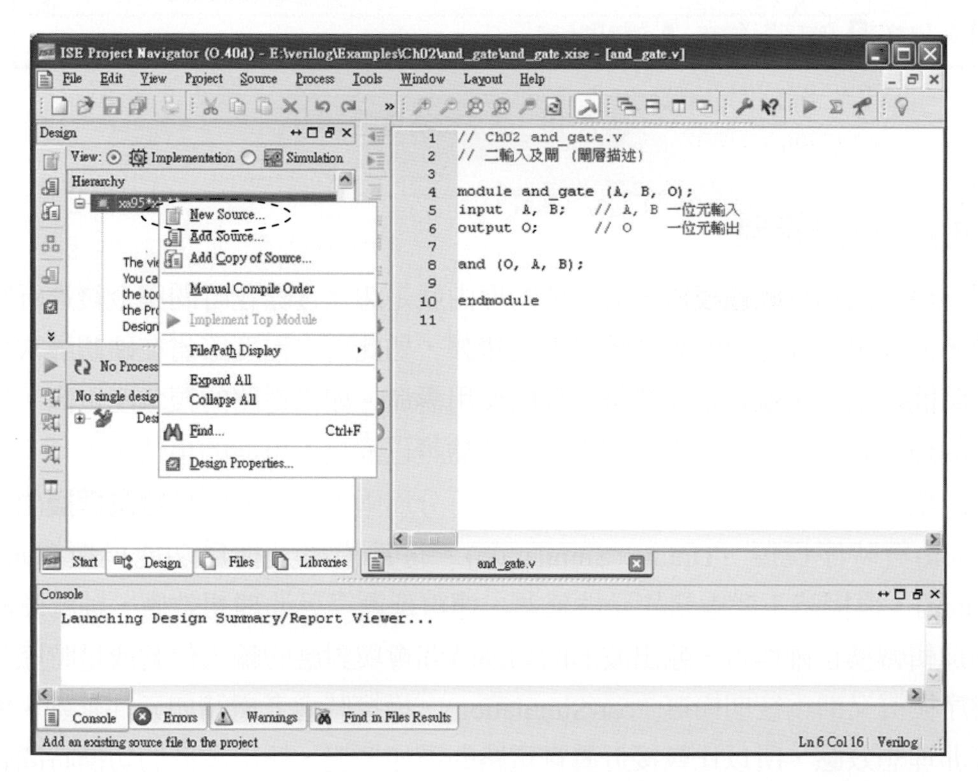


圖 A-17　選擇新建檔案畫面

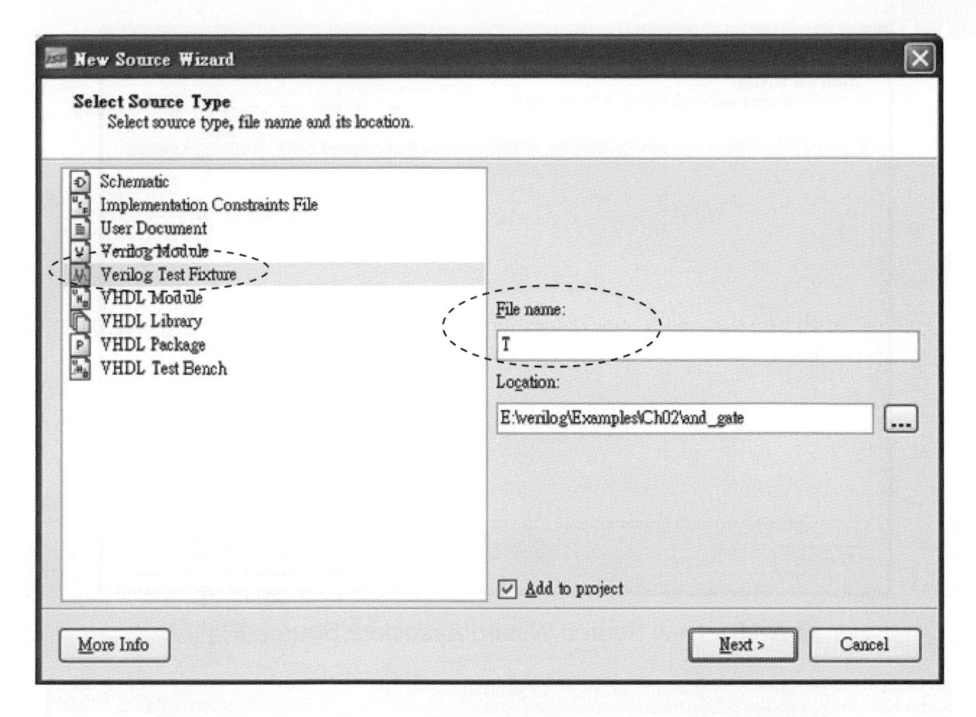


圖 A-18　New Source Wizard/Select Source Type 對話盒

設定完 New Source Wizard/Select Source Type 對話盒後，按觸 Next 鍵後會開啓如圖 A-19 所示 New Source Wizard/Associate Source 對話盒。選取對應的 Verilog 設計檔案之後(目前爲 and_gate)，按觸 Next 鍵會在 ISE 環境畫面右方開啓一個編輯區域，目前內容爲 ISE 環境提供的 Verilog 測試平台樣板檔案，ISE 已經提供了一些內容，設計師可依模擬需求加以補充或刪減，請如圖 A-20 般輸入測試平台檔案內容。

在存檔之後，ISE 畫面左方 Hierarchy 欄位應該會顯示測試平台檔案與 Verilog 設計檔案的階層結構，如圖 A-20 所示。

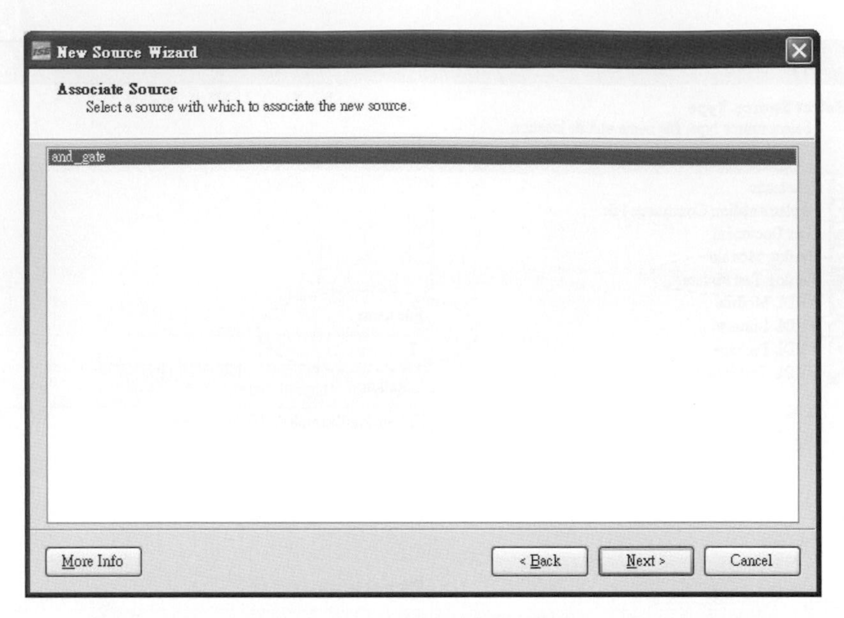


圖 A-19　New Source Wizard/Associate Source 對話盒

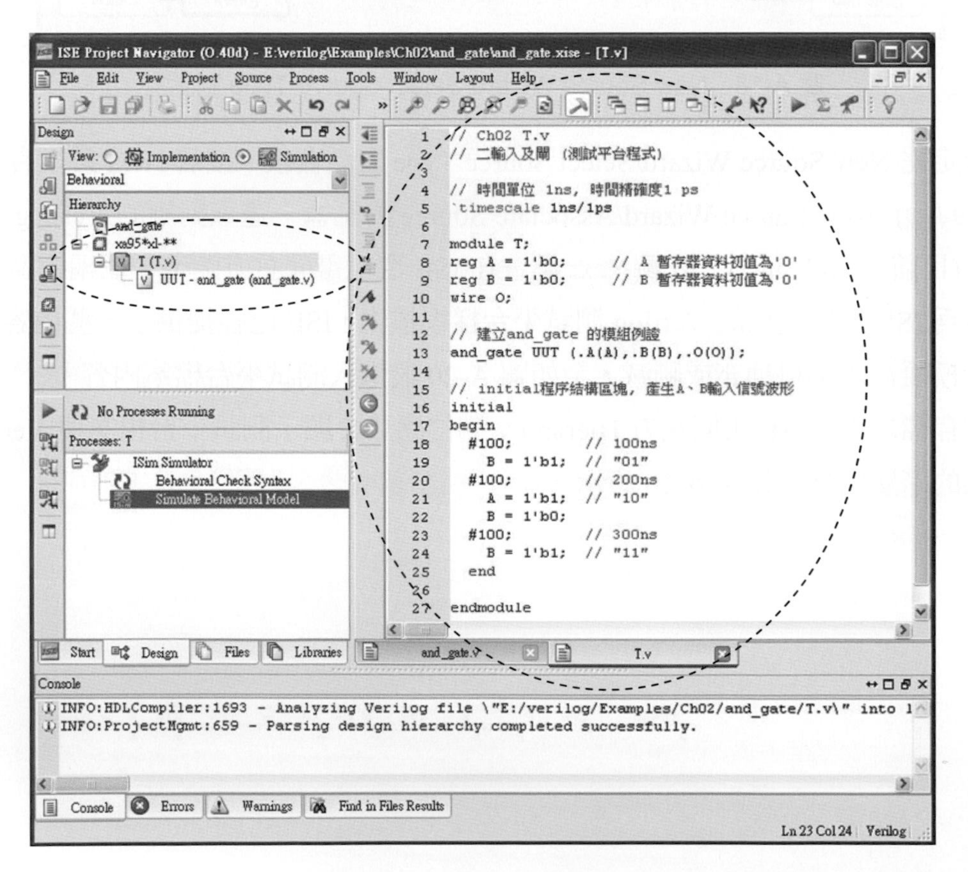


圖 A-20　測試平台檔案 T.v

我們也可以如同前面描述新建 Verilog 設計檔案的操作一般，使用 File\New...功能選項或快速鍵 Ctrl+N 或 工具鈕開啓 New 對話盒，選擇 Text File 選項後按觸 OK 鈕在 ISE 環境畫面右半邊開啓一個空白的文字檔案畫面進行編輯。編輯完成的測試平台檔案請使用 File\Save 功能選項或是快速鍵 Ctrl+S 或是 File\Save As 功能選項或是主工具列的 鈕開啓另存新檔對話盒進行存檔。存檔後的測試平台檔案要記得進行一個歸檔的動作，請在畫面左方 Hierarchy 欄位根目錄下按觸滑鼠右鍵開啓快速選項，然後使用 Add Source...選項開啓 Add Source 對話盒，再選取歸檔的 Verilog 程式檔就可以了。

如果是要重新編輯或修改某個既有的新建測試平台檔案，請使用 File\Open... 功能選項或主工具列的 鈕或快速鍵 Ctrl+O 開啓 Open 對話盒來選取檔案。

現在來**啓動模擬操作**。請如圖 A-21 這般，首先在 ISE 畫面左方 View：欄位選取 Simulation 選項，然後在 Hierarchy 欄位選擇 T(T.v)選項，再來在 ISE 畫面左下方選擇 Design 標籤頁，最後在 Process 欄位拉下 ISim Simulator 選項。現在於 ISim Simulator 選項雙擊滑鼠左鍵就可以啓動 Simulate Behavior Model 模擬功能，會開啓一個 ISim 視窗，模擬波形畫面如圖 A-22 所示。

以下簡單介紹 ISim 視窗內常用功能。

要調整各信號的顯示順序，直接使用滑鼠左鍵上下拖曳 Name 欄位內的信號名稱即可。

要放大或縮小顯示波形可以使用畫面左方的 或 工具鈕，然後配合波形圖下方的捲軸左右拖曳就可以仔細觀察到關心的信號部分。按觸 工具鈕，ISim 視窗會自動將畫面調整到全模擬波形圖都顯示出來。使用滑鼠左鍵在波形圖內拖曳可以移動游標(一段垂直的虛線)，在 Value 欄位內會顯示游標所在位置的輸出入信號邏輯值。使用 工具鈕可以將波形圖快速移至游標所在位置放大顯示。

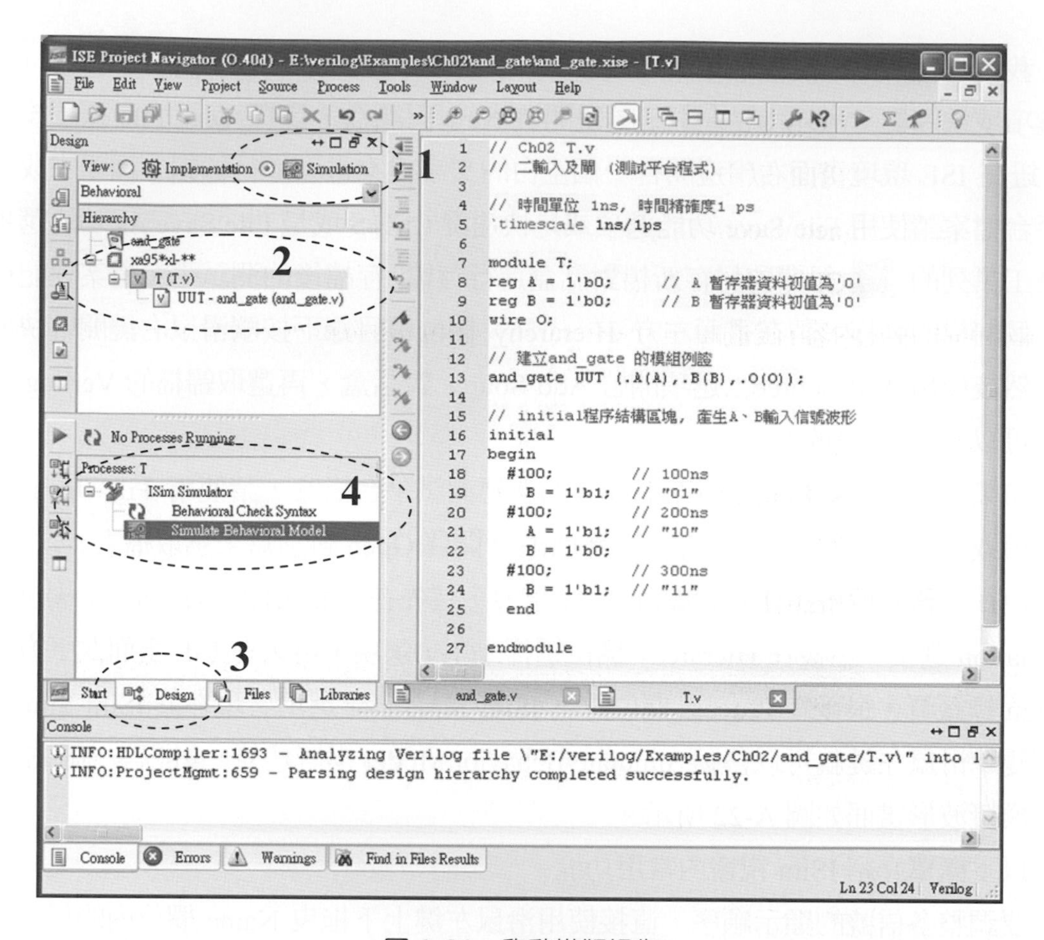


圖 A-21　啟動模擬操作

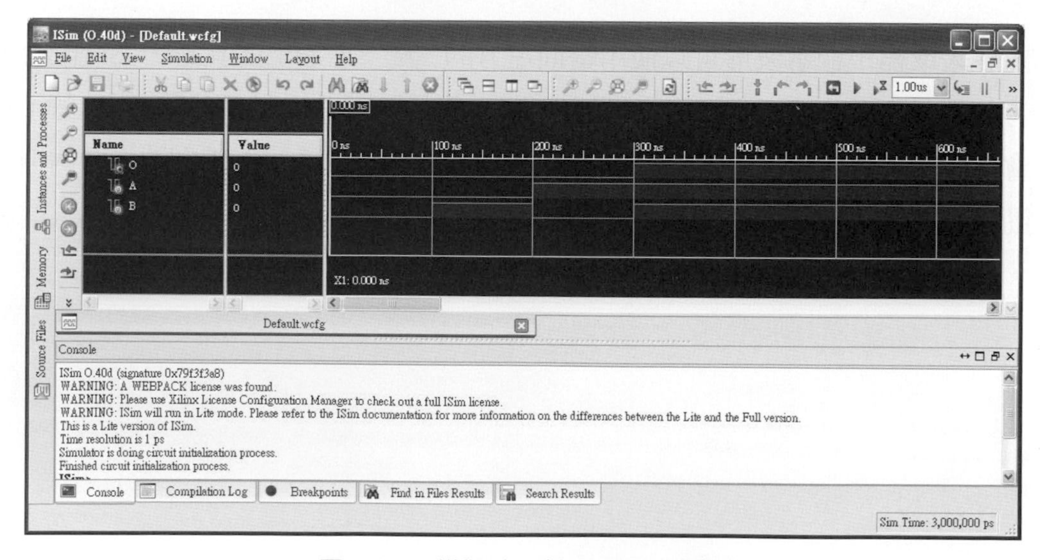


圖 A-22　模擬波形結果(ISim 視窗)

在 ISim 視窗內，多位元信號波形可以切換顯示格式。請在波形上按觸滑鼠右鍵開啓快速功能表，選取 Radix 選項開啓次要選單，此時選取 Binary 選項將以二進制顯示，選取 Hexadecimal 選項將以十六進制顯示，選取 Unsigned Decimal 選項將以無號數十進制顯示，選取 Signed Decimal 選項將以有號數十進制顯示，選取 Octal 選項將以八進制顯示，選取 ASCII 選項將以 ASCII 文字顯示。

本小節的最後內容，我們簡單介紹一下舊版 ISE 環境(譬如 8.1 版)中所提供的模擬波形編輯功能。

在舊版 ISE 環境的 New Source Wizard - Select Source Type 對話盒內(如圖 A-23 所示)應該可以找到 Test Bench Waveform 這個選項。請選取它，然後在 File name：欄位內輸入波形檔案的檔名，在 Location：欄位內選取存檔路徑，然後按觸 Next 鈕就會開啓如圖 A-24 所示的 Initial Timing and Clock Wizard 對話盒。

圖 A-23　New Source Wizard - Select Source Type 對話盒

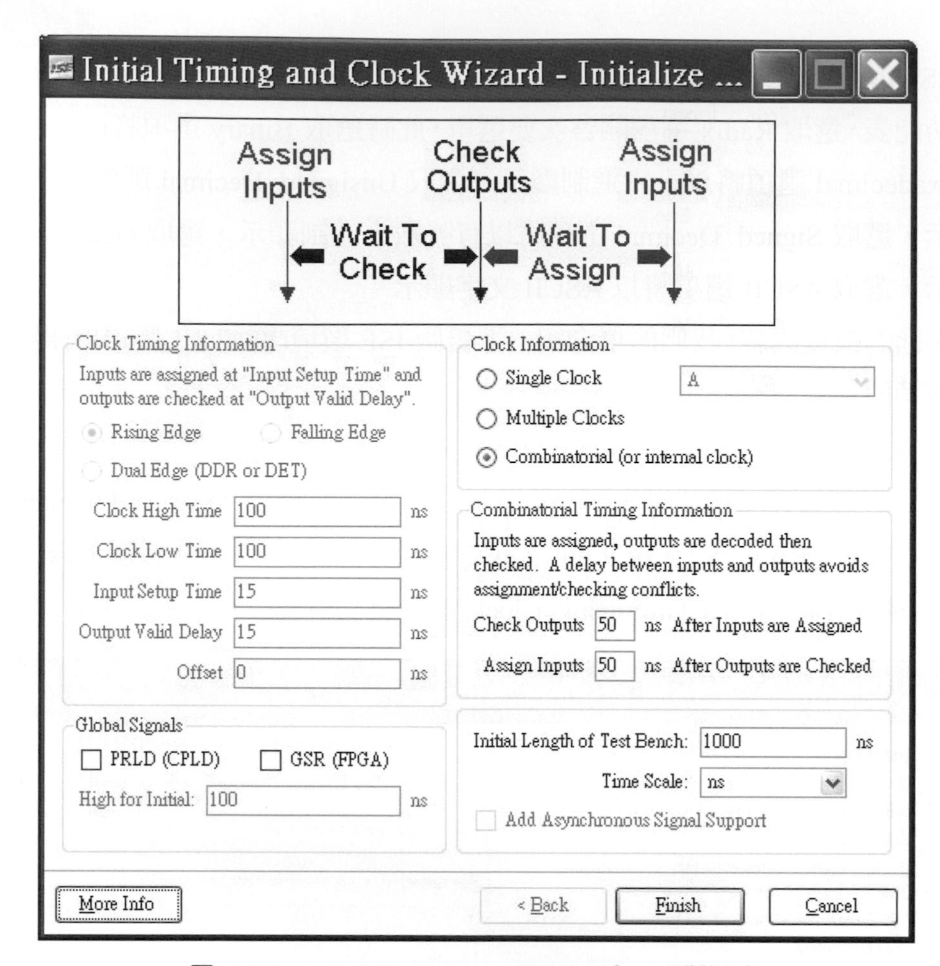


圖 A-24　Initial Timing and Clock Wizard 對話盒

若是設計檔案內有單一時脈輸入信號，請點選 Single Clock 選項；有多個時脈輸入信號就選擇 Multiple Clocks 選項；如果是組合邏輯電路設計就點選 Combinational (or internal clock)選項。選取完畢後，請按觸 Finish 鍵開啓波形編輯畫面，如圖 A-25 所示。現在可以開始編輯需要的輸入模擬波形。

在波形編輯畫面內，我們可以使用各種編輯功能自由地編輯模擬用的輸入波形。以下我們簡單介紹幾種常用的編輯操作。

首先，要設定模擬終止時間，請用滑鼠左鍵雙擊 End Time：400 ns 位置開啓如圖 A-26 所示的 Set End of Test Bench 對話盒，然後在 Test Bench Ends：欄位內設定模擬終止時間的數值與單位。

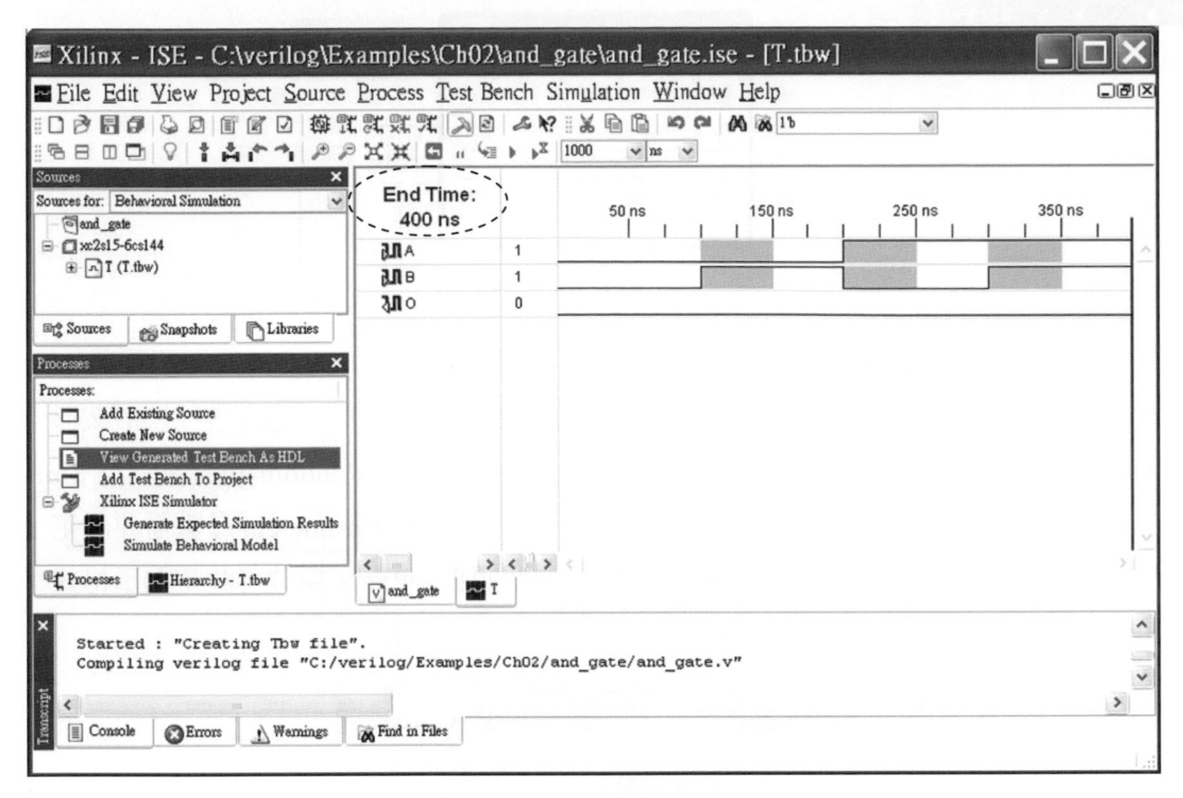


圖 A-25　模擬波形編輯畫面

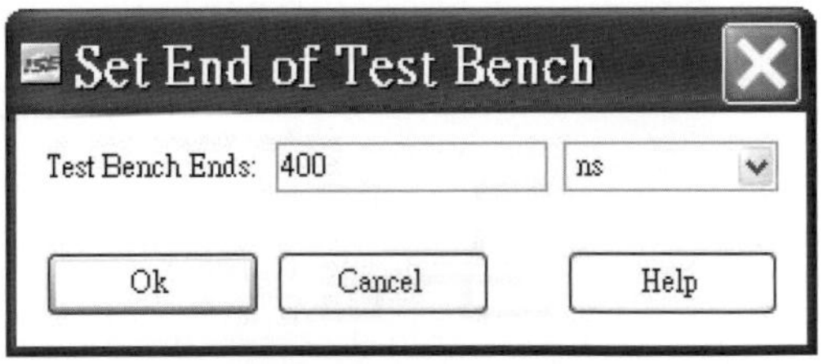

Set End of Test Bench

Test Bench Ends: 400 ns

Ok　Cancel　Help

圖 A-26　Set End of Test Bench 對話盒

要調整模擬波形顯示的上下順序，請直接在波形名稱上按住滑鼠左鍵後拖曳就可以了。要放大顯示區域，請用 工具鈕並配合捲軸操作。要縮小顯示區域請用 工具鈕。使用 工具鈕可以自動調整到觀看全圖。

要設定模擬波形的邏輯數值，請直接在合意的波形位置上按觸滑鼠左鍵。一位元信號會直接進行邏輯‘1’與邏輯‘0’的切換。若是多位元信號，請在合意的波形位置上按觸滑鼠左鍵開啓如圖 A-27 所示的 Set Value 對話盒，然後在上方空白欄位輸入數值即可。

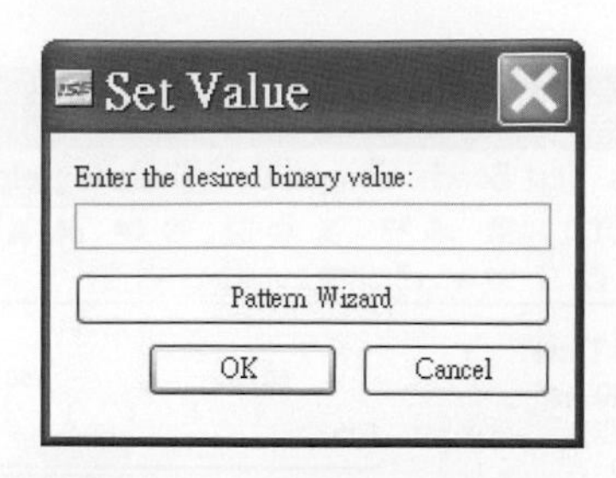


圖 A-27　Set Value 對話盒

複雜一點的波形設計可以按觸 Set Value 對話盒中的 Pattern Wizard 鈕開啓如圖 A-28 所示的 Pattern Wizard 對話盒。在 Pattern Type：欄位內可以選取幾種模擬波形：Alternate(交互數値)、Count Down(下數)、Count Up(上數)、Random Bus(亂數)、Shift Left(左移)、Shift Right(右移)，這些選項各有不同的 Pattern Parameters 參數需要設定。Number of Cycles 欄位內設定模擬數值呈現的週期個數。Radix 欄位可設定顯示格式：Binary(二進制)、Decimal(十進制)、Hexadecimal(十六進制)。

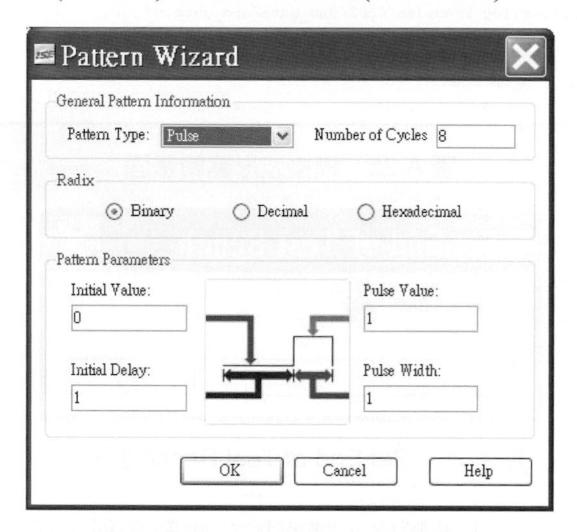


圖 A-28　Pattern Wizard 對話盒

在波形編輯完成並存檔之後，就可以進行模擬操作了。如果想要觀察此模擬波形檔案對應的測試平台文字檔案，請在畫面左方用滑鼠左鍵雙擊 View Generated Test Bench as HDL 選項就會在畫面右方顯示出測試平台文字檔案的內容。模擬波形檔案的副檔名爲 .tbw，而產生的測試平台檔案副檔名爲 .tfw。

（請由此線剪下）

# 歡迎加入 全華會員

## ● 會員獨享

會員享購書折扣、紅利積點、生日禮金、不定期優惠活動…等。

## ● 如何加入會員

填妥讀者回函卡直接傳真（02）2262-0900 或寄回，將由專人協助登入會員資料，待收到 E-MAIL 通知後即可成為會員。

# 如何購買 全華書籍

## 1. 網路購書

全華網路書店「http://www.opentech.com.tw」，加入會員購書更便利，並享有紅利積點回饋等各式優惠。

## 2. 全華門市、全省書局

歡迎至全華門市（新北市土城區忠義路 21 號）或全省各大書局、連鎖書店選購。

## 3. 來電訂購

(1) 訂購專線：(02) 2262-5666 轉 321-324
(2) 傳真專線：(02) 6637-3696
(3) 郵局劃撥（帳號：0100836-1　戶名：全華圖書股份有限公司）
※ 購書未滿一千元者，酌收運費 70 元。

全華網路書店 www.opentech.com.tw
E-mail: service@chwa.com.tw

※ 本會員制如有變更則以最新修訂制度為準，造成不便請見諒。

| 廣　告　回　信 |
| --- |
| 板橋郵局登記證 |
| 板橋廣字第540號 |

23671 新北市土城區忠義路21號
全華圖書股份有限公司

# 行銷企劃部　收

（請由此線剪下）

# 讀者回函卡

填寫日期：　/　/

姓名：＿＿＿＿ 生日：西元＿＿年＿＿月＿＿日 性別：□男 □女

電話：（ ）＿＿＿＿ 傳真：（ ）＿＿＿＿ 手機：＿＿＿＿

e-mail：（必填）

註：數字零，請用 Φ 表示，數字 1 與英文 L 請另註明並書寫端正，謝謝。

通訊處：□□□□□

學歷：□博士 □碩士 □大學 □專科 □高中・職

職業：□工程師 □教師 □學生 □軍・公 □其他

學校／公司：＿＿＿＿ 科系／部門：＿＿＿＿

・需求書類：

□ A. 電子 □ B. 電機 □ C. 計算機工程 □ D. 資訊 □ E. 機械 □ F. 汽車 □ I. 工管 □ J. 土木

□ K. 化工 □ L. 設計 □ M. 商管 □ N. 日文 □ O. 美容 □ P. 休閒 □ Q. 餐飲 □ B. 其他

・本次購買圖書為：＿＿＿＿ 書號：＿＿＿＿

・您對本書的評價：

封面設計：□非常滿意 □滿意 □尚可 □需改善，請說明

內容表達：□非常滿意 □滿意 □尚可 □需改善，請說明

版面編排：□非常滿意 □滿意 □尚可 □需改善，請說明

印刷品質：□非常滿意 □滿意 □尚可 □需改善，請說明

書籍定價：□非常滿意 □滿意 □尚可 □需改善，請說明

整體評價：請說明

・您在何處購買本書？

□書局 □網路書店 □書展 □團購 □其他

・您購買本書的原因？（可複選）

□個人需要 □幫公司採購 □親友推薦 □老師指定之課本 □其他

・您希望全華以何種方式提供出版訊息及特惠活動？

□電子報 □ DM □廣告（媒體名稱＿＿＿＿）

・您是否上過全華網路書店？（www.opentech.com.tw）

□是 □否 您的建議

・您希望全華出版那方面書籍？

・您希望全華加強那些服務？

～感謝您提供寶貴意見，全華將秉持服務的熱忱，出版更多好書，以饗讀者。

全華網路書店 http://www.opentech.com.tw　客服信箱 service@chwa.com.tw

2011.03 修訂

親愛的讀者：

感謝您對全華圖書的支持與愛護，雖然我們很慎重的處理每一本書，但恐仍有疏漏之處，若您發現本書有任何錯誤，請填寫於勘誤表內寄回，我們將於再版時修正，您的批評與指教是我們進步的原動力，謝謝！

全華圖書　敬上

## 勘誤表

| 書號 | | 書名 | | 作者 | |
|---|---|---|---|---|---|
| 頁數 | 行數 | 錯誤或不當之詞句 | | 建議修改之詞句 | |
| | | | | | |
| | | | | | |
| | | | | | |
| | | | | | |
| | | | | | |
| | | | | | |
| | | | | | |
| | | | | | |
| | | | | | |

我有話要說：（其它之批評與建議，如封面、編排、內容、印刷品質等・・・）